기초통신이론

서 정 식

오성 미디어

서 문

대학에서 RF 통신 기초기술 관련분야 실무교육과 통신공학의 기초개념 및 실험능력을 교육하기 위한 교재로 사용하기 위해서 이 책을 집필하게 되었다.

통신공학은 그 특성상 이론적으로는 체계적인 기초 및 고등수학과 물리학의 지식을 요구하고 실험적으로는 기술적인 문제 해결능력과 실제 산업체 응용능력을 요구하기 때문에 지속적이고 치밀한 시스템으로 오랜 기간의 체계적인 교육을 필요로 한다. 2년제 교육과정에서 이런 특성을 충분히 교육하기에는 현실적으로 어려움이 많지만 중요하다고 생각되는 핵심적인 주제들을 선택하여 이런 교육특성을 실현할 수 있는 내용을 구성하고자 노력하였다.

먼저, RF 통신공학에 필요한 기초개념중의 중요한 일부분을 가능하면 최소한의 수학을 도입하여 매우 대략적이고 정성적으로 설명하였다. 그 내용은 공학에서 여러 가지 법칙이나 원리 및 기술내용을 정량적으로 기술하는데 필요한 '단위계', '전압과 전류의 개념', 스펙트럼의 개념을 이해하기 위한 '사인함수', 각종 통신회로 해석에 필요한 '교류회로 해석방법' 인데, 이들을 Appendices에 구성하였다.

본문의 내용은 크게 3개의 주제로 RF 회로 기초실험실습 부분, RF 통신회로 관련한 실험부분, 그리고 RF 통신기술 실험부분이며 전체 13개의 장(chapter)으로 구성되어있다.

RF 회로 기초실험실습 관련한 부분은, 신호와 스펙트럼의 개념, RF 통신공학을 비롯한 전기 전자 정보통신공학에서 기본적으로 많이 사용하는 계측장비중 하나인 오실로스코우프와 함수발생기의 사용법을 실습하는 '디지털 오실로스코우프 및 함수발생기 사용법', 통신회로의 기본소자에 대한 특성 실험으로 '저항의 특성', '커패시터의 특성', '인덕터의 특성', '다이오드와 트랜지스터의 특성' 을 제 1장에서 6장까지에 걸쳐서 구성하였다.

RF 통신회로 관련한 실험부분은 '공진회로' 와 '저역 및 고역 통과필터' 로 제 7 및 8장이다. 그리고 RF 통신기술 실험부분은 아날로그 통신기술로서 '진폭 변조 및 복조' 와 '주파수 변조 및 복조', 그리고 '96[MHz] FM Transmitter 제작 실험' 이고, 디지털 통신 기초기술로는 '디지털 논리회로의 이해' 와 '디지털 신호의 반송파 변조' 이며 제 9장부터 13장의 내용이다.

디지털오실로스코우프 사용법 부분은 Tektronix, Inc.의 TDS1000 series Model을 사용하기 때문에 이의 User Manual의 일부 내용을 그대로 인용하였다.

'저항의 특성', '커패시터의 특성', 그리고 '인덕터의 특성' 의 내용은 Bernard Grob의 책 'Basic Electronics(Eighth Edition)'의 내용을 많이 참고하였으며, 일부 내용은 이 책의 내용을 그대로 인용한 부분도 있다.

'다이오드와 트랜지스터의 특성' 의 내용은 Ben G. Streetman과 Sanjay Banerjee의 책 'Solid State Electronic Devices(Fifth Edition)'의 내용 중에 해당되는 부분을 참고하였으며, 많은 내용을 그대로 인용하였다.

'디지털 논리회로의 이해' 의 내용은 M. Morris Mano의 책 'Digital Logic and Computer Design'의 내용을 많이 참고하였으며, 일부 내용은 그대로 인용하였다.

목　차

제1장 신호와 스펙트럼의 개념

신호(signal)는 통신에서 정보를 전송하기 전에 변조 및 신호처리를 위해서 전기적 신호로 변환하는데, 이 전기적 신호를 통신에서 일반적으로 신호라고 한다. 통신에서 이 신호의 변조 및 복조 그리고 각종 신호처리를 위해서는 이의 스펙트럼(spectrum)을 알아야 한다.

spectrum이란 용어는 1671년 Isaac Newton이 처음으로 사용하였으며 'appearance' 또는 'apparition'을 의미하는 라틴어이다. 공학에서는 어떤 신호에 포함된 사인파 성분을 주파수 축에 대해서 그 사인파 성분의 진폭과 위상을 구한 것을 그 신호의 스펙트럼이라고 한다. 빛에 대해서도 이 용어를 사용하는데, 이는 전자기파의 주파수 성분 중에서 광학 영역을 의미한다 (빛의 파동적인 성질은 전자기파로 서술할 수 있음). 보통 사람의 눈이 감지할 수 있는 스펙트럼 영역은 400[nm]~700[nm]인데, 사람에 따라서는 380[nm]~780[nm] 영역도 감지할 수 있으며 가시광선(visible light) 영역의 정확한 범위는 없다.

스펙트럼의 개념은 수학적으로 푸리에 정리(Fourier Theorem)에 근거한다. 이 정리에 의하면 모든 주기함수는 그 주기함수 주파수의 정수배의 주파수를 갖는 사인파의 합으로 표현할 수 있다. 이를 이해하기 위해서 먼저 그림 1과 같은 두 개의 사인파의 합성을 그려본다.

이 그림에서 진폭이 각각 3과 2이고 주파수가 각각 2[Hz]와 3[Hz]인 사인파만을 더했는데, 이들 사인파와는 전혀 다른 모양의 새로운 파형이 얻어진다. 또 다른 예로서 그림 2를 보면, 동일한 주파수 조합의 세 사인파를 합성한 경우에도 그 진폭의 조합을 다르게 하면 전혀 또 다른 파형이 만들어진다. 이 사실로부터 사인파들을 적절히 조합하면 여러 가지 새로운 파형들을 만들어 낼 수 있음을 알 수 있다.

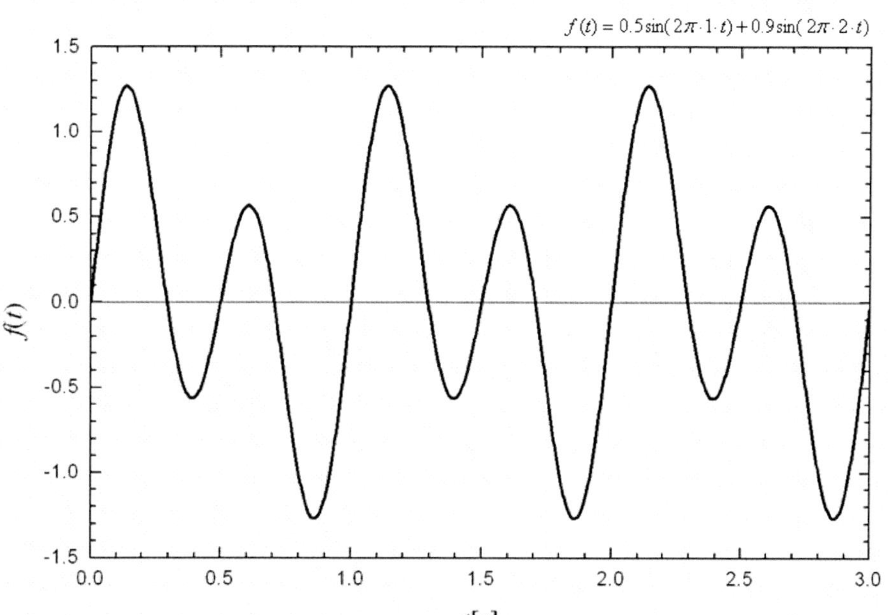

그림 1. 두 사인파의 합성

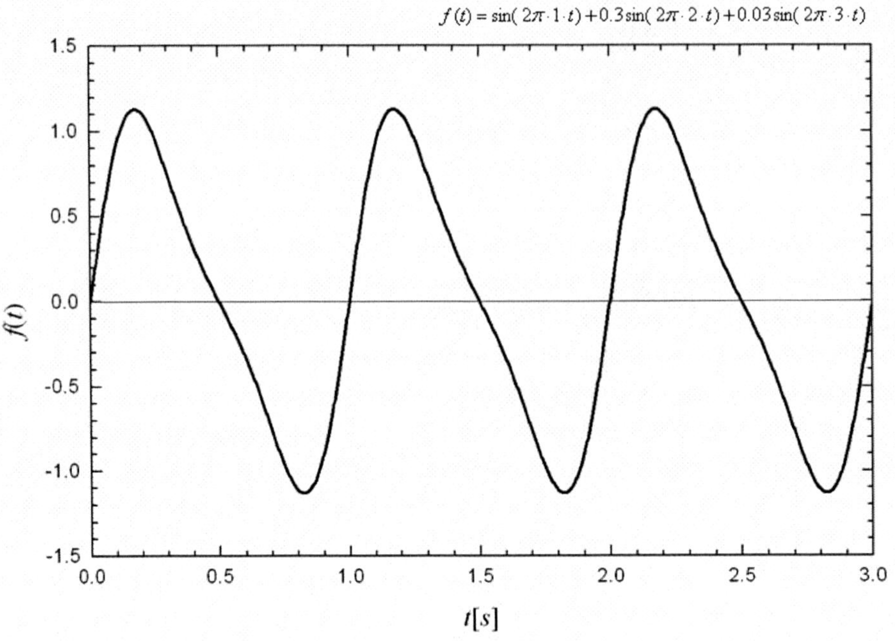

그림 2(a). 세 사인파의 합성 예 1

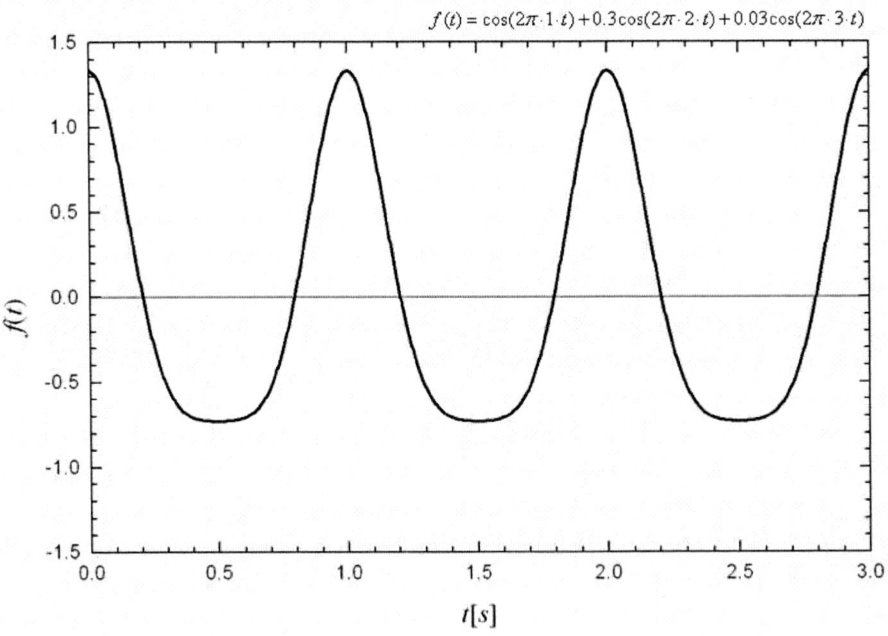

그림 2(b). 세 사인파의 합성 예 2

이제 그림 3을 보면 네 개의 사인파들을 적절히 조합하면 구형파(rectangular wave)에 가까운 파형을 만들어 낼 수 있음을 알 수 있다. 이 경우 반대로, 합성하여 만들어진 파형 내에는 $\cos(2\pi t)$, $-1/3\cos(2\pi\cdot 3t)$, $1/5\cos(2\pi\cdot 5t)$, 그리고 $-1/7\cos(2\pi\cdot 7t)$의 사인파들이 포함되어 있다고 볼 수 있다. 그리고 더 많은 사인파들을 적절히 조합하면 보다 더 구형파에 가까운 파형이 합성되고, 무한히 많이 더하면 완전한 구형파가 만들어진다. 그래서 구형파 내에는 이런 무한히 많은 사인파 성분들이 포함되어 있다고 볼 수 있다.

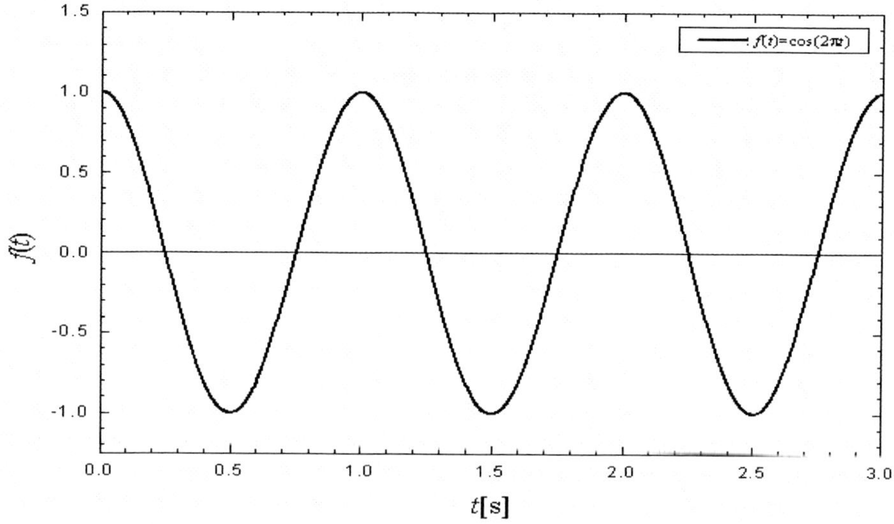

그림 3(a): 네 사인파의 합성, $f(t) = \cos(2\pi t)$

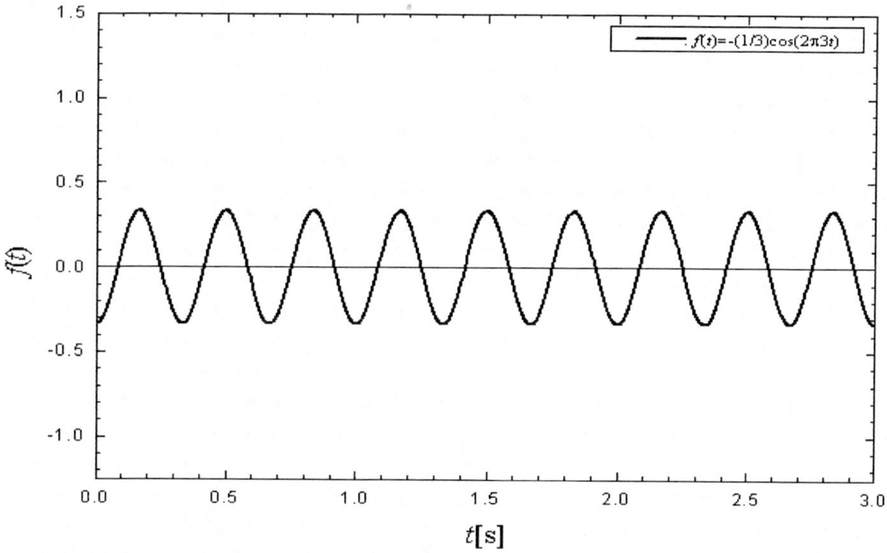

그림 3(b): 네 사인파의 합성, $f(t) = -(1/3)\cos(2\pi 3t)$

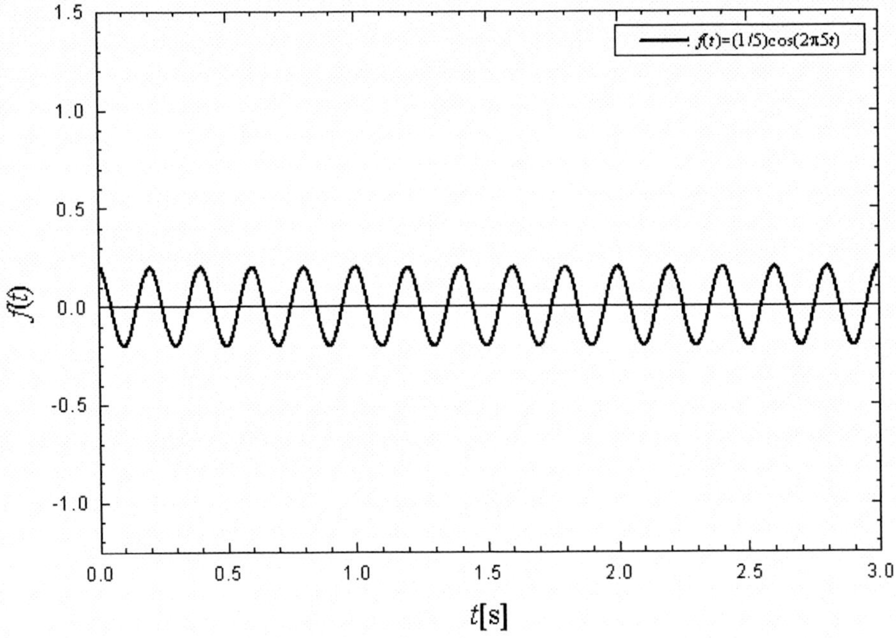

그림 3(c): 네 사인파의 합성, $f(t) = (1/5)\cos(2\pi 5t)$

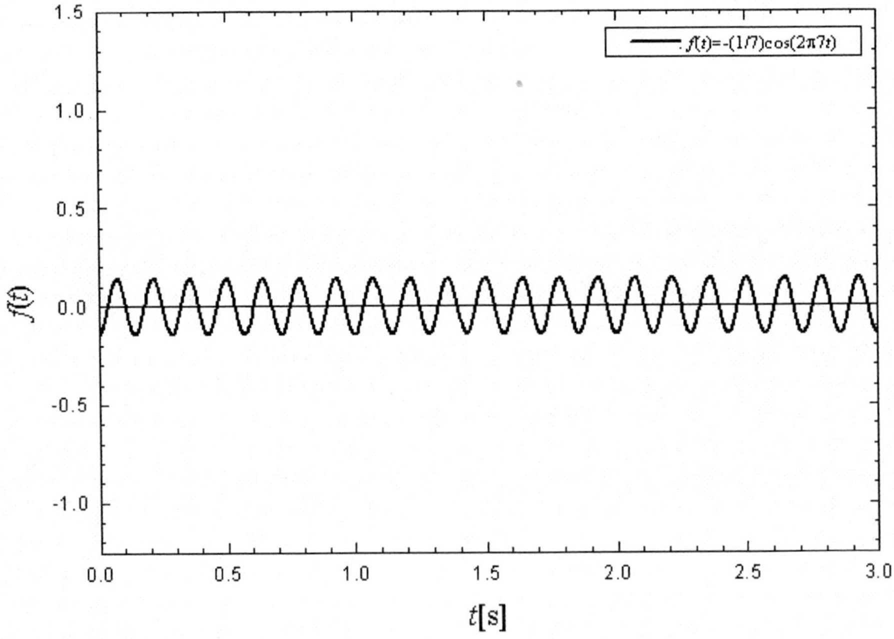

그림 3(d): 네 사인파의 합성, $f(t) = -(1/7)\cos(2\pi 7t)$

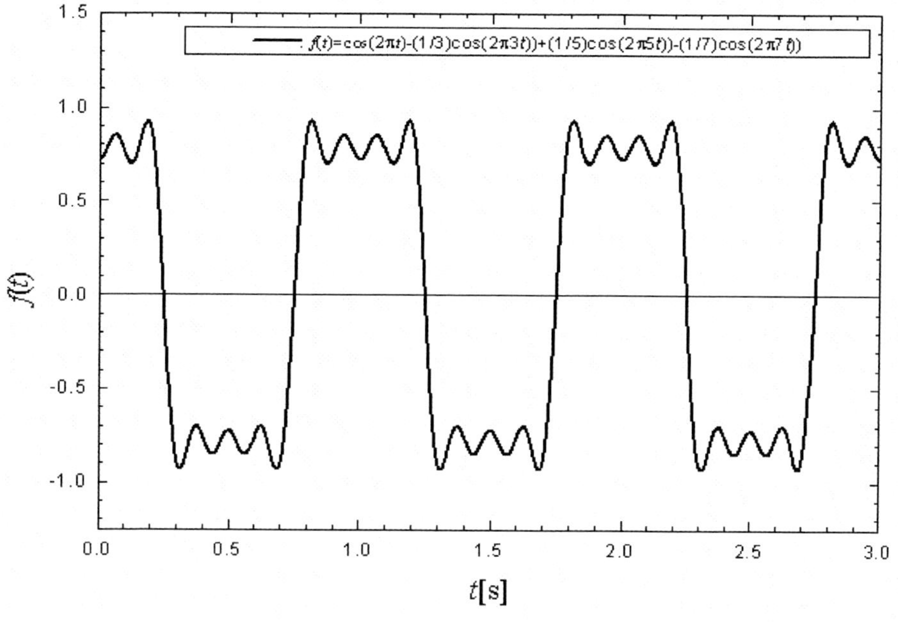

그림 3(c): 네 사인파의 합성, $f(t) = \cos(2\pi t)-(1/3)\cos(2\pi 3t)+(1/5)\cos(2\pi 5t)-(1/7)\cos(2\pi 7t)$

그림 4와 같이 x축을 주파수로 하고 주파수 성분별로 구형파 내에 포함된 사인파의 진폭을 그릴 수 있으며, 이를 이 구형파의 스펙트럼이라고 한다.

푸리에 정리는 일반적으로 임의의 주기함수에 대해서 그 주기함수의 주파수의 정수배의 주파수를 갖는 사인파들을 적절히 조합하면 그 주기함수를 만들어 낼 수 있음을 의미하며, 주파수 성분별로 포함된 사인파 성분의 진폭과 위상을 구한 것을 그 주기함수의 스펙트럼이라고 한다. 일반적으로 공학에서는 주파수 성분별 포함된 사인파 성분의 진폭이 중요하므로 이를 보통 스펙트럼이라고 하기도 한다.

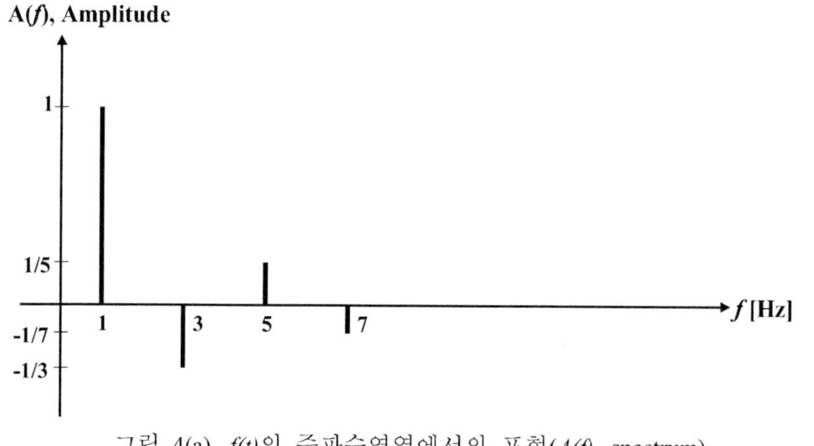

그림 4(a). $f(t)$의 주파수영역에서의 표현($A(f)$, spectrum)

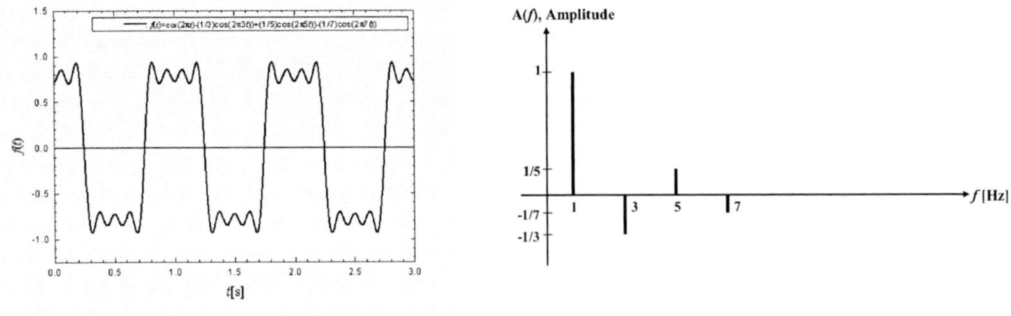

$$f(t)=\cos(2\pi t)-\frac{1}{3}\cos(2\pi\cdot 3\cdot t)+\frac{1}{5}\cos(2\pi\cdot 5\cdot t)-\frac{1}{7}\cos(2\pi\cdot 7\cdot t)$$

그림 4(b). *f(t)*의 시간영역의 표현과 주파수영역에서의 표현(*A(f)*, spectrum)

푸리에 정리는 주기함수에 대해서 유도되었지만, 주기함수에서 주기를 무한히 크게 하면 비주기 함수가 되므로 이 정리를 비주기 함수까지 확장할 수 있다. 이렇게 비주기 함수로 확장한 경우(일반적으로 대부분의 정보신호는 비주기 함수), 그 비주기 함수에 포함된 사인파 성분을 구해보면 주기함수의 경우와 다르게 연속적인 주파수 성분을 가지며 수학적으로는 그 비주기 함수를 푸리에 변환(Fourier Transform)을 하면 구할 수 있다. 그래서 어떤 비주기 함수를 푸리에 변환하면 그 신호의 스펙트럼이 얻어지고, 이는 그 신호의 주파수 영역에서의 신호가 된다. 또한 수학적으로 신호의 스펙트럼을 역 푸리에 변환(Inverse Fourier Transform)하면 시간영역에서의 그 신호를 구할 수 있다.

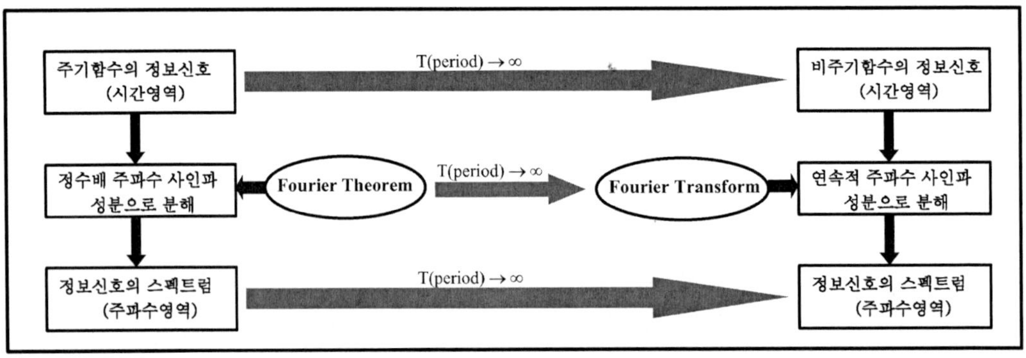

그림 6(a). 정보신호 스펙트럼의 개념도 1

신호를 시간영역에서 보여주는 대표적인 장치는 **오실로스코우프(Oscilloscope)**이고 신호의 스펙트럼 성분을 보여주는 장치는 **스펙트럼 분석기(Spectrum Analyzer)**이다. 신호를 푸리에 변환한 스펙트럼은 주파수 성분별로 신호에 포함된 사인파 성분의 진폭과 위상을 나타내는데, 스펙트럼 분석기(Spectrum Analyzer)는 사인파 성분의 진폭의 크기만을 보여준다. 그래서 이를 이용하면 신호에 어떤 주파수 성분이 포함되어 있는지 알 수 있다.

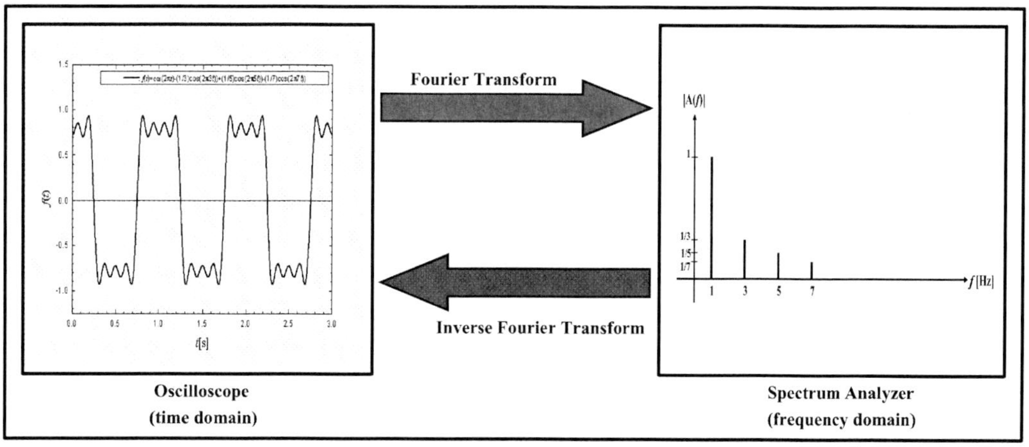

그림 6(b). 정보신호 스펙트럼의 개념도 2

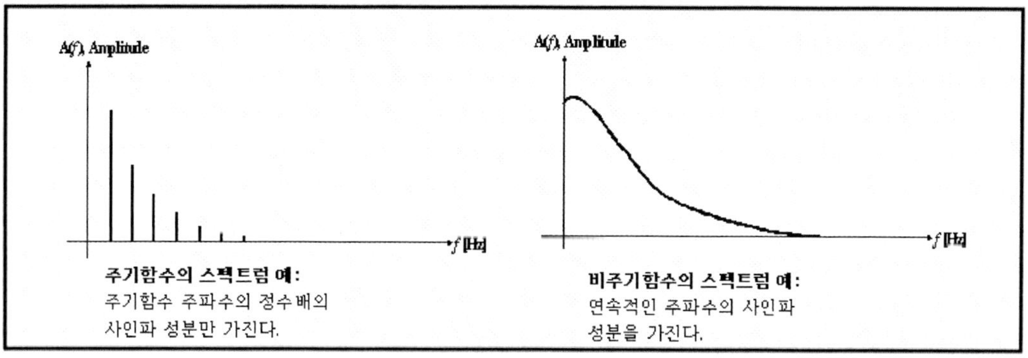

그림 7. 주기함수와 비주기함수의 스펙트럼의 예

그림 8에 100[kHz]의 구형파(square wave)를 오실로스코우프와 스펙트럼 분석기로 관측한 결과를 보였다. 구형파는 주식회사 ED의 FG-1883 함수발생기의 출력을 사용하였고, 오실로스코우프와 스펙트럼 분석기는 Agilent Technologies의 DSO5054A(500[MHz] oscilloscope)와 LIG Nex1 Future의 Spectrum Analyzer NS-30A(9[kHz]~3[GHz])을 사용하여 관측하였다.

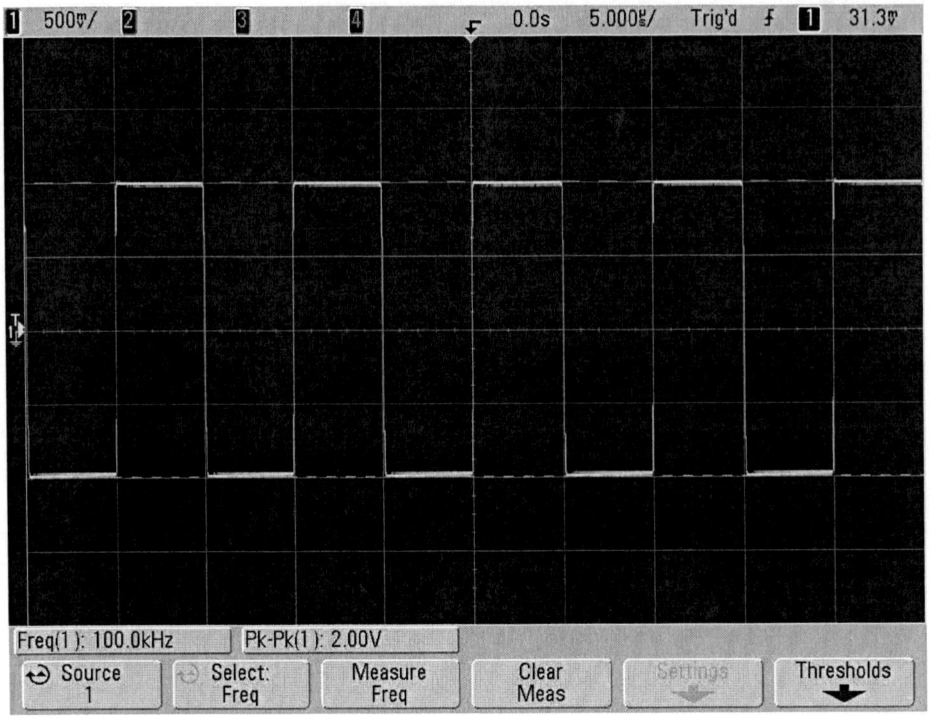

그림 8(a). 시간영역의 100[kHz] 구형파

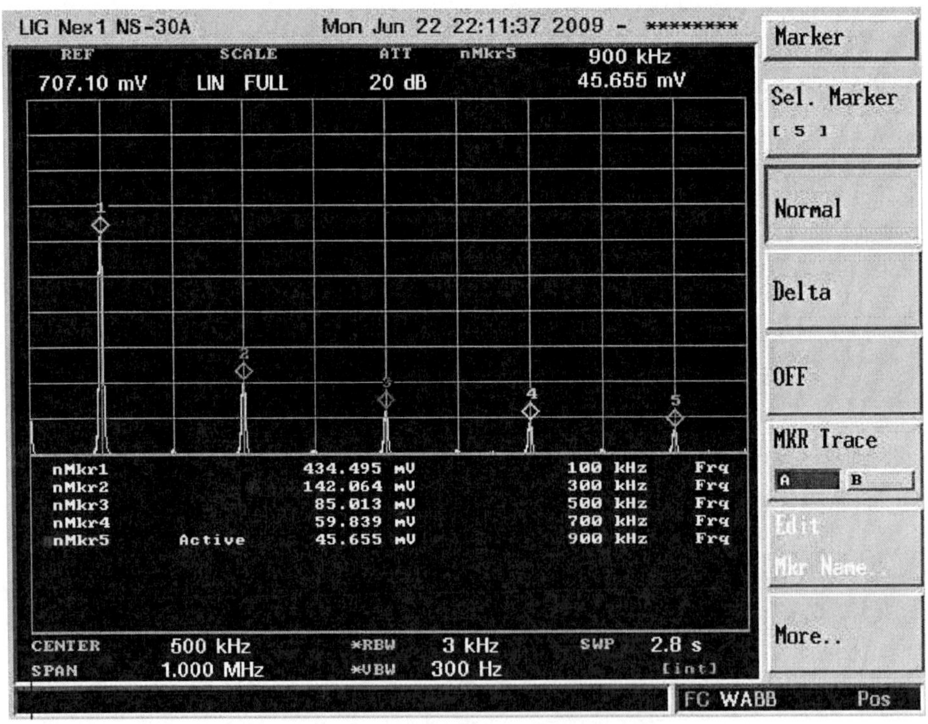

그림 8(b). 주파수영역에서의 100[kHz] 구형파

제2장 디지털 오실로스코우프 및 함수발생기 사용법

I. 실험목적

1. 디지털 오실로스코우프(Digital Oscilloscope)의 사용방법을 실습한다.
2. 함수발생기(Function Generator)의 사용방법을 실습한다.

II. 실험 준비물

1. 디지털 오실로스코우프(TDS 1000 series, Tektronix, Inc.): 1대
2. 함수발생기(FG-1881 or 1883, 주식회사 ED): 1대
3. 저항(carbon resistor): 820[Ω] 1개
4. 커패시터(film capacitor): 0.1[μF] 1개

III. 관련 이론

오실로스코우프(Oscilloscope)는 시간에 따라서 변화하는 전압파형을 관측할 수 있는 장비이다. 일종의 전압측정기(voltmeter)이다. 회로 상에 흐르는 전류도 이 장치를 이용해서 간접적으로 측정할 수 있는데, 그 방법은 전류를 측정하고자 하는 회로의 가지(branch)를 끊고 직렬로 매우 적은 저항을 삽입하여 그 저항양단의 전압을 측정하여 그 파형을 저항값으로 나누어서 측정한다. 이때 삽입하는 저항은 그 회로 가지의 저항값에 비해서 훨씬 적어서 이를 삽입한 후 회로에 흐르는 전류의 크기가 그 이전의 크기와 근사적으로 같아야 한다.

이 방법 외에 직접적으로 시간에 대해서 전류파형을 측정하는 장치는 별도의 측정원리를 이용한 장치이다.

오실로스코우프 표시화면의 수평축(x axis)은 시간 축을 나타내고, 수직 축(y axis)은 전압을 나타낸다. 측정하고자 하는 전압신호는 프로브(Probe)를 통해서 오실로스코우프의 BNC 커넥터(female)에 연결한다.

프로브는 한 쪽은 BNC 커넥터(male)이고, 다른 한 쪽은 측정하고자 하는 두개의 전압단자에 연결할 수 있도록 팁(Tip)과 검은색의 악어클립(Alligator Clip)으로 구성되어있고, 케이블 전체는 외부의 잡음이나 간섭의 영향을 줄이기 위해서 차폐(shielded)되어있다. 이 프로브에서 팁은 전위차 중에서 +극성에 검은색 클립은 -극성에 각각 연결한다.

프로브는 신호를 감쇄 없이 그대로 오실로스코우프에 연결하는 1X 프로브(Direct Probe)와 신호를 1/10로 감쇄해서 연결시켜주는 10X 프로브(Low-Capacitance Probe, LCP)가 있으며, 일반적으로 10X 프로브를 널리 사용한다. 10X 프로브의 경우, 신호의 고주파 성분에 의해서 오실로스코우프에 연결되는 신호에 왜곡이 일어나지 않도록 하기 위해 보정(compensation)을 해주어야한다. 이 보정은 일반적으로 구형파 신호(square wave)를 이용한다.

프로브와 프로브가 오실로스코우프에 연결된 상태에서의 등가회로는 각각 그림 1과 2와 같다.

■ **BNC 커넥터:** 동축케이블(coaxial cable)에 RF(Radio Frequency)신호를 연결하는 커넥터. B는 bayonet mount locking mechanism(소총에 대검을 장착하는 방식)를 의미하고, NC는 이 커넥터를 발명한 사람 Neill(Paul Neill, Bell Labs의 engineer)과 Concelman(Carl Concelman, Amphenol의 engineer)의 이름에서 유래.

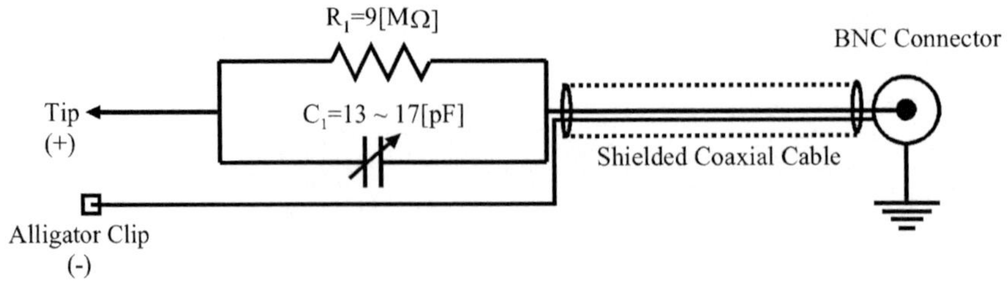

그림 1. 프로브의 등가회로

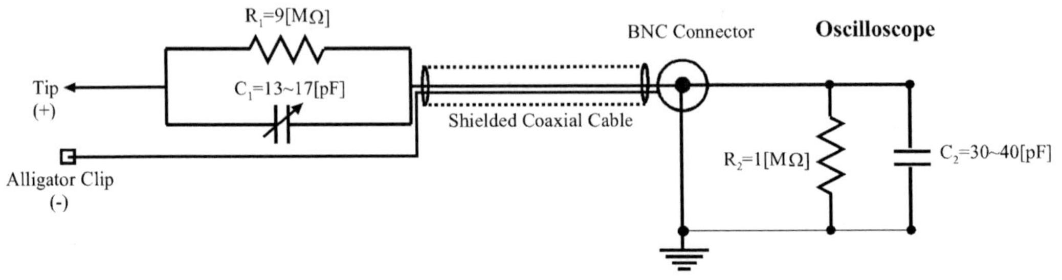

그림 2. 프로브가 오실로스코우프에 연결된 상태의 등가회로

IV. 실험 순서

실험 1. 오실로스코우프의 기능 확인

다음의 간단한 기능확인을 통해서 오실로스코우프가 제대로 작동하는지 확인한다.

1. 오실로스코우프의 전원을 켠다.
   (1) 디스플레이에 모든 전원 켜기 테스트가 합격했음이 표시될 때까지 기다린다.
   (2) 기본값 설정버튼(**AUTOSET** 버튼)을 누른다. 기본 프로브 옵션 감쇠설정은 10X이다.

2. 프로브에서 스위치를 10X로 설정하고 프로브를 오실로스코우프에 있는 CH 1에 연결한다. 연결하는 방법은 프로브의 BNC 커넥터(male)를 CH 1 BNC(female)에 결합하여 누른 후 오른쪽으로 돌려서 잠근다.

그리고 프로브 팁과 검은색 악어 클립을 **PROBE COMP** 커넥터에 동시에 연결한다.

3. **AUTOSET** 버튼을 누른다. 몇 초 내에 1[kHz] 주파수를 갖는 약 5[V] 첨두치의 구형파(그림 3)가 디스플레이에 나타나야 한다.

CH 1 메뉴버튼을 두 번 눌러 CH 1을 제거하고 CH 2 메뉴버튼을 눌러 채널 2를 표시하고 2단계와 3단계를 반복한다.

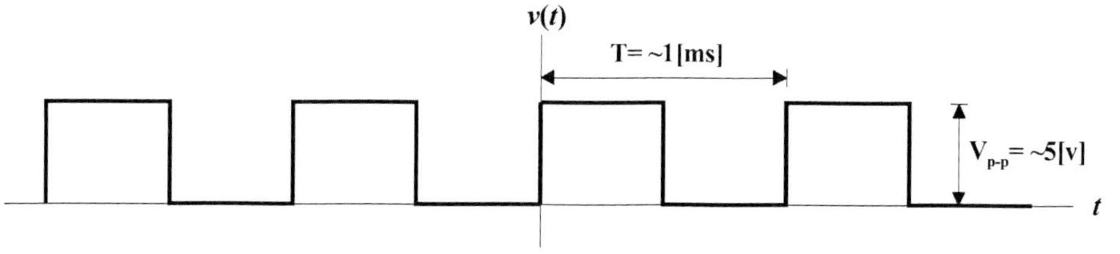

그림 3. 오실로스코우프의 교정파형(프로브 팁을 **PROBE COMP**에 연결했을 때의 파형)

실험 2. 수동 프로브 보정

프로브 검사의 다른 방법으로 프로브를 입력채널에 일치시키기 위해 이 조정을 수동으로 수행할 수 있다.

1. **채널 메뉴**의 **프로브 옵션 감쇠**를 **10X**로 설정한다. 프로브에서 스위치를 10X로 설정하고 프로브를 오실로스코우프에 있는 CH 1에 연결한다. 프로브 후크(hook) 팁을 사용하는 경우 프로브 팁을 덮개에 단단히 삽입하여 제대로 연결되었는지 확인한다.
2. 프로브 팁을 **PROBE COMP** 커넥터에 연결하고 검은색 악어 클립을 PROBE COMP 접지 커넥터에 연결한다. 채널을 표시한 다음 **AUTOSET** 버튼을 누른다.
3. 표시된 파형의 모양을 확인한다(그림 4).

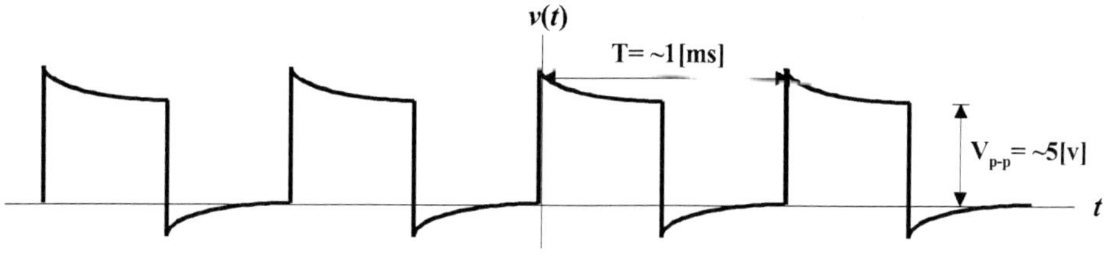

그림 4(a). 프로브 보정 파형: 과보정(over-compensation)된 경우

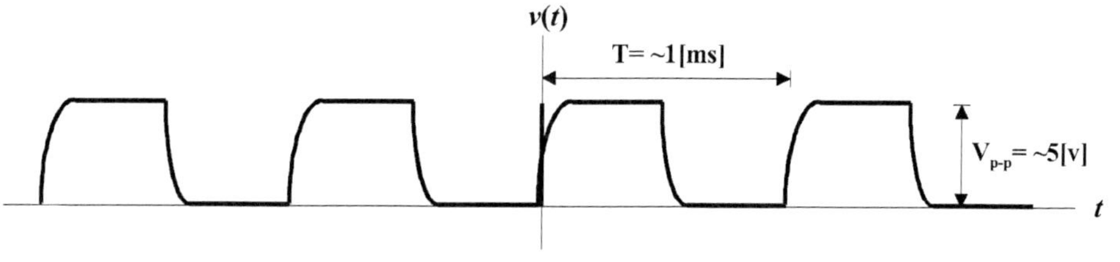

그림 4(b). 프로브 보정 파형: 부족하게 보정(under-compensation)된 경우

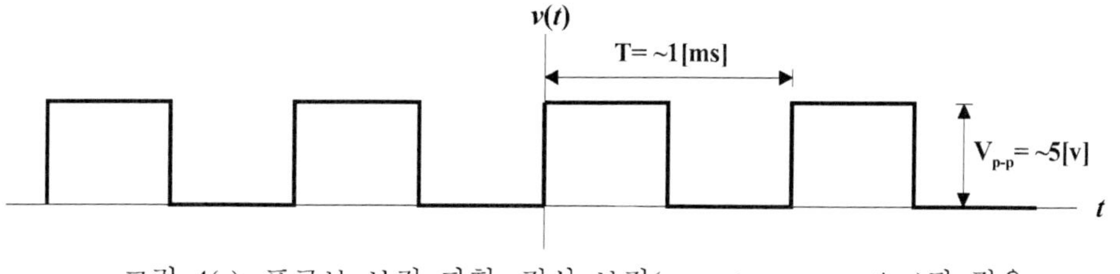

그림 4(c). 프로브 보정 파형: 정상 보정(correct compensation)된 경우

4. 정상 보정이 되지 않은 경우 프로브를 조정하여 정상 보정이 되도록 한다.
5. 프로브 감쇠설정

프로브는 오실로스코우프 화면에 나타나는 신호의 수직 스케일에 영향을 미치는 다양한 감쇠계수를 사용할 수 있다. 프로브 검사에서 프로브 감쇠옵션이 프로브의 감쇠와 일치하는지 확인한다. 프로브 검사에 대한 대체 방법으로 수직 메뉴버튼 (예: CH 1 메뉴버튼)을 누르고 프로브의 감쇠계수와 일치하는 프로브 옵션을 선택할 수 있다.

주의: 프로브 옵션의 기본값 설정은 10X이다.

프로브의 감쇠 스위치가 오실로스코우프의 프로브 옵션과 일치하는지 확인한다. 스위치 설정은 1X와 10X이다.

주의: 감쇠 스위치를 1X로 설정하면 프로브는 오실로스코우프의 대역폭을 6[MHz]로 제한한다. 오실로스코우프의 전체 대역폭을 사용하려면 반드시 스위치를 10X로 설정한다.

실험 3. 간단한 신호파형 측정실험(자동측정)

오실로스코우프는 시간에 따라 변하는 전압 신호파형을 측정하고 화면에 표시할 수 있으며 전류 신호파형을 직접적으로 측정하거나 화면에 표시할 수는 없다. 이 실험에서는 간단한 전압 신호파형을 측정해본다.

다음의 단계를 수행하여 함수발생기의 출력 신호파형을 측정해본다.

1. CH 1 메뉴버튼을 누르고 프로브 옵션 감쇠량을 10X로 설정한다.
2. 프로브에서 감쇠 스위치를 10X로 설정한다.
3. CH 1 프로브를 함수발생기 출력에 연결한다.
4. **AUTOSET** 버튼을 누른다.
   이때 오실로스코우프는 수직, 수평, 그리고 트리거(trigger) 컨트롤을 자동으로 설정한다.
5. **MEASURE** 버튼을 눌러 측정메뉴를 표시한다.
6. 상단의 옵션버튼을 누르면 **Measure 1(측정 1)** 메뉴가 나타난다.
7. **Type(종류)** 옵션버튼을 누르고 **Frequency(주파수)**를 선택한다.
   이때 표시되는 값은 자동 측정된 주파수이다. 만일 표시 값에 물음표(?)가 표시되면 해당하는 채널의 놉(knob)을 돌려 감도를 증가시키거나 **SEC/DIV** 설정을 변경한다.
8. **Back(뒤로)** 옵션버튼을 누른다.
9. 상단에서 두 번째 옵션버튼을 누르면 **Measure 2(측정 2)** 메뉴가 나타난다.
10. **Type(종류)** 옵션버튼을 누르고 **Period(주기)**를 선택한다.
    이때 표시되는 값은 자동 측정된 주기이다.
11. **Back(뒤로)** 옵션버튼을 누른다.
12. 중간 옵션버튼을 누르면 **Measure 3(측정 3)** 메뉴가 나타난다.
13. **Type(종류)** 옵션버튼을 누르고 **Pk-Pk(첨두치)**를 선택한다.
    이때 표시되는 값은 자동 측정된 첨두치이다.
14. **Back(뒤로)** 옵션버튼을 누른다.
15. 하단에서 두 번째 옵션버튼을 누르면 **Measure 4(측정 4)** 메뉴가 나타난다.

16. **Type(종류)** 옵션버튼을 누르고 **Rise Time(상승시간)**을 선택한다.
    이때 표시되는 값은 자동 측정된 상승시간이다.
17. **Back(뒤로)** 옵션버튼을 누른다.
18. 하단 옵션버튼을 누르면 **Measure 5(측정 5)** 메뉴가 나타난다.
19. **Type(종류)** 옵션버튼을 누르고 **Pos Width(상승펄스)**를 선택한다.
    이때 표시되는 값은 자동 측정된 펄스의 상승시간(rising time)이다.
20. **Back(뒤로)** 옵션버튼을 누른다.
21. 이 측정방법을 이용해서 함수발생기 FG-1883이 발생할 수 있는 사인파(sine wave)의 최고 주파수와 이 주파수에서의 최대 첨두치(peak-to-peak) 전압을 측정해서 결과 보고서의 표 1을 작성하시오.

실험 4. 두 신호파형의 측정

그림 5의 회로를 구성하고 오실로스코우프를 이용하여 두 점 B와 C 사이의 전위차(CH 1)와 두 점 A와 C 사이의 전위차(CH 2)를 동시에 측정하는 실험을 한다. CH 1과 2에 연결된 신호를 화면에 동시에 표시하려면 다음의 단계를 수행한다.

1. 채널이 표시되지 않을 경우 **CH 1 메뉴**와 **CH 2 메뉴** 버튼을 누른다.
2. **AUTOSET** 버튼을 누른다.
3. **MEASURE** 버튼을 눌러 측정메뉴를 표시한다.
4. 상단 옵션버튼을 누르면 **Measure 1(측정 1)** 메뉴가 나타난다.
5. **Source(신호원)** 옵션버튼을 누르고 **CH 1**을 선택한다.
6. **Type(종류)** 옵션버튼을 누르고 **Pk-Pk(첨두치)**를 선택한다.
7. **Back(뒤로)** 옵션버튼을 누른다.
8. 상단에서 두 번째 옵션버튼을 누르면 **Measure 2(측정 2)** 메뉴가 나타난다.
9. **Source(신호원)** 옵션버튼을 누르고 **CH 2**을 선택한다.
10. **Type(종류)** 옵션버튼을 누르고 **Pk-Pk(첨두치)**를 선택한다.
11. **Back(뒤로)** 옵션버튼을 누른다.

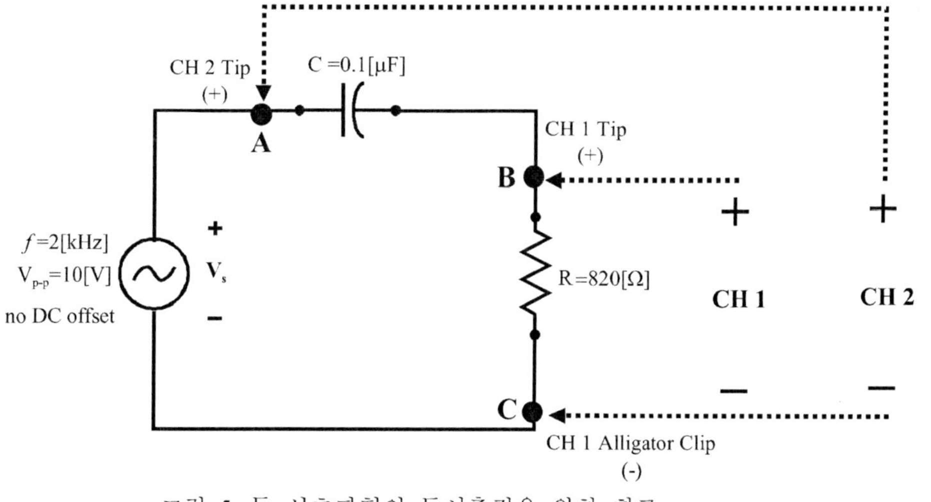

그림 5. 두 신호파형의 동시측정을 위한 회로

실험 5. 커서(cursor)를 이용한 측정실험

커서를 이용하여 신호파형의 시간과 전압을 측정하는 실험을 한다.

■ 시간 측정

신호의 임의의 두 지점사이의 시간간격이나 주기적인 신호의 주파수를 측정하려면 다음 단계를 수행한다.

1. **CURSOR** 버튼을 눌러 커서메뉴를 표시한다.
2. **Type(종류)** 옵션버튼을 누르고 **Time(시간)**을 선택한다.
3. **Source(신호원)** 옵션버튼을 누르고 입력신호가 연결된 채널을 선택한다.
4. **커서 1** 놉을 돌려 커서를 측정하고자 하는 신호의 한 지점에 위치시킨다.
5. **커서 2** 놉을 돌려 커서를 측정하고자 하는 신호의 다른 한 지점에 위치시킨다.
   커서메뉴에 **Delta(절대차)** 시간(두 지점간의 시간차)과 주파수(시간차의 역수)가 나타난다.
6. 이 측정방법을 이용해서 함수발생기 FG-1883이 발생할 수 있는 사인파의 최고 주파수를 측정하여서 결과 보고서의 표 1을 작성하시오.

■ 전압 측정

신호의 임의의 두 레벨(level)사이의 전위차(전압)을 측정하려면 다음 단계를 수행한다.

1. **CURSOR** 버튼을 눌러 커서메뉴를 표시한다.
2. **Type(종류)** 옵션버튼을 누르고 **Voltage(전압)**을 선택한다.
3. **Source(신호원)** 옵션버튼을 누르고 입력신호가 연결된 채널을 선택한다.
4. **커서 1** 놉을 돌려 커서를 측정하고자 하는 신호의 한 레벨에 위치시킨다.
5. **커서 2** 놉을 돌려 커서를 측정하고자 하는 신호의 다른 한 레벨에 위치시킨다.
   커서메뉴에 **Delta(절대차)** 전압(두 레벨사이의 전위차)이 표시된다.
6. 이 측정방법을 이용해서 함수발생기 FG-1883이 발생할 수 있는 사인파의 최고 주파수에서의 최대 첨두치 전압을 측정하여서 결과 보고서의 표 1을 작성하시오.
7. 이 측정방법을 이용해서 함수발생기 FG-1883이 발생할 수 있는 구형파(square wave)와 삼각파(triangular wave)의 최고 및 최저 duty cycle을 측정하여서 결과 보고서의 표 2을 작성하시오(주파수는 f=1[kHz]로 setting). duty cycle은 다음과 같이 정의된다(그림 6).

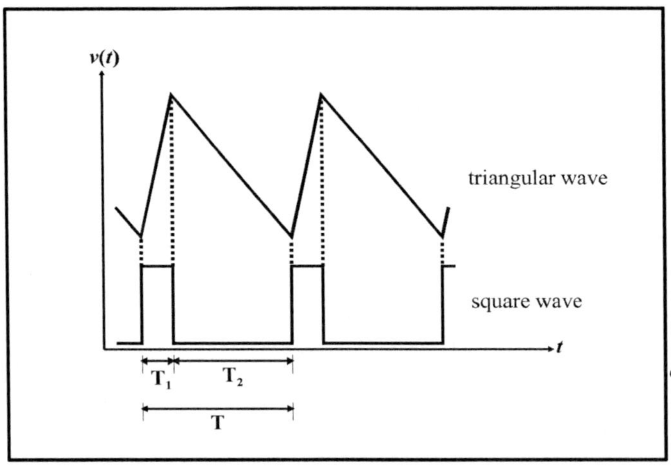

$$\text{duty cycle, } \delta \equiv \frac{T_1}{T} \times 100\,[\%]$$

그림 6. Duty Cycle의 정의

실험 6. 두 신호의 차(difference) 파형의 측정

두 개의 서로 다른 신호의 차의 파형 즉, CH 1과 2에 연결된 신호의 차이(CH 1 - CH 2) 신호를 다음의 단계를 수행하여 관찰할 수 있다.

1. **CH 1 메뉴** 버튼을 누르고 프로브 옵션 감쇠량을 10X로 설정한다.
2. **CH 2 메뉴** 버튼을 누르고 프로브 옵션 감쇠량을 10X로 설정한다.
3. 프로브에서 감쇠 스위치를 10X로 설정한다.
4. **AUTOSET** 버튼을 누른다.
5. **MATH 메뉴** 버튼을 눌러 Math 메뉴를 표시한다.
6. 연산 옵션버튼을 누르고 -를 선택한다.
7. **CH 1-CH 2** 옵션버튼을 눌러 표시된 파형사이의 차에 해당하는 새로운 파형을 표시한다.
8. Math 파형의 수직 스케일과 위치를 조정할 수 있다. 이를 위해 다음 단계를 수행한다.
   (a) 화면에서 CH 1과 CH 2 파형을 재거한다.
   (b) CH 1과 CH 2 전압눈금 및 수직위치 놉을 돌려 수직스케일과 위치를 조정한다.

■ **함수발생기(Function Generator) 사용방법**

함수발생기(FG-1883)는 0.02[Hz]~2[MHz]의 사인파(sine waves), 삼각파(triangular waves), 그리고 구형파(square waves) 전압신호를 발생시키는 장치이다. 일종의 교류 전압원으로 볼 수 있다.

신호의 출력은 두 개의 BNC connectors 'HI' 또는 'LO'를 통해서 출력된다. 출력전압은 파형에 관계없이 50[Ω] 부하저항에 대해서 ‘HI’ 출력단자에서 최대 10[$V_{P\text{-}P}$] 전압까지 출력하고 ‘LO’ 출력단자에서는 이보다 20[dB]적은 최대 1[$V_{P\text{-}P}$]까지 출력된다. 개개 출력단자에서의 출력 전압의 크기는 해당단자(‘AMPLITUDE’)를 이용해서 최대 전압 내에서 조정할 수 있다.

출력되는 전압신호의 DC offset의 조정이 가능하며, 해당단자(‘DC OFFSET/PULL’)를 누른 상태에서는 DC offset 없고(DC offset 전압이 0[V]), 그 단자를 당기면 DC offset 전압을 50[Ω] 부하 때에는 -5[V]에서 +5[V]까지 무부하 때에는 -10[V]에서 +10[V]까지 조정할 수 있다. 그림 7에 삼각파에 대해서 여러 형태의 DC offset의 경우의 예를 보였다.

삼각파나 구형파의 경우 파형의 대칭성(symmetry)을 조정할 수 있으며, 해당단자(‘SYM/PULL’)를 당겨서 조정하면 duty cycle을 대략 최소 20%에서 최대 80%정도까지 조정할 수 있다

그림 8에 삼각파와 구형파에 대해서 대칭성의 변화 예를 보였다.

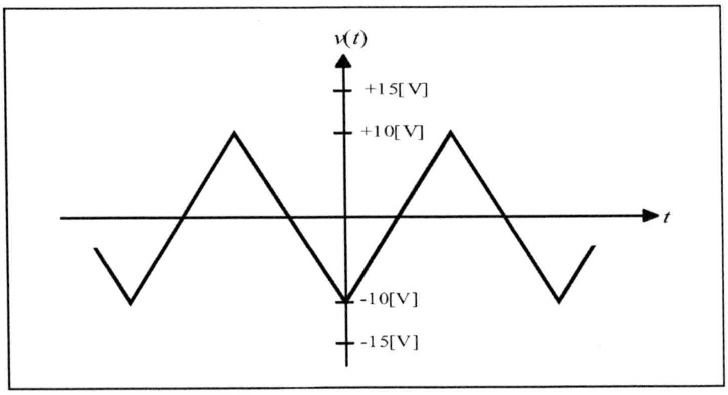

그림 7(a) DC offset이 없는 경우

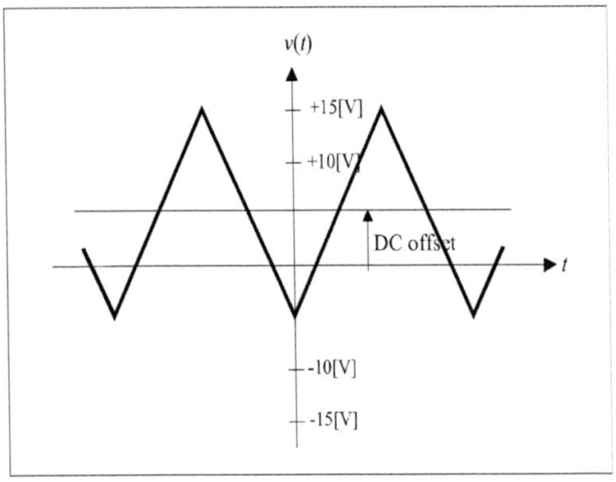

그림 7(b) +DC offset이 있는 경우

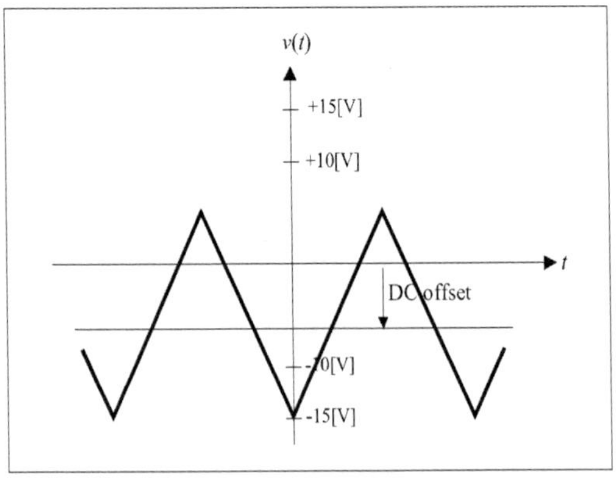

그림 7(c) -DC offset이 있는 경우

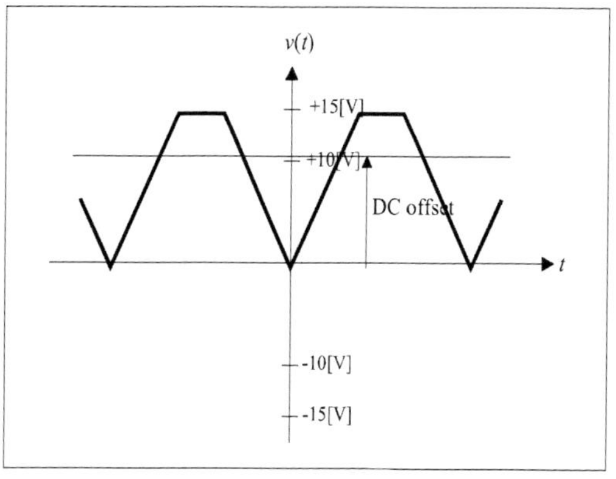

그림 7(d) + DC offset이 지나친 경우

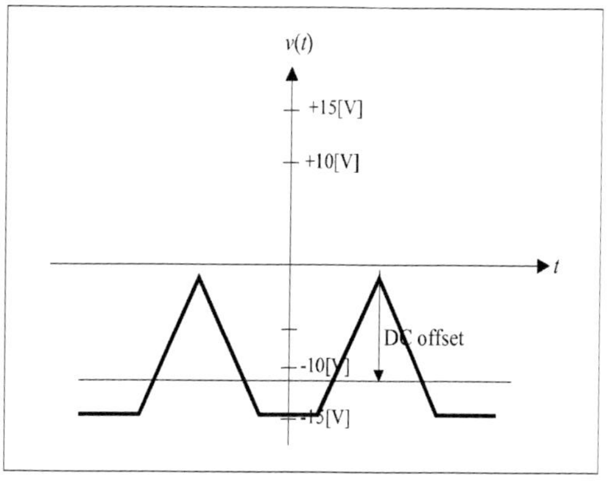

그림 7(e) - DC offset이 지나친 경우

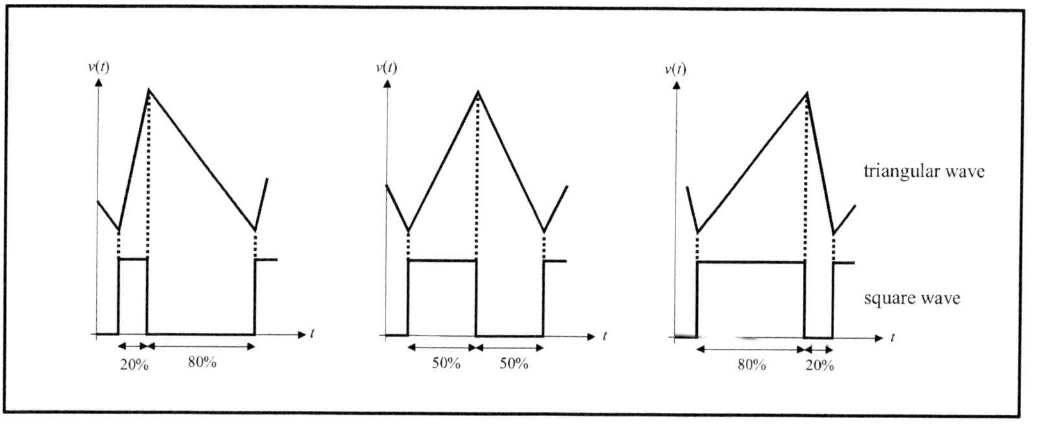

그림 8. 대칭성 조정의 예

V. 실험 예비보고서

1. 전위차(potential difference)와 전류(current)는 어떻게 정의되는가?
2. EMF(Electromotive Force)와 전위차의 차이점을 설명하시오.
4. 전압원(voltage source)의 역할을 설명하시오.
5. 사인파(sine wave)의 주기(period, T)와 주파수(frequency, *f*)는 어떤 관계가 있고 주파수가 의미는 무엇인가?
6. 사인파의 진폭과 peak-to-peak 전압은 어떻게 정의되는 양인가?

VI. 실험결과 보고서

<table>
<tr><td>실험 제목</td><td colspan="3"></td></tr>
<tr><td colspan="4"></td></tr>
<tr><td>실험 조</td><td></td><td>성 명
(학 번)</td><td>성적 등급</td></tr>
<tr><td rowspan="3"></td><td rowspan="3">실험 조원</td><td>(   )</td><td></td></tr>
<tr><td>(   )</td><td></td></tr>
<tr><td>(   )</td><td></td></tr>
</table>

1. 실험결과 보고사항

(1) 함수발생기 FG-1883의 사인파의 주파수 및 전압 측정

표 1. 함수발생기 FG-1883의 사인파 주파수 및 전압 측정

<table>
<tr><td rowspan="3">FG-1883
Sine Wave</td><td colspan="2">최고 발생 주파수</td><td colspan="2">최고 발생 주파수에서의
최대 peak-to-peak 전압</td></tr>
<tr><td>실험 3에 의한 측정 값
(자동측정)</td><td>실험 5에 의한 측정 값
(커서를 이용한 측정)</td><td>실험 3에 의한 측정 값
(자동측정)</td><td>실험 5에 의한 측정 값
(커서를 이용한 측정)</td></tr>
<tr><td></td><td></td><td></td><td></td></tr>
</table>

(2) 함수발생기 FG-1883의 구형파 및 삼각파의 duty cycle 측정

표 2. 함수발생기 FG-1883의 구형파 및 삼각파의 duty cycle 측정

<table>
<tr><td rowspan="3">FG-1883
Duty Cycle</td><td colspan="2">구형파(square wave)</td><td colspan="2">삼각파(triangular wave)</td></tr>
<tr><td>최고 duty cycle</td><td>최저 duty cycle</td><td>최고 duty cycle</td><td>최저 duty cycle</td></tr>
<tr><td></td><td></td><td></td><td></td></tr>
</table>

2. 실험결과 고찰사항: 고찰 사항 없음

제3장 저항의 특성

I. 실험목적

1. 저항의 특성을 옴의 법칙을 통해서 실습한다.

II. 실험 준비물

1. 디지털 멀티미터(DMM, Digital Multimeter): 1대
2. 직류 전압원(DC Power Supply): 1대
3. 탄소저항: 1[kΩ](1/4 watt) 1개

III. 관련 이론

1. 저항(Resistors)의 개념

저항은 전류의 흐름을 방해하는 성질을 가진 회로소자로서 전류의 크기를 줄이거나 전위차를 제공하는 역할을 하며 공급받은 전기적 에너지를 열(heat) 또는 빛으로 소비한다.

저항은 고정저항과 가변저항으로 나눌 수 있으며, 대부분의 고정저항은 저항값을 나타내는 3 또는 4개의 색 띠(four- or five-band color code)를 가진다. 그리고 전기적 성질은 직류와 교류에서 동일하다.

저항의 전기적 특성을 결정하는 인자는 이에 흐르는 전류와 저항양단의 전위차를 결정하는 저항값과 저항이 과열되지 않고 소비할 수 있는 최대전력인 전력정격(power rating)이다.

2. 저항의 종류

(1) 탄소저항(Carbon Resistors, Carbon-composition Resistors)

일반적으로 널리 사용되는 저항으로 전력정격이 보통 1[watt] 이하이다. 미세한 탄소(carbon)와 흑연(graphite) 입자를 접합제 역할을 하는 분말의 절연체와 혼합하여 플라스틱 케이스로 밀봉하고 양 끝에 주석도금을 한 구리선(tinned copper wire)을 붙인 구조이다(그림 1). 저항값은 1[Ω] ~ 20[MΩ]이고, 전력정격은 1/10, 1/8, 1/4, 1/2, 1, 또는 2[W]이다.

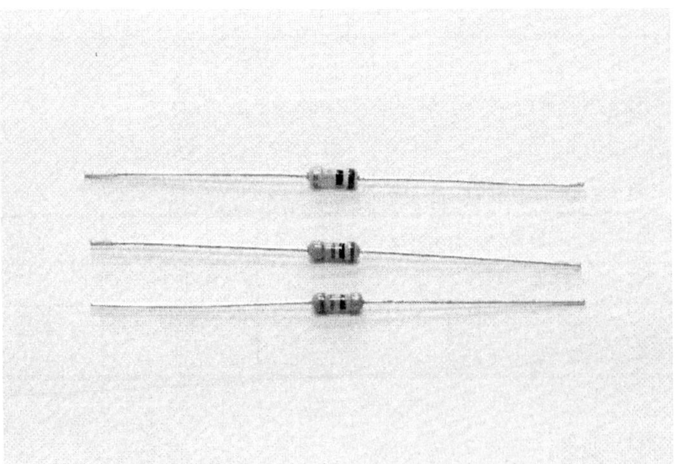

그림 1. 탄소저항의 예

(2) 표면부착 저항(Surface-Mount Resistors, or Chip Resistors)

세라믹(ceramic)판 위에 두꺼운 탄소필름(carbon film)을 침전(deposit)시켜서 만든다. 저항값은 0.xx[Ω] ~ 수[MΩ]이고, 전력정격은 1/8 ~ 1/4[W]이다. 이 저항의 연결은 리드선 대신에 C-shaped 단자에 의해 이루어지며(그림 2) 온도에 대해서 매우 안정된 특성을 가진다.

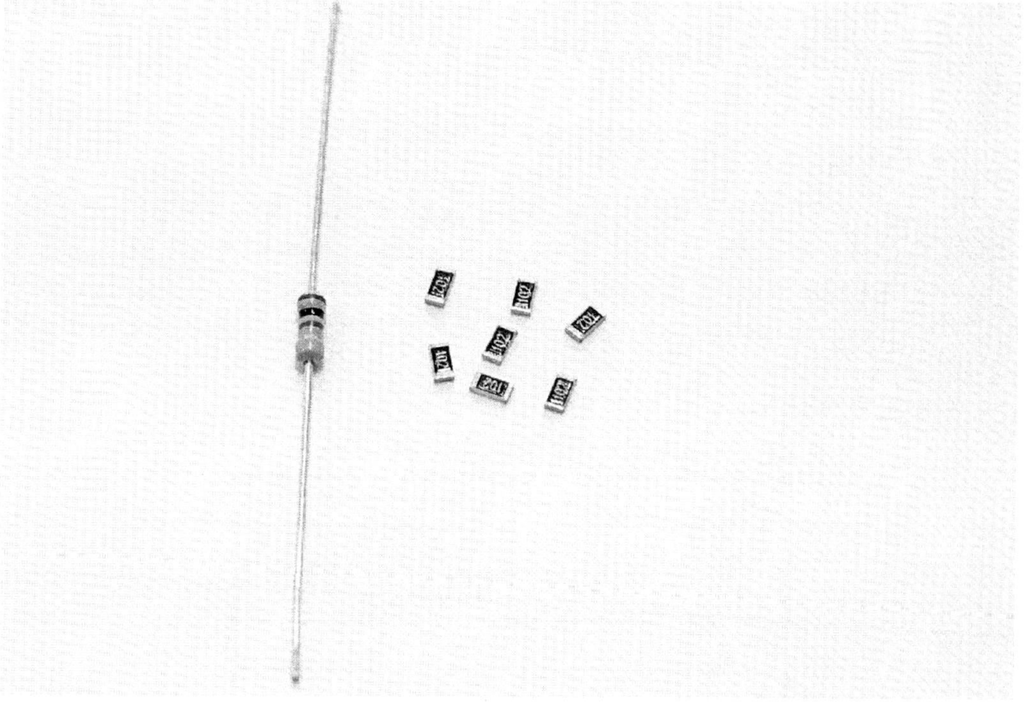

그림 2. Chip Resistor의 예(왼쪽은 탄소저항)

3. 저항값의 표시방법

(1) Color Coding

Axial type(그림 1) 저항의 경우, 일반적으로 색 띠를 이용해서 저항값을 코딩한다. 이 방법은 그림 3처럼 4개 또는 5개의 색 띠를 이용한다.

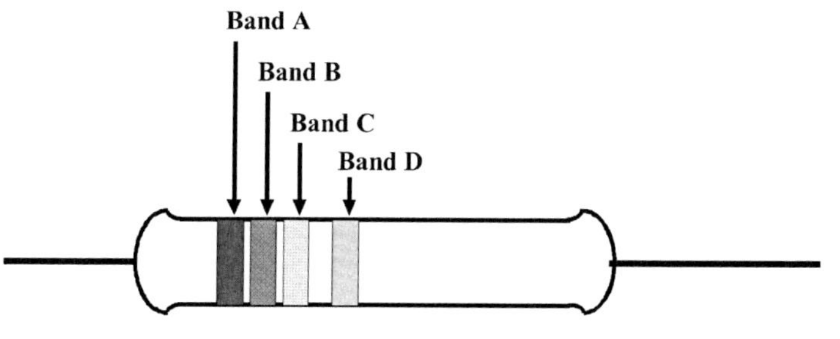

그림 3(a). Resistor Color Coding(4 band의 경우)

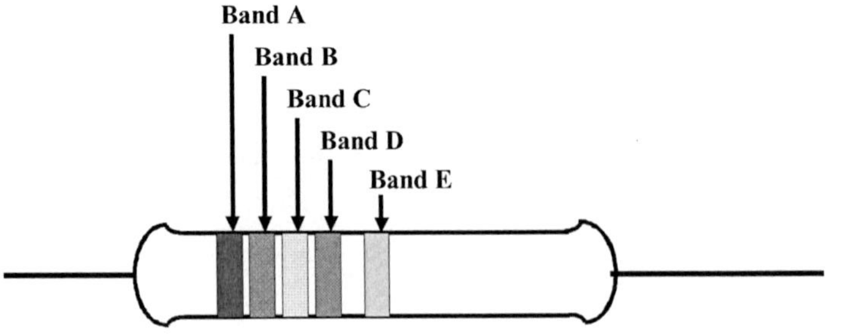

그림 3(b). Resistor Color Coding(5 band의 경우)

그림 3(a)의 경우, 첫 번째와 두 번째 색 띠(Band A와 B)는 각각 저항값의 유효숫자(significant digits)의 첫 번째와 두 번째 숫자(digit)를 의미하며, 세 번째 색 띠는 저항값 유효숫자 다음에 영(digit '0')의 개수 또는 소수점의 위치(저항값이 1보다 작은 경우) 즉, 10의 지수 승(decimal multiplier)의 숫자를 의미한다. 그리고 네 번째 색 띠는 이 저항값의 오차범위를 나타낸다.

개개 색 띠의 색깔이 의미하는 숫자와 오차범위는 표 1과 같다.

표 1(a). Resistor Color Code

Color	**Value**	**Color**	**Value**
Silver	-2	Yellow	4
Gold	-1	Green	5
Black	0	Blue	6
Brown	1	Violet	7
Red	2	Gray	8
Orange	3	White	9

표 1(b). Resistor Tolerance Color Code

Color	**Tolerance**
No Color	-20% ~ +20%
Silver	-10% ~ +10%
Gold	-5% ~ +5%
Red	-2% ~ +2%
Brown	-1% ~ +1%
Green	-0.5% ~ +0.5%
Blue	-0.25% ~ +0.25%
Violet	-0.1% ~ +0.1%

예를 들어 저항의 색 띠가 다음과 같으면,

Band A: Brown
Band B: Black
Band C: Red
Band D: Gold

저항값은

$$10\times10^{2}\ \pm5\% = 1[\mathrm{k\Omega}]\ \pm5\%$$

이다.

5개의 색 띠의 경우는 세 번째 색 띠까지 유효숫자이고, 그 외는 앞서의 경우와 동일하다. 그래서 이 방식은 보다 정밀한 값(유효숫자가 하나 더 많은)의 저항을 표현하는데 사용된다. 예를 들어, 저항의 색 띠가 다음과 같으면,

Band A: Brown
Band B: Black
Band C: Red
Band D: Silver
Band E: Blue

저항값은

$$102\times10^{-2}\ \pm0.25\% = 1.02[\Omega]\ \pm0.25\%$$

이다.

(2) Number Coding

Chip Resistor의 경우에는 앞서의 색 띠 대신에 숫자로 직접 코딩하며, 그 숫자코드를 읽는 방법은 동일하다. 차이점은 허용오차를 표시하는 숫자코드가 없다. 예를 들어, 칩 저항에 적힌 숫자가 562이면, 저항값은

$$56\times10^{2} = 5.6[\mathrm{k\Omega}]$$

이다.

4자리 숫자로 표시된 경우에는 유효숫자가 하나 더 있게 된다. 예를 들어, 칩 저항에 적힌 숫자가 5611이면, 저항 값은

$$561\times10^{1} = 5.61[\mathrm{k\Omega}]$$

이다.

이러한 숫자 코딩방식은 인덕터나 커패시터의 경우에도 단위만 달리하여(인덕터의 경우 [μH], 커패시터의 경우 [pF]) 유사하게 사용된다.

4. 규격 저항값(Preferred Resistance)

저항 제조업체에서 생산되는 저항의 값과 허용오차의 규격을 정해놓으면, 업체마다 각자의 다양한 값과 오차의 저항을 생산함으로 해서 발생할 수 있는 여러 가지 불편한 문제들을 최소화하고 보다 저렴한 가격으로 보다 용이하게 저항을 사용할 수 있을 것이다. 그래서 IEC(International Electrotechnical Commission)에서 국제적으로 저항값의 유효숫자와 허용오차에 대해서 규격을 정했는데 표 2와 같다.

표 2로 주어지는 저항값과 이의 10의 지수 승 배(decimal multiples)의 저항값은 모든 업

체에서 동일하게 제조된다. 예를 들면, 표 2에서 68[Ω]의 경우, 68[Ω], 680[Ω], 6800[Ω], 68[kΩ]가 모든 제조업체에서 동일하게 생산된다. 어떠한 저항값도 표 2와 이의 10의 지수승 배 저항의 ±10% 오차범위 내에 모두 포함된다. 즉, 이 저항들이면 ±10% 오차범위 내에서 모든 저항 값을 구현할 수 있다.

표 2. Preferred Resistance: significant digits and tolerance

Resistance [Ω]	**Tolerance**	**Resistance [Ω]**	**Tolerance**
10	5%, 10%, 20%	36	5%
11	5%	39	5%, 10%
12	5%, 10%	43	5%
13	5%	47	5%, 10%, 20%
15	5%, 10%, 20%	51	5%
16	5%	56	5%, 10%
18	5%, 10%	62	5%
20	5%	68	5%, 10%, 20%
22	5%, 10%, 20%	75	5%
24	5%	82	5%, 10%
27	5%, 10%	91	5%
30	5%	100	5%, 10%, 20%
33	5%, 10%, 20%		

5. 옴의 법칙

저항의 회로소자로서의 특성은 옴의 법칙(Ohm's law)으로 정량적으로 서술할 수 있다. 옴의 법칙은 1828년 독일의 물리학자 Georg Simon Ohm에 의해서 실험적으로 발견된 법칙이다. 이는 그림 4와 같은 저항과 전압원의 직렬회로에서 전압원의 기전력(EMF)이 변하면 저항양단의 전위차(potential difference)와 회로에 흐르는 전류(current)가 변하는데, 그 전압과 전류의 비를 구하면 항상 일정하다는 것이다. 그리고 그 일정한 값을 저항값으로 하고 그 단위는 발견한 사람의 이름을 따서 Ohm으로 한다.

그래서 옴의 법칙은 다음의 식들로 표현할 수 있다.

$$V = I \cdot R,\quad I = \frac{V}{R},\quad R = \frac{V}{I}$$

여기서 V, I, 그리고 R는 각각 저항양단의 전위차, 저항에 흐르는 전류, 그리고 저항값이다. 그림 4의 회로에서 전원(전압원)은 전기적 에너지(단위 시간당 에너지, P=VI)를 공급하고, 이 에너지는 저항에서 주로 열에너지의 형태로 소비된다.

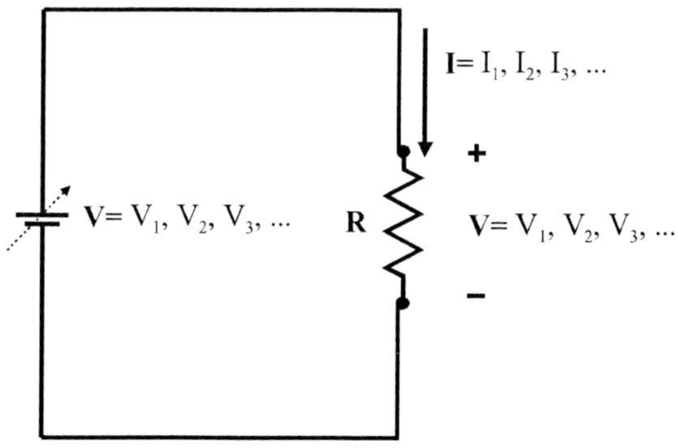

$$\frac{V_1}{I_1} = \frac{V_2}{I_2} = \frac{V_3}{I_3} = \ldots \equiv R : \text{Ohm's law}$$

그림 4. 저항과 전압원의 직렬회로

이 회로에서 전류는 도선내의 자유전자의 흐름인데, 이 자유전자가 저항내부를 흐를 때 저항내의 원자들과 충돌하게 되며, 이 과정에서 열에너지 또는 빛에너지의 형태로 에너지가 소비된다. 실생활에서 저항의 예로는 가정에서 전등으로 사용하는 백열전구(electric bulb)를 들 수 있다. 백열전구 내부에는 텅스텐 필라멘트(tungsten filament)가 있고, 여기에 전류가 흐르게 되면 빛과 열이 발생한다.

항상 일정한 저항값을 가지는 일반 회로저항과 달리, 텅스텐 필라멘트의 경우는 흐르는 전류가 증가하면 점점 더 뜨거워지고, 이로 인해서 필라멘트 내부의 원자들의 진동도 더 격렬해져서 자유전자와 충돌할 확률이 커져서 저항이 증가하게 된다. 그래서 텅스텐 필라멘트의 경우 전류가 증가하면 이의 저항값도 증가한다. 120[V] 교류전원에 연결되는 100[W] 백열전구의 경우 대략 144[Ω] 정도의 저항값을 갖는다.

사람의 몸도 일종의 저항체로 볼 수 있는데, 양 손에 각각 하나씩 도선을 잡고 있을 경우 사람 몸의 저항값은 대략 10~50[kΩ] 정도 되며 단단히 잡을수록 저항값은 적어진다. 그리고 한 손에만 도체선을 잡고 있을 경우에는 훨씬 큰 저항값을 갖는다. 사람 몸에 충격을 주는 정도는 몸을 통해서 흐르는 전류에 관계되며, 전기적 충격으로 잡고 있던 도선을 놓게 되는 전류는 남자의 경우 대략 9[mA] 정도이고 여자의 경우 대략 6[mA] 정도이다. 사람 몸에 20[mA] 정도의 전류가 흐르면 치명적인 충격을 받을 수 있다.

저항에서 소비되는 열에너지는 전원에서 공급한 전기적 에너지이다. 저항에 흐르는 전류가 I[A]이면 단위 시간(1[s])당 저항을 통과하는 전하량은 Q=I·1[C]이고 저항양단의 전위차가 V[V]이면 단위 전하(1[C])를 그 양단사이에 이동시키는데 드는 일 또는 에너지는 W=1·V[J]이므로, Q(=I·1[C])의 전하량을 이동시키는데 드는 에너지는 W=Q·V[J]=I·V[J]이 된다. 즉, 단위 시간당 이 저항에 전원이 W=I·V[J]의 에너지(전기적 에너지)를 공급하는 셈이다. 단위 시간당 에너지는 전력(P, power)이므로 전원이 공급하는 전력은 P=I·V[W]이고, 이 전력이 저항에서 열에너지로 소비된다. 그래서 저항 R에서 소비되는 전력은 P=IV이고 옴의 법칙을 이용하면, $P=I\cdot V=I^2R=V^2/R$이다.

저항에서 소비되는 열에너지는 저항체에 열의 형태로 발생한다. 그런데 이 열이 높아서 물리적으로 견디어 낼 수 있는 한계를 넘어서면 저항체가 타 버릴 수 있기 때문에, 그 저항이 견디어 낼 수 있는 최대 전력(전력정격, power rating)이 존재한다. 일반 전자회로에 많이 사용되는 탄소저항은 전력정격이 1/10, 1/8, 1/4, 1/2, 1, 2[W]가 있고, 칩 저항(chip resistors)은

1/8 ~ 1/4[W]의 전력정격을 갖는다.

저항값이 0[Ω]인 경우를 단락(short)이라고 하고 ∞[Ω]인 경우를 개방(open)이라고 한다. 단락 저항의 경우 옴의 법칙에 의하면 다음과 같이 단락 저항양단의 전위차는 0[V]이다(그림 5):

$$V = I \cdot R = I \cdot 0 = 0[V]$$

그리고 개방저항에 흐르는 전류는 옴의 법칙에 의하면 다음과 같이 0[A]이다(그림 5):

$$I = \lim_{R \to \infty} \frac{V}{R} = 0[A]$$

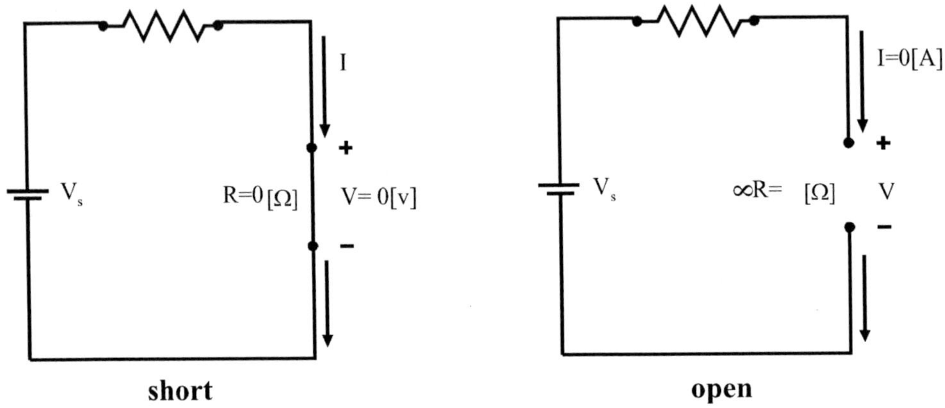

그림 5. 단락(short)과 개방(open) 회로

IV. 실험 순서

실험 1. 옴의 법칙 실험

다음의 회로를 구성하고 직류 전압원의 전압을 0[V]부터 2[V] 간격으로 20[V]까지 변화시켜가면서 디지털 멀티미터로 회로에 흐르는 전류와 저항양단의 전위차를 측정하여 표 1을 완성하시오.

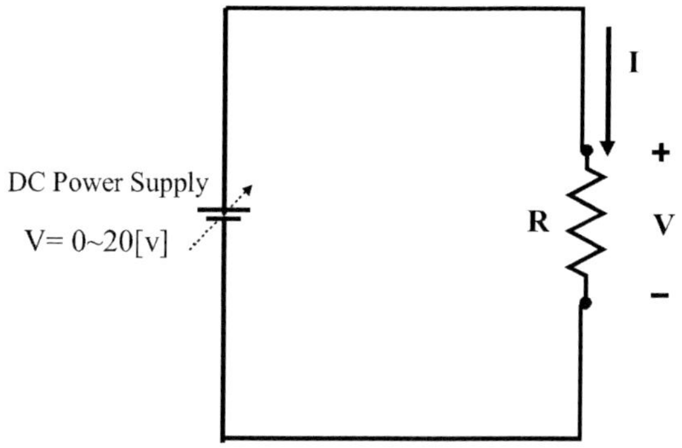

R = 1[kΩ]

그림 6. 옴의 법칙 실험회로

실험 2. 측정결과 그래프 그리기

실험 1의 결과 데이터를 모눈종이에 수평축(x axis)은 전류로 수직 축(y axis)은 전압으로 하여 그래프를 그리시오.

V. 실험 예비보고서

1. 회로에서 저항의 역할은 무엇인가?
2. 저항값 읽는 법을 설명하시오.
3. 직렬연결과 병렬연결의 차이를 설명하시오.

VI. 실험결과 보고서

<table>
<tr><td>실험 제목</td><td colspan="3"></td></tr>
<tr><td colspan="4"></td></tr>
<tr><td>실험 조</td><td></td><td>성 명
(학 번)</td><td>성적 등급</td></tr>
<tr><td rowspan="3"></td><td rowspan="3">실험 조원</td><td>( )</td><td></td></tr>
<tr><td>( )</td><td></td></tr>
<tr><td>( )</td><td></td></tr>
</table>

1. 실험결과 보고사항

(1) 옴의 법칙 실험측정

표 1. 옴의 법칙 측정

저항양단의 전위차	0[V]	2[V]	4[V]	6[V]	8[V]	10[V]	12[V]	14[V]	16[V]	18[V]	20[V]
회로 전류											

(2) 옴의 법칙 실험결과 그래프

표 1의 측정 데이터를 모눈종이에 그리시오.

2. 실험결과 고찰사항: 실험결과 그래프로부터 저항값을 구하고 실험에 사용한 값과 비교하시오.

VII. 고찰 문제

다음의 저항 회로에 대해서 답하시오.

1. 문제 회로 1에서 회로에 흐르는 전류를 계산하시오.

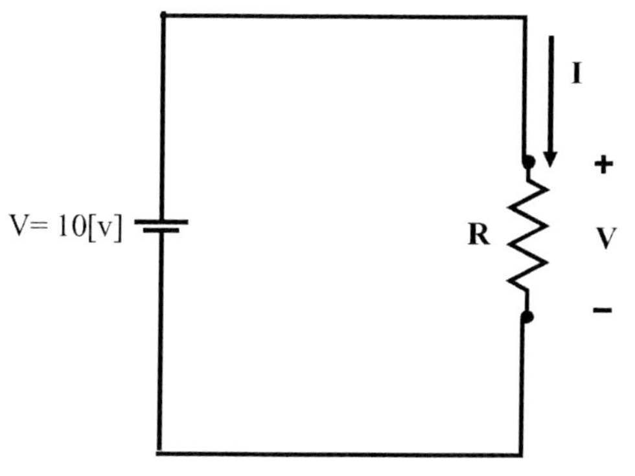

R = 1[kΩ]

문제 회로 1

2. 문제 회로 2에서 다음에 답하시오.
   (1) 저항 R=1[kΩ]에 흐르는 전류 I_R을 계산하시오.
   (2) 전체 회로에 흐르는 전류 I_T 는 얼마인가?
   (3) 단락선(short wire)에 흐르는 전류 I_S 는 얼마인가?

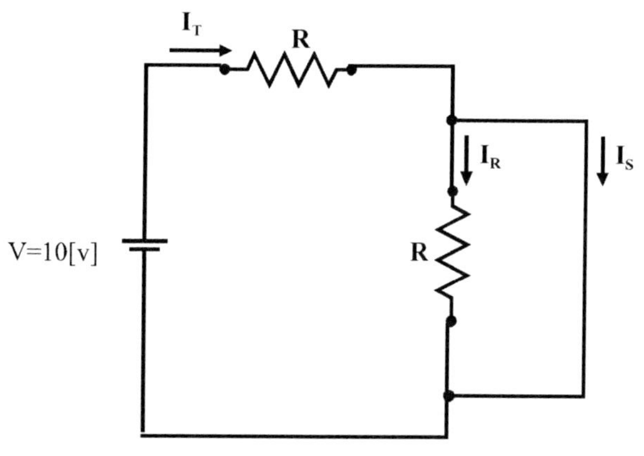

R = 1[kΩ]

문제 회로 2

제4장 커패시터의 특성

I. 실험목적

1. 커패시터(Capacitor)의 회로적인 특성을 실습한다.
2. 커패시턴스(Capacitance)를 실험을 통해서 측정한다.

II. 실험 준비물

1. 디지털 오실로스코우프(Digital Oscilloscope): 1대
2. 함수발생기(Function Generator): 1대
3. 탄소저항: 56[Ω] 1개, 820[Ω] 2개
4. 커패시터: 100[nF](film capacitor) 1개

III. 관련 이론

커패시터는 전하(charge)를 저장할 수 있는 능력을 가진 회로소자로서 기본적으로 그림 1과 같이 두 개의 도체판 사이에 유전체(dielectric)가 채워진 구조로 되어있다.

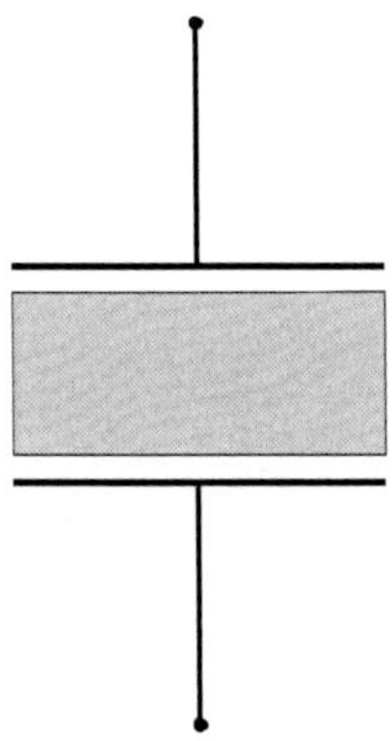

그림 1. 커패시터의 기본적인 구조

그림 1에서 두 도체판 사이에 채워진 유전체는 절연체(insulator)이므로 커패시터에 직류 전원을 인가하면 위쪽 도체판에는 일정한 +Q[C] 전하가 아래쪽 도체판에는 위쪽과 크기는 같고 극성이 반대인 -Q[C] 전하가 대전되고, 유전체내에는 이와는 서로 반대의 극성으로 -Q′[C], +Q′[C] 전하가 표면에 대전되어(표면에 대전되는 전하량 Q′은 유전체의 전기적인 성질인 polarization에 의해 결정된다), 전류(전도전류, conducting current)가 흐르지 않는다. 즉, 커패시터는 직류에 대해서는 개방회로 소자이다(그림 2(a)).

이때 인가한 전위차에 대해서 얼마나 많은 양의 전하가 유전체에 저장되는지를 나타내는 단위 전위차 당 저장되는 전하 양을 이 커패시터의 커패시턴스(capacitance)라고 하고 단위는 Farad([F])를 사용한다. 1[V]의 전위차를 인가했을 때 1[C]의 전하가 저장되면 커패시턴스를 1[F]라고 한다. V[V]의 전위차를 인가했을 때 Q[C]의 전하가 저장되면 커패시턴스는 다음과 같이 정의된다.

$$C \equiv \frac{Q}{V}[F]$$

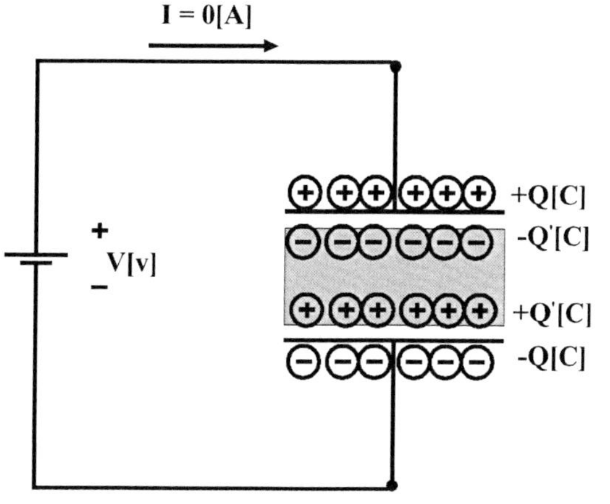

그림 2(a). 커패시터에 직류전원을 인가했을 때

그러나 커패시터에 교류전원을 인가하면 시간에 따라 변하는 전하가 도체판과 유전체내에 각각 대전되고 유전체내에는 전자기파(electromagnetic wave) 형태의 전류가 흘러서 전체 닫힌회로에 전류가 흐르게 된다. 즉, 연결도선에는 전도전류가 흐르고 커패시터 내에는 전자기파 형태의 전류가 흐르게 된다(그림 2(b))

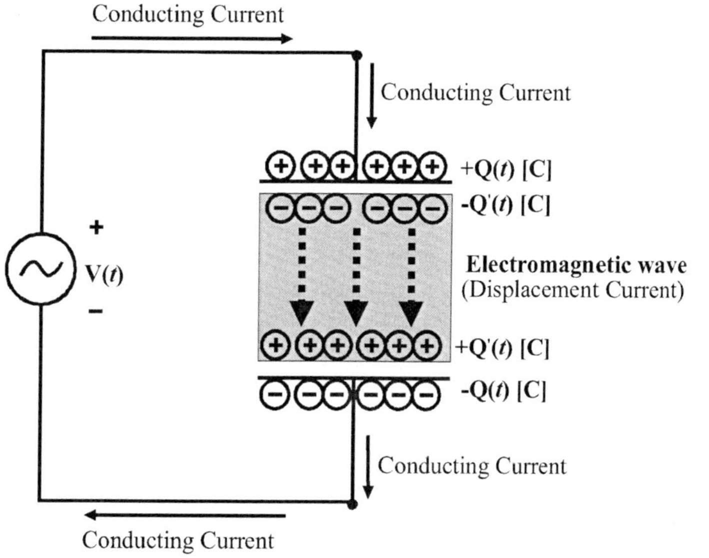

그림 2(b). 커패시터에 교류전원을 인가했을 때

커패시터내의 전자기파 형태로 흐르는 전류는 시간에 따라 변하는 전장과 자장이 상호

결합된 전자장의 파동으로 자유전자가 존재하지 않는 유전체내에서는 물론이고 진공에서도 존재할 수 있다. 이 전류는 James Clerk Maxwell(1831-1879)에 의해서 이론적으로 처음 발견되었으며, 그는 이 전류가 자유전자가 없는 매질에서의 전하를 띤 입자의 운동에 의한 전류라고 해석하였으며, 진공의 경우에도 에테르(aether)라는 매질을 있다고 생각하였다. 그는 이 전류를 변위전류(displacement current)라고 하였다. 그러나 오늘날 에테르라는 개념은 받아들여지지 않고 있으며 변위전류도 전장과 자장이 상호 결합된 파동(전자기파)으로 해석되고 있다.

커패시터에 흐르는 전류는 그 양단전압의 시간에 대한 변화율에 비례하며 그 비례상수는 그 커패시터의 커패시턴스이다. 즉, 커패시터의 회로적인 특성은 다음과 같이 서술할 수 있다.

$$i(t) = \mathrm{C}\frac{dv(t)}{dt}$$

여기서 $i(t)$와 $v(t)$는 각각 커패시터에 흐르는 전류 및 그 양단의 전위차이다.

만일 커패시터 양단에 인가한 전위차가 다음과 같은 사인파(sine wave)이면,

$$v(t) = \mathrm{V}\cos(\omega t)$$

앞서의 식에 의하여 커패시터에 흐르는 전류는 다음과 같다.

$$i(t) = -\omega \mathrm{CV}\sin(\omega t) = \frac{\mathrm{V}}{\left(\frac{1}{\omega \mathrm{C}}\right)}\cos(\omega t + \pi/2) = \frac{\mathrm{V}}{\mathrm{X_C}}\cos(\omega t + \pi/2)$$

여기서 $\mathrm{X_C}$는 다음과 같이 주어진다.

$$\mathrm{X_C} = \frac{1}{\omega \mathrm{C}} = \frac{1}{2\pi f\mathrm{C}}$$

그래서 커패시터의 경우 전류는 전위차 파형보다 위상이 $90^{\circ}(\pi/2)$ 앞서게 된다. 그리고 전류의 진폭은 전압의 진폭을 $\mathrm{X_C}$로 나눈 값으로 주어지므로, $\mathrm{X_C}$가 마치 저항처럼 보이며 이를 용량성 리액턴스(capacitive reactance)라고 하며 그 단위를 저항의 단위인 Ohm([Ω])을 사용한다.

용량성 리액턴스가 일반저항과 다른 점은 그 값이 주파수의 함수로 주어진다는 것이다. 만일 주파수가 영(zero)이면 즉, 직류신호인 경우에는 $\mathrm{X_C}$는 무한히 큰 값을 가지므로 커패시터는 개방회로(open)로 보인다. 이는 커패시터에 직류 전위차를 인가했을 때 전류를 흘릴 수 없음을 의미한다. 즉,

$$\lim_{f\to 0}\mathrm{X_C} = \lim_{f\to 0}\frac{1}{2\pi f\mathrm{C}} = \infty[\Omega]$$

용량성 리액턴스가 주파수에 따라 변하는 특성을 이용하여 각종 통신회로에서 특정 주파수 영역의 신호를 통과시키거나 차단하는 등의 각종 필터회로에 커패시터를 이용할 수 있다.

그리고 어떤 주파수 대역에 대해서 커패시턴스를 적절히 선택하여 용량성 리액턴스를 매우 작게 하면 커패시터 양단에 걸리는 전위차가 매우 적어서 이와 직렬로 연결된 회로에 이 주파수 대역의 신호만을 결합시킬 수 있다. 이런 용도로 사용되는 커패시터를 coupling capacitor라고 한다. 특히 직류 성분은 저지하고 교류 신호성분만 결합시키는 커패시터를 DC blocking capacitor라고 한다.

한편, 이와는 반대로 특정 주파수 대역에 대해서 용량성 리액턴스가 매우 작은 커패시터를 어떤 회로와 병렬(shunt)로 연결하면, 이 대역의 신호성분이 이 회로에 결합되지 않도록 할 수 있는데, 이런 용도로 사용되는 커패시터를 decoupling capacitor(또는 bypass capacitor)라고 한다.

커패시터는 두 개의 도체판 사이에 들어있는 유전체의 종류에 따라 여러 가지가 있다. 그 유전체가 운모(mica), 종이(paper), 플라스틱 필름(plastic film), 세라믹(ceramic), 그리고 얇은 분자 산화필름 층(molecular-thin oxide film)인 경우, 각각 운모 커패시터(mica capacitors), 종이 커패시터(paper capacitors), 필름 커패시터(film capacitors), 세라믹 커패시터(ceramic capacitor), 그리고 전해 커패시터(electrolytic capacitors)라고 한다. 표 1과 그림 3에 커패시터의 종류와 전기적 특성 및 외관을 보였다.

표 1. 커패시터의 종류

Dielectric	Construction	Capacitance	Break Down[v]
Ceramic	Disk	1[pF] to 1[μF]	200-500[v]
Polyester film	Foil or metalized	200[pF] to 100[μF]	50-600[v]
Plastic film	Foil or metalized	100[pF] to 100[μF]	50-600[v]
Electrolytic	Aluminum	1-6800[μF]	10-450[v]
	Tantalum	0.047 to 330[μF]	6-50[v]
Chip Capacitor	Ceramic between conductive films	0.xx [pF] -several[μF]	

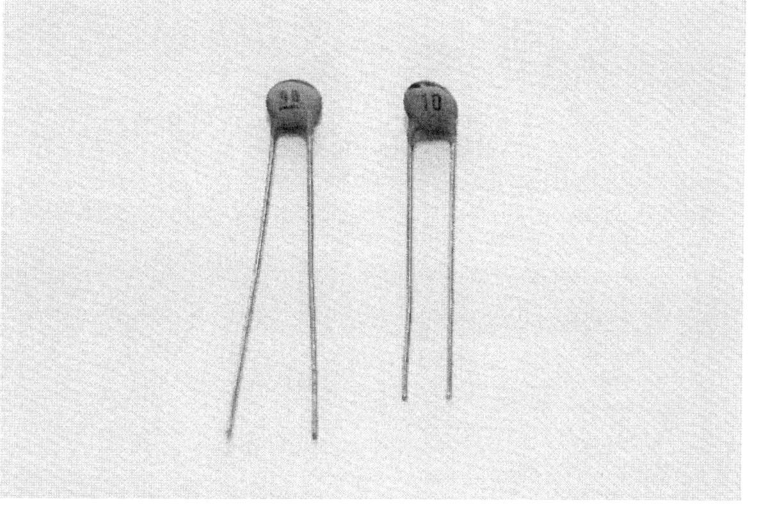

그림 3(a) 세라믹 커패시터의 예(왼쪽: 30[pF], 오른쪽: 10[pF])

그림 3(b) 필름 커패시터의 예(왼쪽: 33[nF]∓5%, 오른쪽: 33[nF]∓10%)

그림 3(c) 전해 커패시터의 예(왼쪽: 탄탈륨, 오른쪽: 알루미늄)

그림 3(d) chip 커패시터의 예(470[pF], 왼쪽은 세라믹 커패시터)

전해 커패시터(electrolytic capacitors)는 비교적 작은 크기의 구조와 저렴한 가격으로 큰 커패시턴스 값(1[μF] ~ 6800[μF])을 가지며 알루미늄 전해 커패시터(aluminum electrolytic capacitor)와 탄탈륨 커패시터(tantalum capacitor)가 있다.

알루미늄 전해 커패시터는 두 개의 알루미늄 호일(aluminum foil) 사이에 전해액에 젖은 거즈(gauze)가 있는 구조로 되어있다(그림 4(a)).

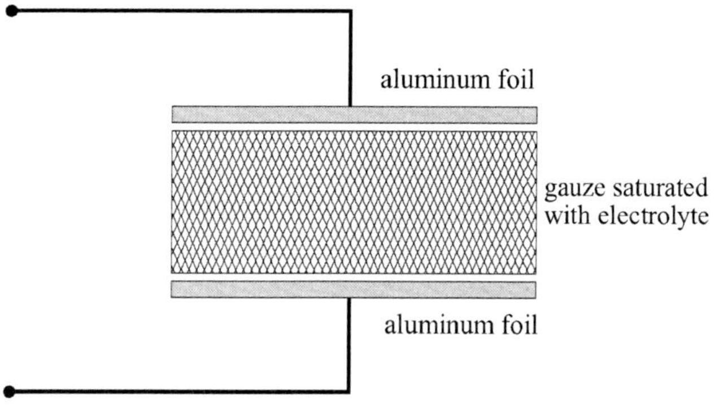

그림 4(a) 알루미늄 전해 커패시터의 구조(직류전압이 인가되지 않은 경우)

두 알루미늄 호일사이에 직류 전압을 걸어주면 양극과 거즈사이에 산화 알루미늄(aluminum oxide)의 얇은 분자 층(molecular thin layer)이 형성된다(그림 4(b)). 이 얇은 산화 알루미늄 분자 층은 절연체로서 전해액에 젖은 거즈와 양극 사이에 커패시턴스를 형성한다. 이 층이 매우 얇으므로 아주 큰 커패시턴스가 만들어 질 수 있다(그림 4(c)).

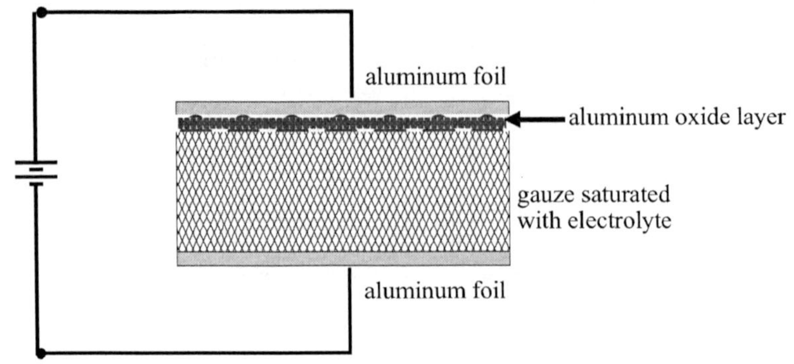

그림 4(b) 알루미늄 전해 커패시터의 구조(직류전압이 인가된 경우)

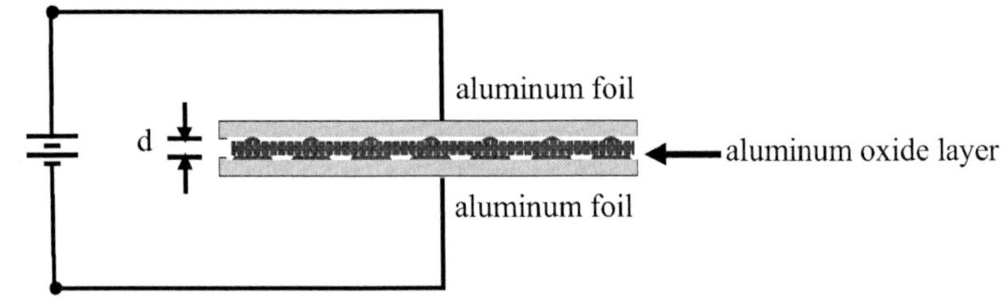

$$C = \varepsilon \frac{A}{d}$$

A: area of the aluminum foil
d: thickness of the aluminum oxide layer
ε: permittivity of the aluminum foil

그림 4(c) 알루미늄 전해 커패시터의 등가 커패시턴스(직류전압이 인가된 경우)

만약 반대방향으로 직류전압이 인가되면, 역 방향의 전기분해(reverse electrolysis)가 일어나며, 이때 가스가 발생하고 온도가 상승하여 폭발할 수 있다. 그리고 산화 알루미늄 층이 완전한 절연체가 아니기 때문에 누설전류(leakage current)가 존재한다.

탄탈륨(tantalum) 전해 커패시터의 경우 알루미늄 전해 커패시터와 유사한데 알루미늄 대신에 탄탈륨을 사용한다. 산화 탄탈륨(tantalum oxide) 층은 산화 알루미늄 층보다 유전상수(ε, dielectric constant)가 더 크므로, 보다 작은 크기로 보다 큰 값의 커패시턴스를 만들 수 있으며 누설전류도 적다. 산화 탄탈륨의 유전상수는 25이고, 산화 알루미늄의 유전상수는 7 이다.

■ **Capacitance Coding**

(1) Film Capacitor

커패시터에 소수점이 없는 숫자로 표시되어 있으면 커패시턴스 값을 읽는 법은 저항의 경우와 동일한데, 차이점은 단위가 [pF]이고 10의 지수 승(decimal multiplier)을 의미하는 세 번째 숫자의 코드가 조금 다르며 표 2(a)로 주어진다.

표 2(a). 커패시턴스의 10의 지수 승 코드

Number	Multiplier	Number	Multiplier
0	1	8	0.01
1	10	9	0.1
2	100		
3	1,000		
4	10,000		
5	100,000		

예를 들어, '152'로 적혀있는 경우, 이는 $15\text{x}10^2$ =1500[pF]이고, '159'인 경우 $15\text{x}10^{-1}$ =1.5[pF]이다. 어떤 경우에는 문자 R을 소수점(decimal point) 대신으로 사용해서 표시하기도 한다. 즉, 1.5[pF]인 경우 '1R5'로 표시하기도 한다.

1보다 적은 값으로 소수점이 있는 숫자로 표시된 경우는 단위가 [μF]이다. 예를 들어, '0.047'로 적혀있는 경우 이는 0.047[μF]이다.

커패시던스의 허용오차(tolerance)는 숫자코드 다음에 영어 알파벳으로 표시하는데, 이의 코드는 표 2(b)와 같다.

표 2(b). 커패시턴스의 허용오차 코드

Letter	Tolerance	
	10[pF] or Less	Over 10[pF]
B	-0.1[pF] ~ +0.1[pF]	
C	-0.25[pF] ~ +0.25[pF]	
D	-0.5[pF] ~ +0.5[pF]	
F	-1.0[pF] ~ +1.0[pF]	-1% ~ +1%
G	-2.0[pF] ~ +2.0[pF]	-2% ~ +2%
H		-3% ~ +3%
J		-5% ~ +5%
K		-10% ~ +10%
M		-20% ~ +20%

예를 들어, '152J', '159C', 그리고 '1R2F'인 경우,

$$152\text{J} = 15 \times 10^2\ \text{J} = 1500[\text{pF}]\ \pm 5\%$$

$$159\text{C} = 15 \times 10^{-1}\ \text{C} = 1.5[\text{pF}]\ \pm 0.25[\text{pF}]$$

$$1R5F = 1.5\ F = 1.5[pF]\ \pm 1.0[pF]$$

이다.

(2) Ceramic Capacitor

커패시턴스 값을 읽는 법은 film capacitor와 동일하고 10의 지수 승 코드도 표 2(a)와 같은데, 허용오차 코드는 조금 다르며 표 3으로 주어진다.

표 3. 세라믹 커패시터의 허용오차 코드

Letter	Tolerance
J	-5% ~ +5%
K	-10% ~ +10%
M	-20% ~ +20%
P	-0%, +100%
Z	-20%, +80%

1보다 적은 값으로 소수점이 있는 숫자로 표시된 경우는 film capacitor의 경우와 동일하다. 예를 들어, '100J'와 '0.047Z'로 표시된 경우,

$$100J = 10 \times 10^0\ J = 10[pF]\ \pm 5\%$$

$$0.047Z = 0.047[pF] \sim 0.047[pF]\ - 20[\%],\ \text{or}$$
$$0.047[pF] \sim 0.047[pF]\ + 80[\%]$$

이다. 그리고 어떤 제조회사의 경우에는 두 자리 수의 숫자만 표기된 경우도 있는데, 이 때는 두 자리 수의 그 값을 [pF] 단위로 직접 읽으면 된다. 예를 들어, '10'으로만 표기되어 있다면,

$$10 = 10[pF]$$

이다.

(3) Electrolytic Capacitor

알루미늄 또는 탄탈륨 전해 커패시터의 경우는 일반적으로 코드화 되어 있지 않고 그 값이 단위와 함께 명시되어 있다.

(4) chip capacitor

칩 커패시터의 경우 제조회사에 따라 다음 3가지의 표시방법이 많이 사용된다.

(4-1) 33 value symbols coding system

하나의 영문 대문자 또는 소문자가 필름 또는 세라믹 커패시터 경우의 두 자리의 숫자에 해당하는 값을 의미하고, 그 다음의 숫자는 10의 지수 승을 의미한다. 두 자리의 숫자에 해당하는 값을 표시하는 문자코드는 표 4(a)와 같으며 10의 지수 승 코드는 표 2(a)와 같다. 예를 들어, 'S1'로 표시되어 있으면,

$$S1 = 4.7 \times 10^1 = 47[pF]$$

(4-2) 24 value symbols coding system

100[pF] 미만인 경우에는 그 값을 두 자리 숫자로 직접 표시하고, 이 이상인 경우에는 '33 value symbols coding system'과 유사한데, 문자의 코드 값이 다르며 표 4(b)로 주어진다. 이 코드 시스템이 앞서와 다른 점은 소문자를 사용하지 않으며 표 4(a)에 비해서 그 값이 10배 크다. 예를 들어, '07', '36', 그리고 'S1'로 표시되어 있으면,

$$07 = 7[\text{pF}]$$

$$36 = 36[\text{pF}]$$

$$S1 = 47 \times 10^1 = 470[\text{pF}]$$

이다.

표 4(a). 33 value symbols code

Letter	Value	Letter	Value	Letter	Value	Letter	Value	Letter	Value
A	1.0	H	2.0	b	3.5	f	5.0	X	7.5
B	1.1	J	2.2	P	3.6	T	5.1	t	8.0
C	1.2	K	2.4	Q	3.9	U	5.6	Y	8.2
D	1.3	a	2.5	d	4.0	m	6.0	y	9.0
E	1.5	L	2.7	R	4.3	V	6.2	Z	9.1
F	1.6	M	3.0	e	4.5	W	6.8		
G	1.8	N	3.3	S	4.7	n	7.0		

표 4(b). 24 value symbols code

Letter	Value	Letter	Value	Letter	Value	Letter	Value
A	10	H	20	Q	39	X	75
B	11	J	22	R	43	Y	82
C	12	K	24	S	47	Z	91
D	13	L	27	T	51		
E	15	M	30	U	56		
F	16	N	33	V	62		
G	18	P	36	W	68		

(4-3) single colored-character coding

하나의 색깔이 있는 문자 또는 숫자로 표시하는 방법이다. 문자 또는 숫자는 필름 또는 세라믹 커패시터 경우의 두 자리의 숫자에 해당하는 값을 의미하고, 그 색깔은 10의 지수 승을 의미한다. 두 자리의 숫자에 해당하는 값을 표시하는 문자코드는 표 5(a)와 같으며 10의 지수 승 코드는 표 5(b)와 같다.

표 5(a). single character code

Character	Value	Character	Value	Character	Value	Character	Value
A	1.0	I	1.8	R	3.3	Y	5.6
B	1.1	J	2.0	S	3.6	Z	6.2
C	1.2	K	2.2	T	3.9	3	6.8
D	1.3	L	2.4	V	4.3	4	7.5
E	1.5	N	2.7	W	4.7	7	8.2
H	1.6	O	3.0	X	5.1	9	9.1

표 5(b). color code

Color	Multiplier
Orange	1
Black	10
Green	100
Blue	1,000
Violet	10,000
Red	100,000

예를 들어, 파란색(Blue)으로 'Y', 녹색(Green)으로 '3'로 표시되어 있으면 다음과 같다.

$$Y(\text{Blue}) = 5600[\text{pF}]$$

$$3(\text{Black}) = 68[\text{pF}]$$

■ **실제 Capacitor의 등가회로**

커패시터는 그 기본구조가 두 개의 도체판 사이의 절연체가 있는 구조로 되어있다(그림 1). 그런데 실제로 이상적인 절연체는 존재하지 않으며 커패시터에 전위차가 있는 경우 절연체를 통하여 적은 양의 전류가 흐른다. 이 전류를 누설전류(leakage current)라고 한다. 커패시터의 절연체가 이상적이지 못해서 누설전류가 흐르는 것은 등가회로적으로 이상적인 절연체의 커패시터와 병렬로 매우 큰 저항이 연결된 것으로 볼 수 있다. 이 저항을 누설저항(leakage resistance)라고 한다.

한편, 교류신호가 커패시터에 인가되는 경우, 전하의 충전 및 방전이 연속적으로 이루어지는 과정에서 절연체내에서 전력소모가 발생하며, 이런 현상은 등가회로적으로 이상적인 절연체의 커패시터와 직렬로 저항이 연결된 것으로 볼 수 있다.

그래서 누설저항과 절연체 내부에서의 전기에너지 소모를 고려한 실제 커패시터의 등가회로는 그림 5와 같다.

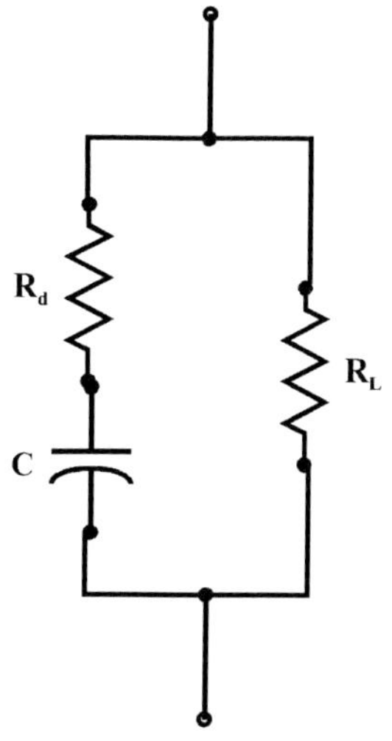

그림 5. 실제 커패시터의 등가회로: R_L= 수 백[MΩ], R_d=0.x[Ω]

IV. 실험 순서

실험 1. 커패시터의 전압 및 전류 특성 실험

다음의 회로(그림 6)를 구성하고 교류 전압원으로 함수발생기의 출력을 이용하며 주파수 f =2[kHz]이고 전압 $V_{P\text{-}P}$=10[V](DC offset=0)로 한다.

오실로스코우프로 저항양단(두 점 B와 C 양단)의 전압을 CH 1로 관찰한다. 이 저항양단의 전압을 저항값(56[Ω])으로 나누면 전류가 되므로 두 점 B와 C 양단의 전압파형은 회로전체에 흐르는 전류의 파형이 된다.

두 점 A와 C 사이의 전압파형을 CH 2로 관찰한다. 두 점 B와 C 양단의 전압이 커패시터 양단의 전압에 비해서 무시할 수 있을 정도로 작다면, 두 점 A와 C 사이의 전압은 근사적으로 커패시터 양단의 전압이 된다.

그래서 CH 1은 커패시터에 흐르는 전류파형이고 CH 2는 커패시터 양단의 전압파형이 된다. 오실로스코우프로 CH 1과 CH 2를 동시에 측정하여 모눈종이에 두 파형을 동시에 그리고, 두 파형사이의 위상차($\Delta\phi=\omega\Delta t$)를 측정하여 그래프 1와 표 1을 완성하시오.

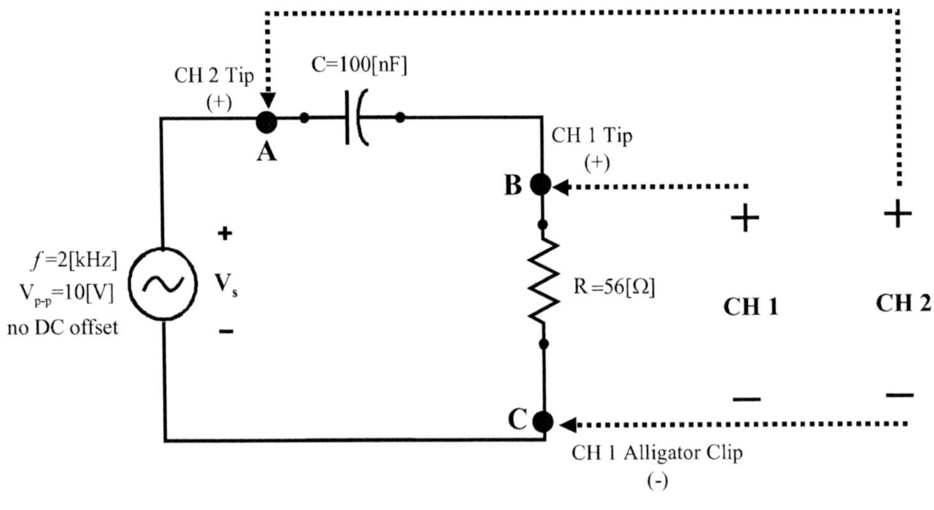

그림 6. 커패시터의 전압 및 전류 특성을 측정하기 위한 회로

실험 2. 커패시턴스 값 측정 실험

다음의 회로(그림 7)를 구성하고 교류 전압원으로 함수발생기의 출력을 이용하며 주파수 f =2[kHz]이고 전압 $V_{P\text{-}P}$=10[V](DC offset=0)으로 한다. 오실로스코우프로 저항양단(두 점 B와 C 양단)의 전압의 peak-to-peak 전압($V_{R,P\text{-}P}$)을 측정한다. 이 저항양단의 전압을 저항값으로 나누면 전류가 되므로 회로전체에 흐르는 전류의 진폭($V_{R,P\text{-}P}/2R$)을 알 수 있다. 이 값을 A_I (=$V_{R,P\text{-}P}/2R$)로 둔다.

그리고 인가한 교류 전압원의 파형(A와 C점 사이의 전압)과 저항양단의 전압파형(B와 C 점 사이의 전압)을 오실로스코우프로 동시에 측정하여 두 파형사이의 위상차($\Delta\phi=\omega\Delta t$)를 측정한다.

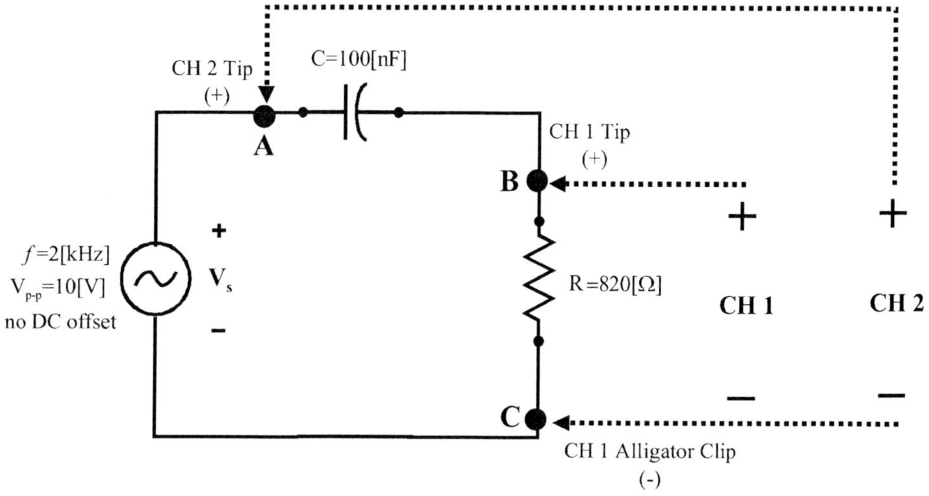

그림 7 커패시턴스 값을 측정하기 위한 회로

앞서 측정한 A_I와 $\Delta\phi$로부터 다음 식에 의해서 커패시턴스 값의 측정치를 구하고 표 2를 완성하시오.

$$C = \frac{1}{\omega}\frac{A_I}{A_S}\frac{1}{\sin(\Delta\phi)}[F]$$

여기서

$$A_S = \frac{1}{2}V_{P\text{-}P}[v]$$

V. 실험 예비보고서

(1) 실험 1에서 56[Ω] 양단의 전압파형을 측정하면 그것이 회로에 흐르는 전류파형이 됨을 보이시오.

풀이: 그림 8의 회로에서 전압원, 커패시터, 그리고 저항양단의 페이저(phasor) 전압은 각각 다음과 같다.

$$\mathrm{V_s} = \mathrm{A_S}\angle 0,\quad \mathrm{V_C} = -j\frac{1}{\omega \mathrm{C}}\mathbf{I},\quad \mathrm{V_{R1}} = \mathrm{R_1}\mathbf{I}$$

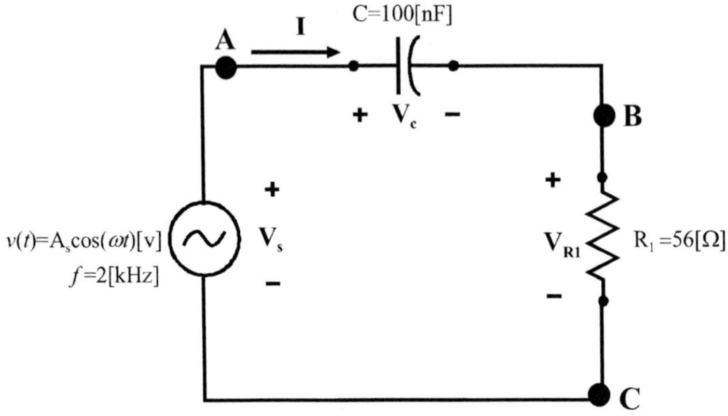

그림 8. 실험 1의 RC 직렬회로

두 점 A와 C사이의 전위차는 커패시터 양단의 전위차(V_C)와 R_1=56[Ω] 양단의 전위차의 합이다. 즉,

$$\mathrm{V_{AC}} = \mathrm{V_C} + \mathrm{V_{R1}} = -j\frac{1}{\omega \mathrm{C}}\mathbf{I} + \mathrm{R_1}\mathbf{I} = \left\{-j\frac{1}{\omega \mathrm{C}} + \mathrm{R_1}\right\}\mathbf{I} \tag{1}$$

그런데

$$\frac{1}{\omega \mathrm{C}} \approx 795.8[\Omega] >> \mathrm{R_1} = 56[\Omega]$$

이므로 식 (1)은 다음과 같이 근사화 할 수 있다.

$$\mathrm{V_{AC}} = \left\{-j\frac{1}{\omega \mathrm{C}} + \mathrm{R_1}\right\}\mathbf{I} \;\cong\; -j\frac{1}{\omega \mathrm{C}}\mathbf{I} = \mathrm{V_C} \tag{2}$$

그래서 두 점 A와 C사이의 전위차는 근사적으로 커패시터 양단의 전위차와 같다.

두 점 B와 C사이의 전위차는 저항 R_1=56[Ω]양단의 전위차이므로 이 값을 56[Ω]으로 나누면 저항에 흐르는 전류값 즉, 전체 회로의 전류값이 된다.

(2) 실험 2에서 측정치로부터 커패시턴스 값을 구하는 식을 유도하시오.

풀이: 그림 9의 회로에서 전압원, 커패시터, 그리고 저항양단의 페이저(phasor) 전압은 각각

다음과 같다.

$$V_s = A_S \angle 0,\ \ V_C = -j\frac{1}{\omega C}\mathbf{I},\ \ V_R = R\mathbf{I}$$

먼저 이 직렬회로에 흐르는 전류를 구한다.

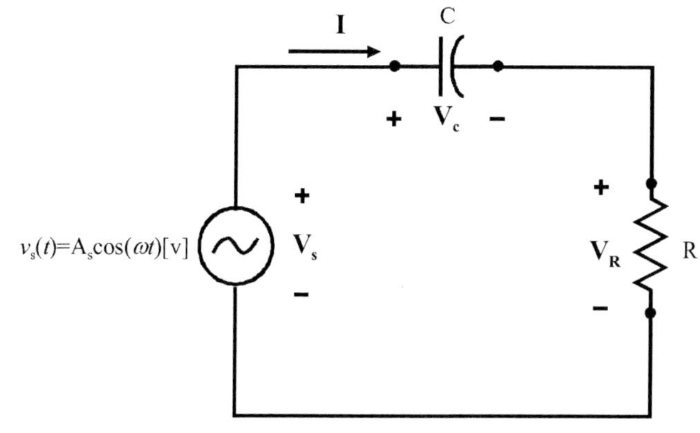

그림 9. 실험 2의 RC 직렬회로

이 회로의 닫힌 경로내의 페이저 전압에 대해서 키르히호프의 전압법칙(KVL)을 적용하면 다음 식을 얻는다.

$$A_S \angle 0 = -j\frac{1}{\omega C}\mathbf{I} + R\mathbf{I} \tag{1}$$

식 (1)에서 페이저 전류 I를 구하면,

$$\mathbf{I} = \frac{A_S \angle 0}{\sqrt{R^2 + \left(\frac{1}{\omega C}\right)^2} \angle -\phi} = \frac{A_S}{\sqrt{R^2 + \left(\frac{1}{\omega C}\right)^2}} \angle \phi \tag{2}$$

여기서

$$\phi = \tan^{-1}\left(\frac{1}{\omega RC}\right) \tag{3}$$

이다. 그래서 회로에 흐르는 전류는 다음과 같이 주어진다.

$$i(t) = A_I \cos(\omega t + \phi) \tag{4}$$

여기서

$$A_I = \frac{A_S}{\sqrt{R^2 + \left(\frac{1}{\omega C}\right)^2}} \tag{5}$$

이다.

식 (3)과 (5)로부터 커패시터 값 C를 구할 수 있으며 다음과 같이 주어진다.

$$C = \frac{1}{\omega} \frac{A_I}{A_S} \frac{1}{\sin(\phi)} [F] \qquad (6)$$

실험의 측정에 의해서 전류의 위상(ϕ, 실험 2에서의 $\Delta\phi$)과 진폭(A_I)을 측정할 수 있으며, 이를 식 (6)에 대입하면 실험에 의한 커패시턴스 값의 측정치를 얻을 수 있다.

VI. 실험결과 보고서

<table>
<tr><td>실험 제목</td><td colspan="3"></td></tr>
<tr><td colspan="4"></td></tr>
<tr><td>실험 조</td><td></td><td>성 명
(학 번)</td><td>성적 등급</td></tr>
<tr><td rowspan="3"></td><td rowspan="3">실험 조원</td><td>( )</td><td></td></tr>
<tr><td>( )</td><td></td></tr>
<tr><td>( )</td><td></td></tr>
</table>

1. 실험결과 보고사항

(1) 커패시터의 전압 및 전류 특성 측정

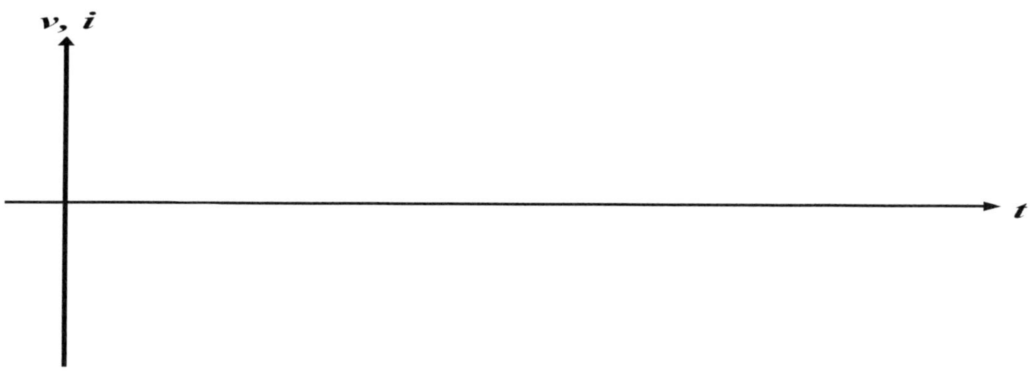

그래프 1. 커패시터의 전압 및 전류 파형 측정

표 1. 커패시터의 전압 및 전류 특성 측정

측정 parameters	커패시터 양단전압의 peak-to-peak, V_{p-p}	커패시터 전류의 peak-to-peak, I_{p-p}	커패시터 양단전압과 전류의 위상차, $\Delta\phi$
측정값			

(2) 커패시턴스 값 측정

표 2. 커패시턴스 값 측정

측정 Parameters	$V_{R,P\text{-}P}$	$A_I(=V_{R,P\text{-}P}/2R)$	Δt	$\Delta\phi(=\omega\Delta t)$	C (커패시턴스 값)	C의 상대오차
측정 및 계산 값						

상대오차는 다음과 같이 정의된다:

$$상대오차 \equiv \left|\frac{표시된\ 값 - 측정값}{표시된값}\right| \times 100\%$$

2. 실험결과 고찰사항:

제5장 인덕터의 특성

I. 실험목적

1. 인덕터(Inductor)의 회로적인 특성을 실습한다.
2. 인덕턴스(Inductance)를 실험을 통해서 측정한다.

II. 실험 준비물

1. 디지털 오실로스코우프(Digital Oscilloscope): 1대
2. 함수발생기(Function Generator): 1대
3. 탄소저항: 56[Ω] 1개, 620[Ω] 1개
4. 인덕터: 164[mH] 1개, 50[mH] 1개

III. 관련 이론

인덕터는 그 소자에 흐르는 전류가 시간에 따라 변하면 그 양단에 전위차가 유도되는 소자이며 도선(conductor wire)이 대표적인 이런 성질을 갖는 소자이다(그림 1). 그런데 도선을 코일 모양으로 감으면, 동일한 길이의 직선의 도선보다도 자속(magnetic flux)이 코일 내부에 집속되어서 그 양단에 더 많은 전위차를 유도하므로, 일반적으로 인덕터는 도선을 코일 모양으로 감은 형태로 되어있다(air-core coil, 그림 1). 그리고 코일내부에 철심(iron)을 넣으면 더 많은 전위차가 유도된다(iron-core coil, 그림 1).

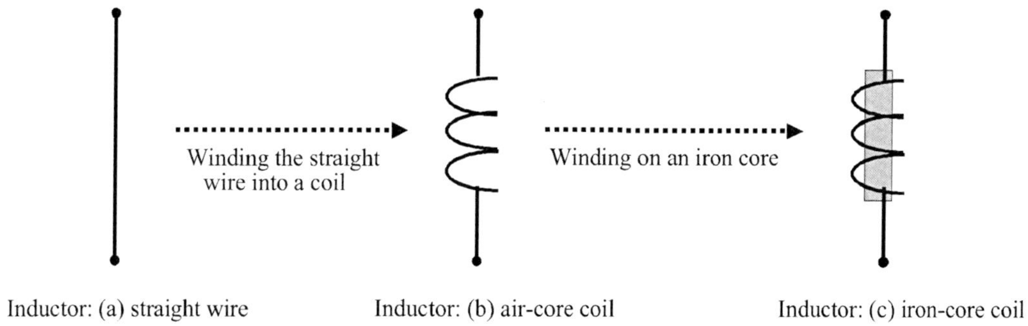

그림 1. 인덕터의 구조: (a) 직선의 도선, (b) 코일, (c) 철심을 넣은 코일

그림 1 (b)의 공심 인덕터(air-core Inductor)는 주로 초고주파(RF) 회로에 주로 사용되고, 그림 1 (c)의 철심 인덕터(iron-core Inductor)는 주로 저주파(audio frequency)영역, 특히 60[Hz]에 많이 사용된다.

코일은 도선을 단지 원통모양으로 감아 놓은 것이므로 직류 전류에 대해서는 도선의 저항성분을 무시한다면 단락선과 같아서 코일 양단의 전위차는 0[V]가 된다(그림 2(a)).

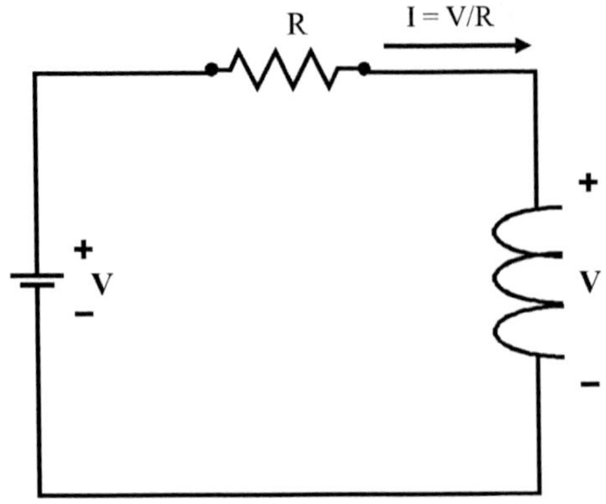

그림 2(a). 인덕터에 직류전원을 인가했을 때

그러나 인덕터에 교류전원을 인가하면 시간에 따라 변하는 자장이 코일내부에 생성되고 Faraday의 전자유도(electromagnetic induction)에 의하여 코일양단에 전위차가 유도된다. 그래서 이 경우에는 코일은 단락소자로 볼 수 없다(그림 2(b)).

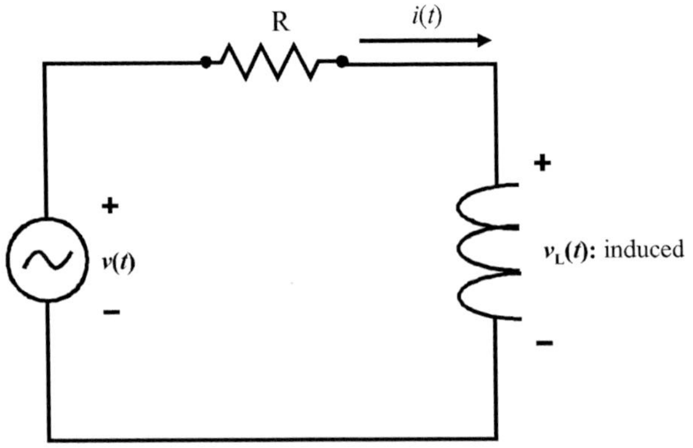

그림 2(b). 인덕터에 교류전원을 인가했을 때

그림 2(b)의 코일양단에 유도되는 전위차와 같이 배터리(battery)외에 시간에 따라 변하는 자장에 의해서 기전력(EMF, electromotive force)이 유도될 수 있음은 1831년 영국의 물리학자 Michael Faraday(1791-1867)에 의해서 실험적으로 발견되었다.

Faraday의 이 발견은 이전까지의 서로 분리되어 연관성이 없었던 전장과 자장이 시간에 따라 변할 때는 자장에 의해서 전장이 유도됨을 보여주는 것으로 이후 James Clerk Maxwell에 의해서 이론적으로 발견된 시간에 따라 변하는 전장이 자장을 유도할 수 있다는 사실과 결합되어 '전자기학(Electromagnetism)'이라는 물리학의 한 분야를 형성하는데 중요한 역할을 하였다.

회로소자로서 인덕터 양단의 전위차는 인덕터에 흐르는 전류의 시간에 대한 변화율에 비례하며 그 비례상수를 인덕턴스(inductance)라고 한다. 즉, 인덕터의 회로적인 특성은 다음과 같이 서술할 수 있다

$$v(t) = L\frac{di(t)}{dt}$$

여기서 $i(t)$와 $v(t)$는 각각 인덕터에 흐르는 전류 및 그 양단의 전위차이다.

만일 인덕터에 흐르는 전류가 다음과 같은 사인파(sine wave)이면,

$$i(t) = I\cos(\omega t)$$

앞서의 식에 의하여 인덕터 양단의 전위차는 다음과 같다.

$$v(t) = -\omega LI\sin(\omega t) = \omega LI\cos(\omega t + \pi/2) = X_L I\cos(\omega t + \pi/2)$$

여기서 X_L은 다음과 같이 주어진다.

$$X_L = \omega L = 2\pi f L$$

그래서 인덕터의 경우, 전류는 전위차 파형보다 위상이 $90^{\circ}(\pi/2)$ 뒤지게 된다. 그리고 전압의 진폭은 전류의 진폭에 X_L을 곱한 값으로 주어지므로, X_L가 저항회로의 저항처럼 보이며 이를 유도성 리액턴스(inductive reactance)라고 하며 단위를 저항의 단위인 Ohm([Ω])을 사용한다.

유도성 리액턴스는 저항과 달리 그 값이 주파수의 함수로 주어지는데, 만일 주파수가 영(zero)이면 즉, 직류신호인 경우에는 X_L은 영(zero)이므로 인덕터는 단락회로(short)로 보인다.

$$\lim_{f \to 0} X_L = \lim_{f \to 0} 2\pi f L = 0[\Omega]$$

그리고 주파수가 무한히 높으면 X_L은 무한히 큰 값을 가지므로 인덕터는 개방회로(open)로 보인다.

$$\lim_{f \to \infty} X_L = \lim_{f \to \infty} 2\pi f L = \infty[\Omega]$$

인덕턴스 값을 읽는 법은 코드화되어 있는 경우 저항의 경우와 동일하며 단위는 [mH]이다. 예를 들어, '503' 으로 적혀있는 경우 이는 $50\text{x}10^3$ =50[mH]이다.

인덕터는 전기적 신호의 전달과정에서 특정 주파수 영역의 신호가 전달되지 못하게 하는데 사용되기도 하는데, 이런 용도로 사용되는 인덕터를 쵸크(choke)라 한다. 초고주파 영역에서 이런 용도로 사용되는 쵸크를 RF chokes라 하고, 오디오 주파수 영역에서의 이런 용도의 쵸크를 AF chokes라 한다.

쵸크가 어떻게 특정 주파수 영역의 신호가 전달되지 못하게 하는데 사용될 수 있는지 다음의 간단한 회로(그림 3(a))를 통해서 설명한다.

이 회로에서 입력신호 V_{in}은 직류 및 교류 성분을 모두 포함하고 있다고 가정한다.

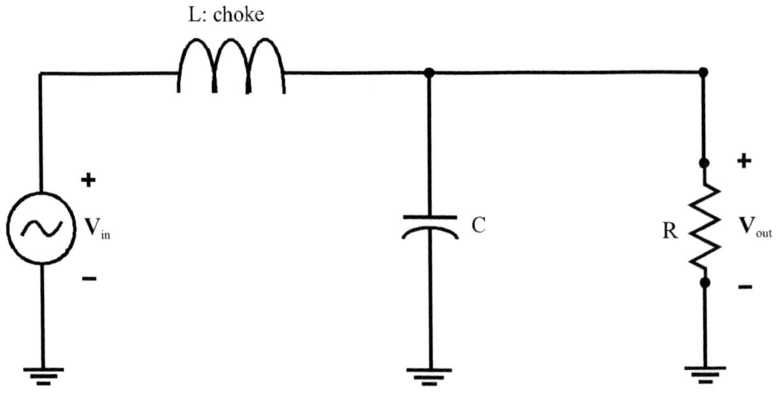

그림 3(a). 쵸크입력 필터회로

입력신호 V_{in}의 직류성분에 대한 이 회로의 등가회로는 그림 3(b)가 되며, 출력전압 V_{out}은 입력신호 V_{in}과 같으며 입력신호가 출력으로 그대로 전달된다.

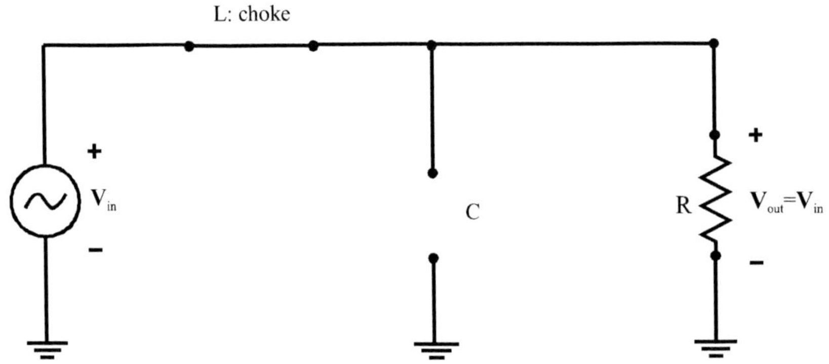

그림 3(b). 쵸크입력 필터회로: 직류 등가회로

그리고 입력신호 V_{in}의 교류성분에 대한 등가회로는 그림 3(c)로 되며, 만일 R >> X_C이면, 등가회로는 근사적으로 그림 3(d)가 된다.

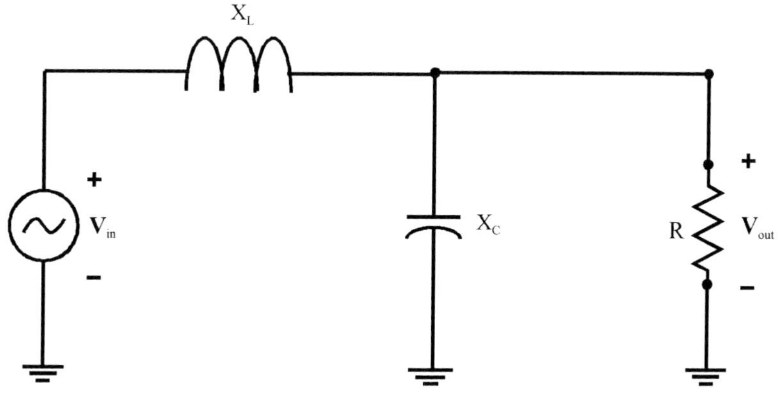

그림 3(c). 쵸크입력 필터회로: 교류 등가회로

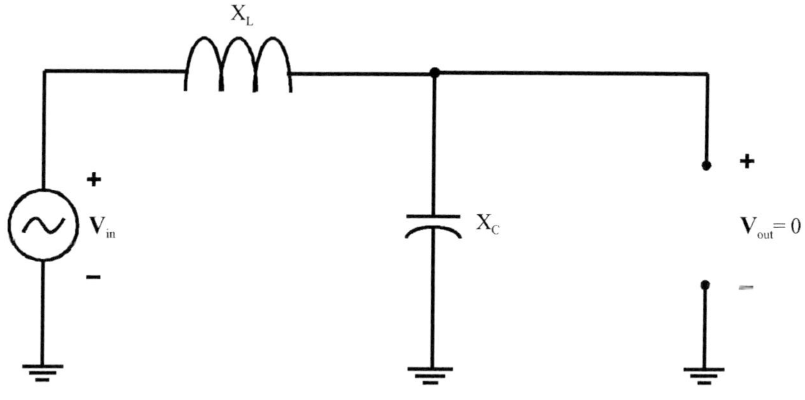

그림 3(d). 쵸크입력 필터회로: 교류 등가회로, R >> X_C인 경우

그림 3(d)의 등가회로에서 쵸크의 인덕턴스를 이 교류 주파수 영역에서 X_L >> X_C을 만족하도록 해주면 출력전압은 거의 영(zero)이 된다. 그래서 입력신호의 교류성분은 출력으로 전달되지 않는다.

그래서 그림 3(a)의 쵸크입력 필터회로에서 쵸크는 입력신호 중에서 직류성분만 출력으로 전달하고 교류성분은 차단하는(choke) 역할을 한다. 쵸크의 이런 특성은 각종 전자장비에서의 전자파 간섭(electromagnetic interference)을 차단하는데도 사용된다. 그림 4에 인덕터의 종류와 인덕터가 쵸크로 사용된 예를 보였다.

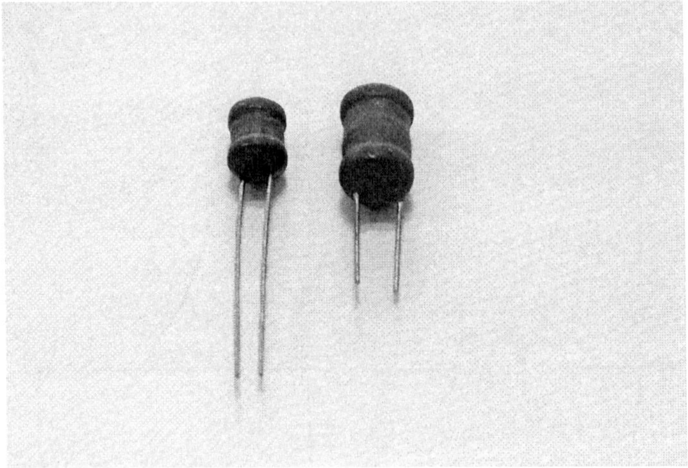

그림 4(a). AF용 철심 인덕터(radial type)의 예(왼쪽: 47[mH], 오른쪽: 100[mH])

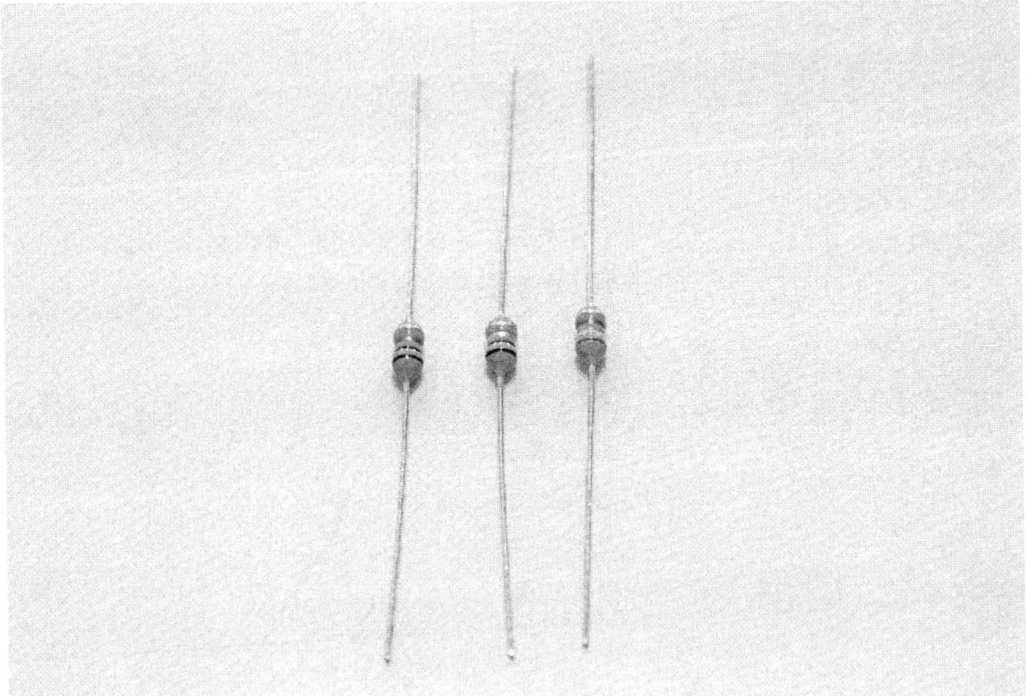

그림 4(b). RF용 인덕터(axial or lead type)의 예(왼쪽: 5.6[μH], 가운데: 0.22[μH], 오른쪽: 3.9[μH])

그림 4(c). RF용 가변 인덕터(Can type)의 예
(L=0~0.02[μH], 크기는 그림 4(a) 47[mH]의 대략 5/6 정도)
(가운데의 위에서 본 그림에서 중앙의 홈 안에 인덕턴스를 가변하는 조정나사가 있음)

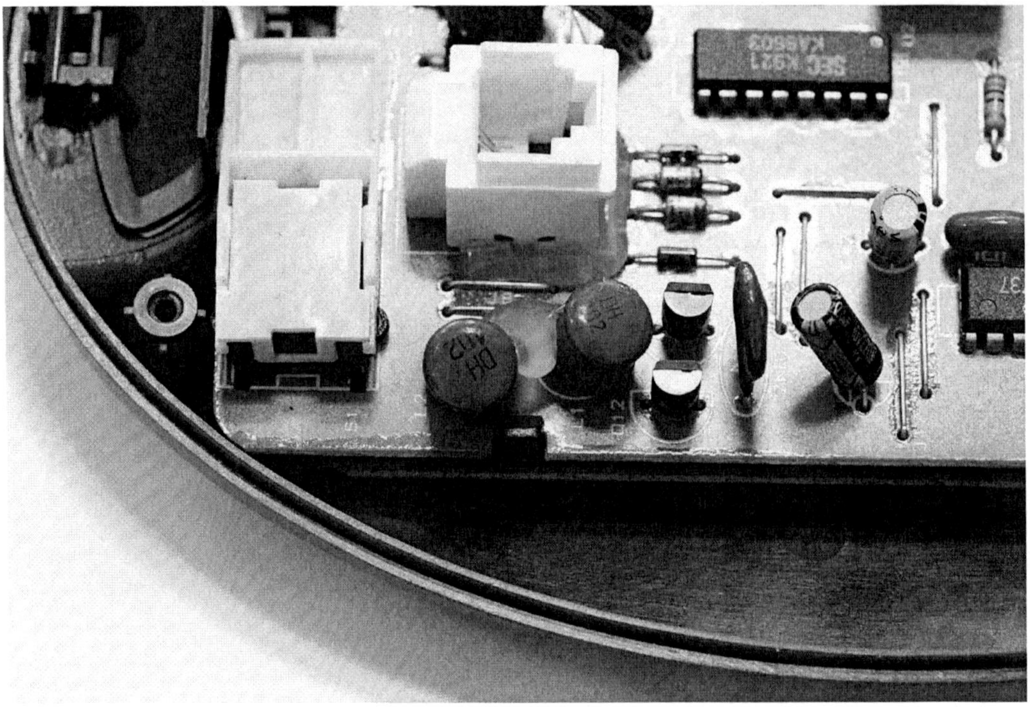

그림 4(c). 가정용 유선 전화기의 전화선 입력단자에 쵸크 인덕터가 사용된 모습
(원기둥 모양의, 'DH 402'로 표시된 소자, 4[mH] 인덕터 2개)

그림 4(d). 컴퓨터 모니터에 쵸크 인덕터가 사용된 모습
(본체에서 모니터로 연결되는 전송선 중간의 원기둥 모양의 부분)

AF chokes 코일인 경우, 비교적 낮은 주파수 영역에서 사용되므로 인덕턴스 값을 높이기 위해 ferromagnetic iron core를 사용하고, RF chokes 코일인 경우, ferrite core를 사용하거나 높은 주파수 영역인 경우에는 air core로 한다. 일반적으로 RF chokes 코일은 air core이다.

■ **Inductance Coding**

인덕턴스 값은 숫자로 코딩된 경우에는 값을 읽는 방법이 저항의 경우와 동일하며 단위는 [μH]이다. Axial type 인덕터의 경우는 color coding을 사용하며 읽는 방법은 저항의 경우와 동일하며 단위는 [μH]이다.

■ **실제 Inductor의 등가회로**

인덕터는 그 기본구조가 도선을 코일모양으로 감은 구조로 되어있으므로 감은 도선과 도선사이는 일종의 커패시터의 구조로 볼 수 있다(그림 5). 일반적으로 여러 횟수를 감으므로 여러 개의 커패시터가 등가적으로 직렬로 연결되고, 이 전체가 다시 인덕터와 병렬로 연결된 것으로 볼 수 있다.

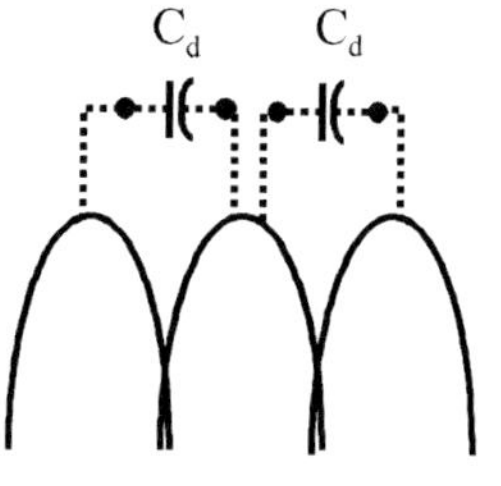

그림 5. 실제 인덕터의 도선과 도선사이의 커패시턴스

그리고 도선은 내부저항이 있으므로 인덕터의 감은 횟수가 많으면 많을수록 도선의 굵기가 가늘면 가늘수록 큰 내부저항이 존재하며, 이 저항이 인덕터와 직렬로 연결된 것으로 등가적으로 볼 수 있다.

이런 커패시턴스와 내부저항을 고려하여 실제의 인덕터는 등가회로적으로 그림 6과 같이 볼 수 있다.

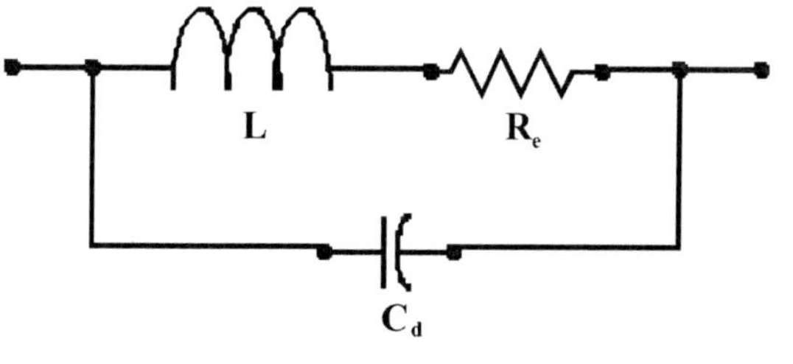

그림 6. 실제 인덕터의 등가회로

IV. 실험 순서

실험 1. 인덕터의 전압 및 전류 특성 실험

다음의 회로(그림 7)를 구성하고 교류 전압원으로 함수발생기의 출력을 이용하며 주파수 f =2[kHz]이고 전압 V_{P-P}=10[V](DC offset=0)로 한다.

오실로스코우프로 저항양단(두 점 B와 C 양단)의 전압을 CH 1로 관찰한다. 이 저항양단의 전압을 저항 값(56[Ω])으로 나누면 전류가 되므로, 두 점 B와 C 양단의 전압파형은 회로 전체에 흐르는 전류의 파형이 된다.

두 점 A와 C 사이의 전압파형을 CH 2로 관찰한다. 두 점 B와 C 양단의 전압이 인덕터 양단의 전압에 비해서 무시할 수 있을 정도로 작다면, 두 점 A와 C 사이의 전압은 근사적으로 인덕터 양단의 전압이 된다.

그래서 CH 1은 인덕터에 흐르는 전류파형이고 CH 2는 인덕터 양단의 전압파형이 된다. 오실로스코우프로 CH 1과 CH 2를 동시에 측정하여 모눈종이에 두 파형을 동시에 그리고 두 파형사이의 위상차($\Delta\phi=\omega\Delta t$)를 측정하여 그래프 1와 표 1을 완성하시오.

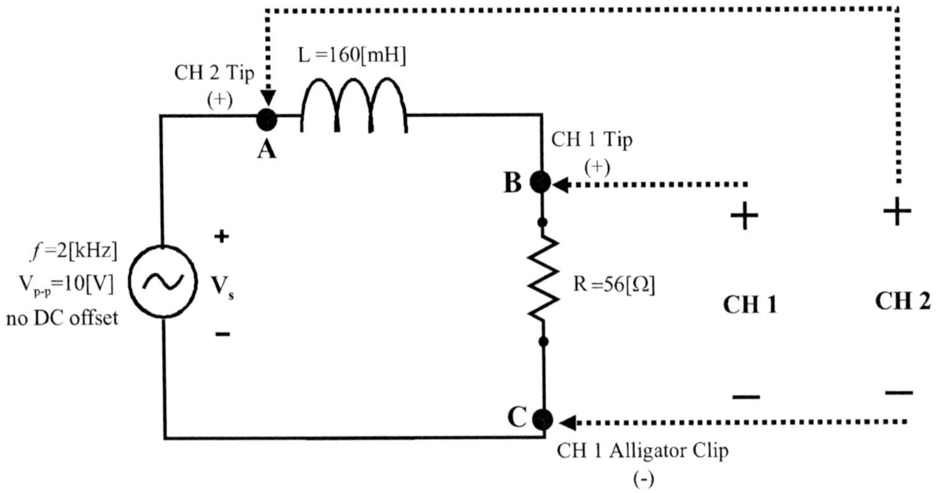

그림 7. 인덕터의 전압 및 전류 특성을 측정하기 위한 회로

실험 2. 인덕턴스 값 측정 실험

다음의 회로(그림 8)를 구성하고 교류 전압원으로 함수발생기의 출력을 이용하며 주파수 f=2[kHz]이고 전압 V_{P-P}=10[V](DC offset=0)로 한다. 오실로스코우프로 저항양단(두 점 B와 C 양단)의 전압의 peak-to-peak 전압($V_{R,P-P}$)을 측정한다. 이 저항양단의 전압을 저항값으로 나누면 전류가 되므로, 회로전체에 흐르는 전류의 진폭($V_{R,P-P}/2R$)을 알 수 있다. 이 값을 A_I(=$V_{R,P-P}/2R$)로 둔다.

그리고 인가한 교류 전압원의 파형(A와 C점 사이의 전압)과 저항양단의 전압파형(B와 C 점 사이의 전압)을 오실로스코우프로 동시에 측정하여 두 파형사이의 위상차($\Delta\phi=\omega\Delta t$)를 측정한다.

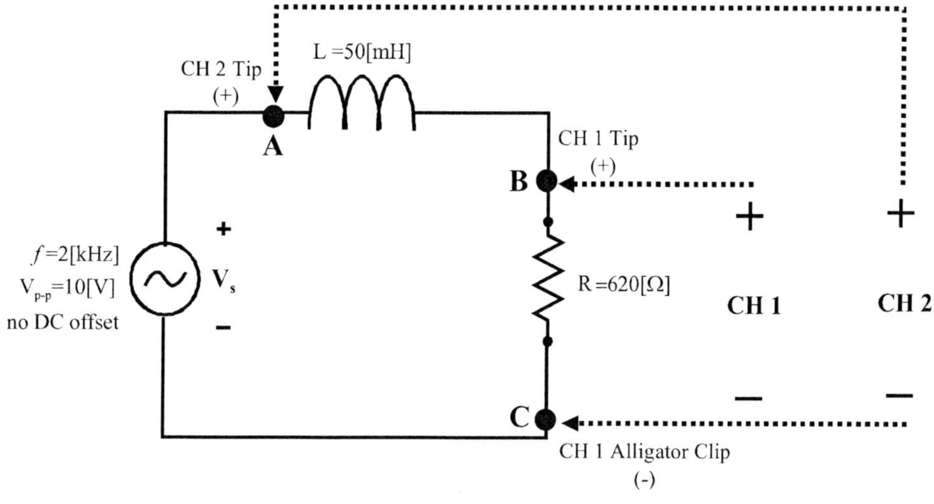

그림 8. 인덕턴스 값을 측정하기 위한 회로

앞서 측정한 A_I와 $\Delta\phi$로부터 다음 식에 의해서 인덕턴스 값의 측정치를 구하고 표 2를 완성한다.

$$L = \frac{1}{\omega}\frac{A_S}{A_I}\sin(\Delta\phi)[H]$$

여기서

$$A_S = \frac{1}{2}V_{P-P}[V]$$

V. 실험 예비보고서

(1) 실험 1에서 56[Ω] 양단의 전압파형을 측정하면 그것이 회로에 흐르는 전류파형이 됨을 보이시오.

풀이: 그림 9의 회로에서 전압원, 인덕터, 그리고 저항양단의 페이저(phasor) 전압은 각각 다음과 같다.

$$\mathrm{V_s = A_S \angle 0,\quad V_L = j\omega L\mathbf{I},\quad V_{R1} = R_1\mathbf{I}}$$

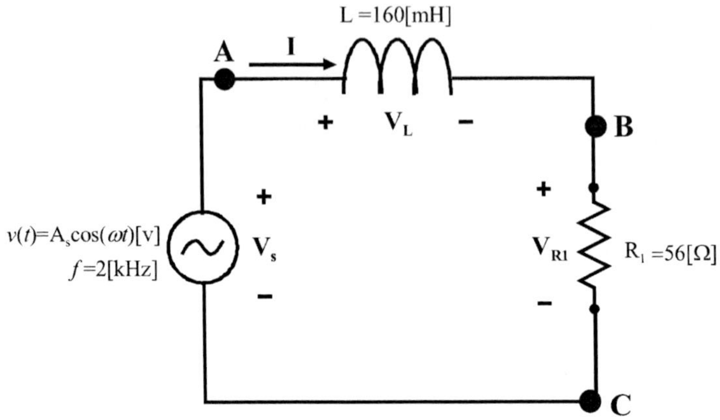

그림 9. 실험 1의 RL 직렬회로

두 점 A와 C사이의 전위차는 인덕터 양단의 전위차(V_L)와 R_1=56[Ω]양단의 전위차의 합이다. 즉,

$$\mathrm{V_{AC} = V_L + V_{R1}} = j\omega \mathrm{L}\mathbf{I} + \mathrm{R_1}\mathbf{I} = \{j\omega \mathrm{L} + \mathrm{R_1}\}\mathbf{I} \tag{1}$$

그런데,

$$\omega \mathrm{L} \approx 2060.9[\Omega] >> \mathrm{R_1} = 56[\Omega]$$

이므로 식 (1)은 다음과 같이 근사화 할 수 있다.

$$\mathrm{V_{AC}} = \{j\omega \mathrm{L} + \mathrm{R_1}\}\mathbf{I} \;\cong\; j\omega \mathrm{L}\mathbf{I} = \mathrm{V_L} \tag{2}$$

그래서 두 점 A와 C사이의 전위차는 근사적으로 인덕터 양단의 전위차와 같다.

두 점 B와 C사이의 전위차는 저항 R_1=56[Ω]양단의 전위차이므로, 이를 저항값(56[Ω])으로 나누면, 이 저항에 흐르는 전류값 즉, 전체 회로의 전류값이 된다.

(2) 실험 2에서 측정치로부터 인덕턴스 값을 구하는 식을 유도하시오.

풀이: 그림 10의 회로에서 전압원, 인덕터, 그리고 저항양단의 페이저(phasor) 전압은 각각 다음과 같다.

$$\mathrm{V_s = A_S \angle 0,\quad V_L = j\omega L\mathbf{I},\quad V_R = R\mathbf{I}}$$

먼저 이 직렬회로에 흐르는 전류를 구한다.

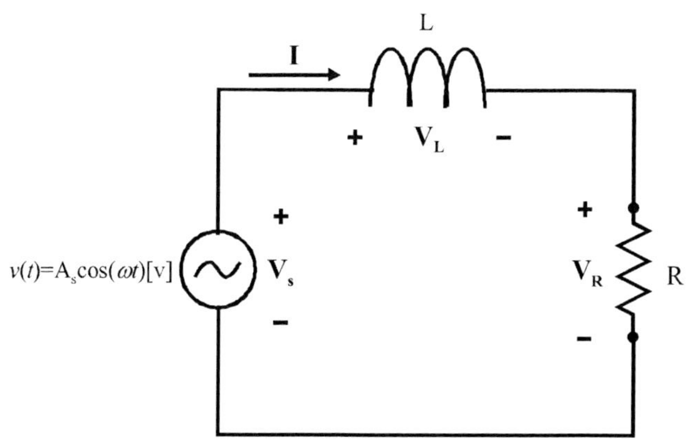

그림 10. 실험 2의 RL 직렬회로

이 회로의 닫힌 경로내의 페이저 전압에 대해서 키르히호프의 전압법칙(KVL)을 적용하면 다음 식을 얻는다.

$$A_S\angle 0 = j\omega L\mathbf{I} + R\mathbf{I} \tag{1}$$

식 (1)에서 페이저 전류 I를 구하면,

$$\mathbf{I} = \frac{A_S\angle 0}{\sqrt{R^2+(\omega L)^2}\angle\phi} = \frac{A_S}{\sqrt{R^2+(\omega L)^2}}\angle -\phi \tag{2}$$

여기서

$$\phi = \tan^{-1}\left(\frac{\omega L}{R}\right) \tag{3}$$

이다. 그래서 회로에 흐르는 전류는 다음과 같이 주어진다.

$$i(t) = A_1\cos(\omega t - \phi) \tag{4}$$

여기서

$$A_1 = \frac{A_S}{\sqrt{R^2+(\omega L)^2}} \tag{5}$$

이다.

식 (3)과 (5)로부터 인덕턴스 값 L을 구할 수 있으며 다음과 같이 주어진다.

$$L = \frac{1}{\omega}\frac{A_S}{A_1}\sin(\phi)[H] \tag{6}$$

실험의 측정에 의해서 전류의 위상(ϕ, 실험 2에서의 $\Delta\phi$)과 진폭(A_1)을 측정할 수 있으며, 이를 식 (6)에 대입하면 실험에 의한 인덕턴스 값의 측정치를 얻을 수 있다.

VI. 실험결과 보고서

<table>
<tr><td>실험 제목</td><td colspan="3"></td></tr>
<tr><td colspan="4"></td></tr>
<tr><td>실험 조</td><td></td><td>성 명
(학 번)</td><td>성적 등급</td></tr>
<tr><td rowspan="3"></td><td rowspan="3">실험 조원</td><td>(   )</td><td></td></tr>
<tr><td>(   )</td><td></td></tr>
<tr><td>(   )</td><td></td></tr>
</table>

1. 실험결과 보고사항

(1) 인덕터의 전압 및 전류 특성 측정

그래프 1. 인덕터의 전압 및 전류 파형 측정

표 1. 인덕터의 전압 및 전류 특성 측정

측정 parameters	인덕터 양단전압의 peak-to-peak, $V_{p\text{-}p}$	인덕터 전류의 peak-to-peak, $I_{p\text{-}p}$	인덕터 양단전압과 전류의 위상차, $\Delta\phi$
측정값			

(2) 인덕턴스 값 측정

표 2. 인덕턴스 값 측정

실험 Parameters	$V_{R,\ P\text{-}P}$	$A_I(=V_{R,\ P\text{-}P}/2R)$	Δt	$\Delta\phi(=\omega\Delta t)$	L (인덕턴스 값)	L의 상대오차
측정 및 계산 값						

상대오차는 다음과 같이 정의된다:

$$\text{상대오차} \equiv \left|\frac{\text{표시된 값} - \text{측정값}}{\text{표시된값}}\right| \times 100\%$$

2. 실험결과 고찰사항:

제6장 다이오드와 트랜지스터의 특성

I. 실험목적

1. 다이오드(p-n Junction Diode)의 전압 전류 특성을 측정한다.
2. 트랜지스터(Bipolar Junction Transistor)의 입력특성을 측정한다.
3. 트랜지스터의 출력특성을 측정한다.

II. 실험 준비물

1. 디지털 오실로스코우프(Digital Oscilloscope): 1대
2. 함수발생기(Function Generator): 1대
3. DC Power Supply: 1대
4. 탄소저항: 100[Ω] 1개, 500[Ω] 1개, 1[kΩ] 1개, 100[kΩ] 2개
5. 다이오드: 1N4001 1개
6. 트랜지스터: 2N3904 1개

III. 관련 이론

1. 반도체(semiconductors)

NaCl(salt, 소금)은 Na^+이온과 Cl^-이온의 강한 이온결합(ionic bonding)으로 되어 있고 모든 전자들이 원자에 강하게 구속되어 있어서 외부에서 전위차를 인가하여도 전류를 흘릴 수 있는 자유전자가 없다. 이처럼 모든 전자가 원자에 강하게 구속되어 있어서 전류를 흘릴 수 없는 물질을 절연체(insulator)라고 한다.

일반적으로 물질의 전기적인 특성은 원자모형에서 최외각의 궤도(valence orbit)의 전자에 의해서 결정된다. Cu(copper, 구리)는 원자모형에서 최외각 궤도에 하나의 전자가 있는데, 이 전자는 원자에 느슨하게 구속되어 있어서 쉽게 그 궤도를 이탈하여 자유전자가 된다. 일반적으로 금속원자들은 원자모형의 최외각 궤도의 전자의 개수가 3개를 넘지 않으며 이들은 느슨하게 원자에 구속되어 있어서 쉽게 그 궤도를 이탈한다. 그래서 금속의 경우 이런 궤도를 이탈한 자유전자들로 가득 채워져 있다(a sea of free electrons). 이런 결합을 금속결합(metallic bonding)이라고 하며 이 결합의 물질은 외부에서 전위차를 인가하면 이 자유전자들에 의해서 전류를 잘 흘릴 수 있다. 이런 물질을 도체(conductor)라고 한다. Drude's theory에 의하면 금속 내에서의 자유전자의 개수는 대략 $\sim 10^{22}/cm^3$ 정도이다.

한편, 실리콘(Si, silicon), 게르마늄(Ge, germanium), 또는 탄소(C, carbon) 같은 원소는 원자모형에서 최외각 궤도에 4개의 전자만을 가지므로 안정된 전자 개수인 8개를 채우기 위해 이웃한 4개의 원자로부터 각각 1개씩을 공유하는 결합을 한다. 이런 결합을 공유결합(covalent bonding)이라고 한다. 절대온도 0[°K]에서는 모든 전자가 공유결합에 구속되어 있어서 Si이나 Ge는 절연체이다.

그러나 온도가 0[°K]에서 증가함에 따라 주위의 열에너지에 의해서 많은 전자들이 이 공유결합을 이탈하여 자유전자가 된다(절연체의 경우는 실온에서도 결합을 이탈하는 자유전자가 발생하지 않는다). 이때 이탈한 전자가 원래 있던 공유결합의 자리는 비어있게 되는데 이 빈자리를 정공(hole)이라고 한다. 원래 그 자리에 전자가 있어야 그 원자가 전체적으로

중성이 되는데 음전하(negative charge)인 전자가 이 결합을 이탈하였으므로 이 정공은 전기적으로 양전하(positive charge)가 된다. 이렇게 열에너지에 의해서 발생된 자유전자와 정공에 의해서 이 물질 내에 전류를 흘릴 수 있는데 발생된 자유전자와 정공의 개수(10^{16}~10^{19}/cm^3)가 도체에서의 자유전자의 개수(~10^{22}/cm^3)보다는 훨씬 적으므로 전류를 잘 흘릴 수 있는 정도가 절연체와 도체의 중간정도이므로 이런 물질을 반도체(semiconductor)라고 한다. 자유전자와 정공의 발생은 열에너지 외에 외부로부터의 빛에너지에 의해서도 일어날 수 있으며 불순물(impurity)의 주입(doping)에 의해서 증가시킬 수 있고 그 개수를 조정할 수도 있다.

그림 1(a)에 Si 결정(crystal)의 공유결합 모형을 보였다.

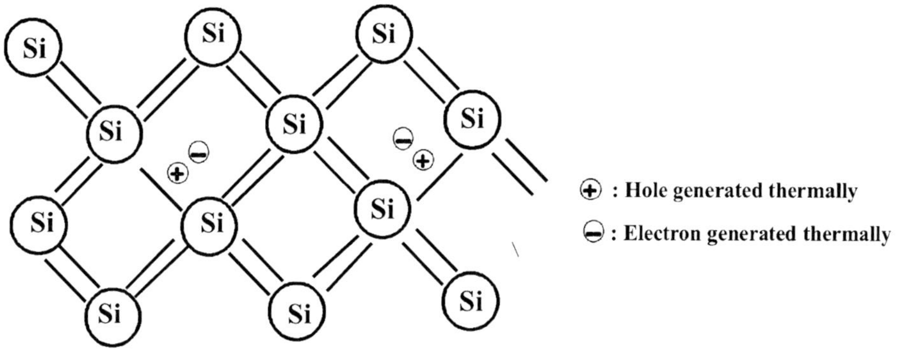

그림 1(a). Si 결정의 공유결합 모형

주기율표의 3족과 5족의 화합물인 GaAs, GaN, GaP 등과 주기율표의 2족과 6족의 화합물인 ZnS, InSb, CdSe 등도 반도체 성질을 가진다. 이들 화합물 반도체(compound semiconductors)들은 단순한 공유결합을 하지 않고 이온결합과 공유결합의 혼합된 결합을 하고 있다.

2. p형 및 n형 반도체(p-type and n-type semiconductors)

그림 1(a)와 같은 순수 반도체 결정을 진성 반도체(intrinsic semiconductor)라고 한다. 이 순수 Si 결정에 주기율표의 5족 원소 As(Arsenide, 비소)를 주입(doping)하면, As는 5족 원소이므로 최외각의 궤도에 5개의 전자를 가지는데 그중에서 4개의 전자는 주위의 다른 원자와 공유결합을 하고 나머지 한 개의 전자는 남게 된다. 이 남아있는 전자는 공유결합에 참여하지 않기 때문에 매우 느슨하게 As 원자에 구속되어 있어서 온도가 50[°K] 정도만 되어도 주위의 열에너지를 받아서 As 원자의 구속으로부터 벗어나서 자유전자가 된다(그림 1(b)).

이때 주입하는 As 원자를 도너(donor)라고 하며 이 도너의 개수만큼 자유전자가 추가로 더 발생하게 된다. 순수 반도체의 열적으로 발생한 자유전자 및 정공의 개수 보다 훨씬 많이 추가로 자유전자가 발생되도록 도너 불순물(donor impurity)을 도핑(doping)한 반도체를 n형 반도체(n-type semiconductor)라고 한다.

한편, 이 순수 Si 결정에 주기율표의 3족 원소 B(Boron, 붕소)를 주입하면, B는 3족 원소이므로 최외각의 궤도에 3개의 전자만 가지기 때문에 주위의 4개의 다른 원자와 공유결합을 하기 위해선 한 개의 전자가 모자라게 된다. 이 모자라는 전자의 자리는 공유결합에서 빈 채로 남아있게 되는데 이는 정공(hole)이 된다(그림 1(c)). 이 정공은 50[°K] 정도의 낮은 온도에서도 주위의 열에너지를 받은 인접한 다른 공유결합의 전자에 의해서 채워질 수 있다. 이 경우 공유결합의 빈 전자의 위치(정공)는 인접한 다른 공유결합으로 이동한 셈이 된다.

이때 도핑하는 B 원자를 억셉터(acceptor)라고 하며 이 억셉터의 개수만큼 정공이 추가로 더 발생하게 된다. 순수 반도체의 열적으로 발생한 자유전자 및 정공의 개수 보다 훨씬 많이 추가로 정공이 발생되도록 억셉터 불순물(acceptor impurity)을 도핑한 반도체를 p 형 반도체(p-type semiconductor)라고 한다.

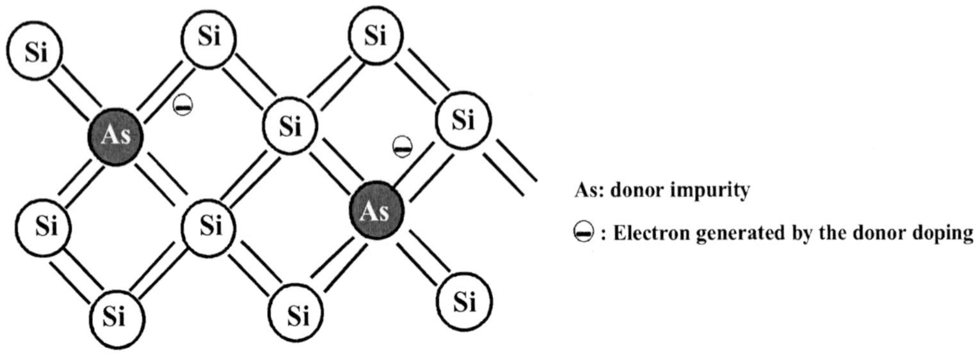

그림 1(b). Si 결정에 도너 불순물(As)을 도핑한 모형: n형 반도체

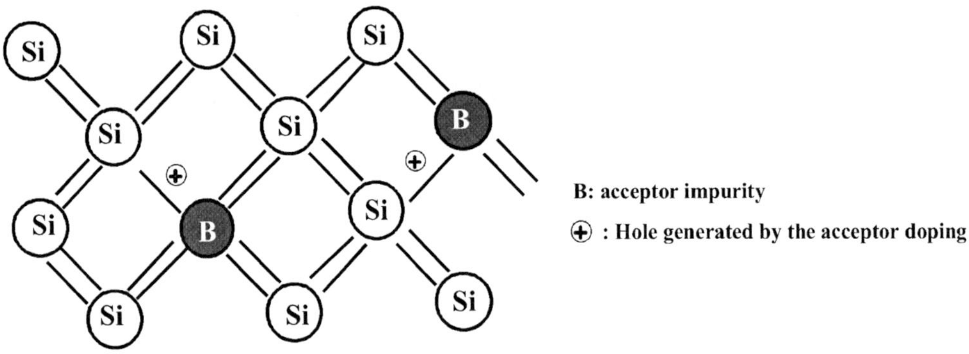

그림 1(c). Si 결정에 억셉터 불순물(B)을 도핑한 모형: p형 반도체

반도체 내에서의 전류가 일반 도체 내에서의 전류와 다른 점은 반도체 내에서는 자유전자(free electron, negative charge(-*e*)) 외에 정공(hole, positive charge(+*e*))에 의해서도 전류가 흐른다는 것이다.

진성 반도체내에서는 주위의 열에너지에 의해서 발생된 자유전자와 정공에 의해서 전류가 생성되는데 그 개수가 적어서 미약한 양의 전류를 흘릴 수 있다. Si인 경우 온도 300[°K]에서 비저항(resistivity)은 ρ=2.28x10^5[Ω·cm]이다(구리(도체)의 경우 ρ≅16.78x10^{-7}[Ω·cm], 운모(절연체)의 경우 ρ=2.0x10^{12}[Ω·cm]).

n형 반도체는 주로 도너 불순물에 의해서 발생된 자유전자에 의해서 전류가 생성되며 p

형 반도체는 주로 억셉터 불순물에 의해서 발생된 정공에 의해서 전류가 생성된다. Si인 경우 온도 300[°K]에서 10^{17} phosphorus atoms/cm^3의 도너 불순물로 도핑하면, 이 n형 반도체의 비저항은 $\rho=8.93\times10^{-2}$[Ω·cm] 정도가 된다.

2. p-n 접합 다이오드(p-n Junction Diode)

p-n 접합 다이오드는 그림 2와 같이 p형 반도체와 n형 반도체를 접합한 구조이다.

그림 2(a). p-n 접합 다이오드: p-n 접합 전

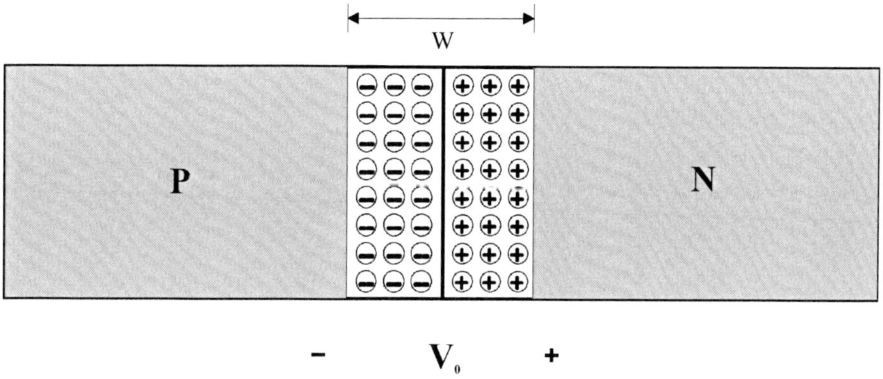

그림 2(b). p-n 접합 다이오드: p-n 접합 후

p형 반도체와 n형 반도체를 접합하게 되면, 경계 부근의 p형 반도체의 정공과 n형 반도체의 자유전자가 경계를 넘어 서로 결합하여 그림 2(b)와 같이 경계의 p형 반도체 쪽에는 음전하 n형 반도체 쪽에는 양전하를 띄는 영역이 생기게 된다. 이 영역을 공간전하 영역(space charge region, or transition region, or depletion region)이라고 하며, 이 영역내의 양전하 및 음전하의 전장에 의해서 더 이상의 경계를 넘는 정공과 자유전자의 결합은 일어나지 않는다. 그리고 이 영역의 전하분포에 의해서 p형 반도체와 n형 반도체 사이에는 전위차(V_0)가 발생하게 된다. 이 전위차를 접촉전위(contact potential)라고 한다. 이 접촉전위는 더 이상의 정공과 자유전자의 이동을 막는 전위장벽(potential barrier)의 역할을 한다. 그래서 이 평형상태(equilibrium state)에서 p형 반도체와 n형 반도체 내에서의 전류의 흐름은 없다. 공간전하 영역 외의 다른 모든 영역은 전기적으로 중성이다.

p-n 접합 다이오드에 외부에서 전위차를 인가할 경우 이 전위차를 바이어스(bias)라 하고 그림 3(a)와 같이 n형 반도체에 대해서 p형 반도체의 전위차가 높게 인가하는 전위차를 순

방향 바이어스(forward bias)라고 한다.

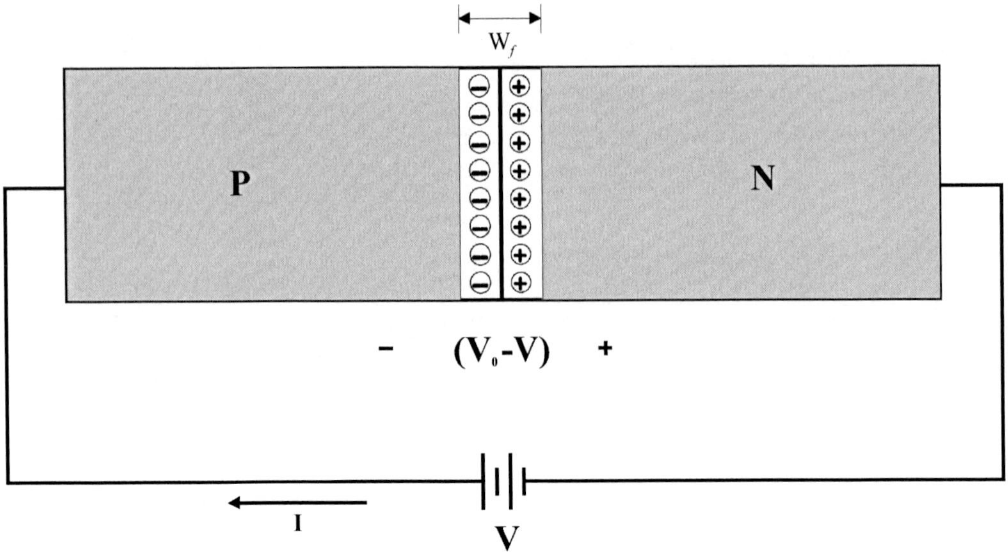

그림 3(a). 다이오드 바이어스: 순방향 바이어스(forward bias)

순방향 바이어스가 인가되면 인가한 전압은 대부분 공간전하 영역에 걸리게 되고 이 영역의 전위차는 평형상태의 접촉전위(V_0)에서 인가한 순방향 전위차만큼 감소한다. 그래서 p-n 접합 사이의 전위차는 (V_0-V)이 되고 공간전하 영역의 전위장벽이 낮아져서 p형 반도체의 정공이 공간전하 영역을 넘어 n형 반도체 쪽으로 주입(injection)되고, n형 반도체의 자유전자가 공간전하 영역을 넘어 p형 반도체 쪽으로 주입된다. 주입된 정공과 자유전자는 각각 공간전하 영역의 끝 경계에서부터 확산(diffusion)되어서 전류를 형성한다. 공간전하 영역 내에서의 추가적인 전자나 정공의 발생 및 소멸이 없다고 가정하면 이 영역에서의 전류는 이 영역 두 끝 경계에서의 정공과 자유전자의 확산에 의한 전류의 합이다. 그리고 이 전류는 다이오드 전체에 흐르는 전류가 된다. 이 전류를 계산하면 다음과 같다.

$$\mathrm{I} = \mathrm{I}_0(e^{q\mathrm{V}/k\mathrm{T}} - 1) \tag{1}$$

여기서

$$\mathrm{I}_0 = qA\left(\frac{D_p}{L_p}p_n + \frac{D_n}{L_n}n_p\right)$$

이고, q는 전자의 전하량 $1.6\mathrm{x}10^{-19}$[C], A는 p-n 접합의 단면적, D_p, D_n, L_p, L_n은 각각 정공 및 전자의 확산계수(diffusion coefficient)와 정공 및 전자의 확산거리(diffusion length), p_n과 n_p는 n형 반도체에서의 정공의 농도와 p형 반도체에서의 자유전자의 농도이다.

그림 3(b)와 같이 p형 반도체에 대해서 n형 반도체의 전위차가 높도록 인가하는 전위차를 역방향 바이어스(reverse bias)라고 한다.

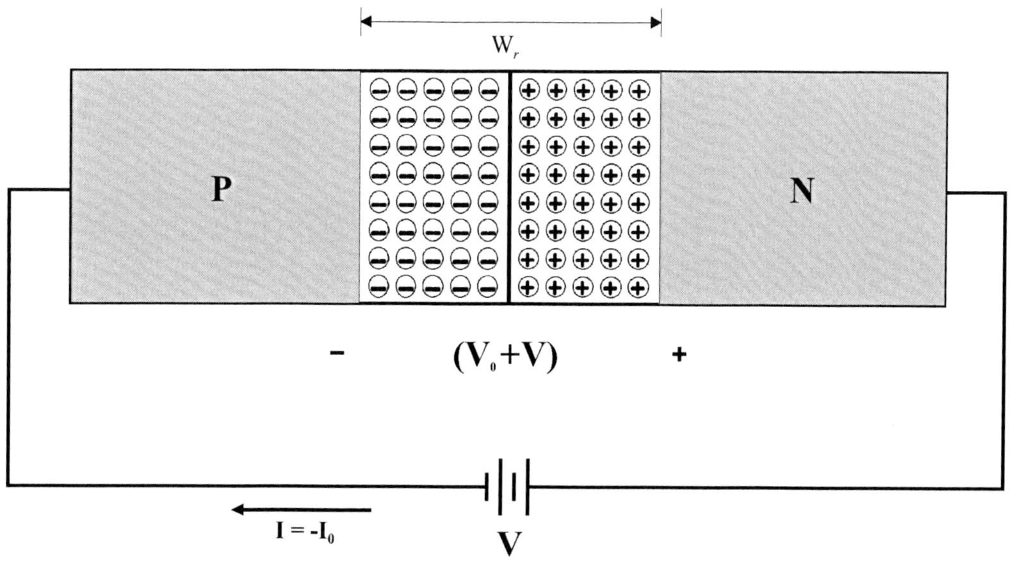

그림 3(b). 다이오드 바이어스: 역방향 바이어스(reverse bias)

역방향 바이어스가 인가되면 공간전하 영역 양단의 전위차는 평형상태의 접촉전위에 인가한 역방향 전압만큼 증가하여(V_0+V) 이 영역의 전위장벽은 더 높아지고 폭(W_r)도 넓어진다. 그래서 p와 n형 반도체의 정공이나 전자가 이 영역을 넘어갈 수 없게 되고 순방향 바이어스 경우와 같은 정공이나 전자의 확산전류는 존재하지 않는나. 다만 공간전하 영역 내에서 열적으로 발생한 전자나 정공에 의한 전류가 존재하는데 그 크기가 아주 미약하고 전류의 흐르는 방향도 순방향 바이어스의 경우와 반대 방향이다. 그리고 이 전류는 다이오드 전류 식 (1)에 V 대신에 -V를 대입하면 된다. 즉,

$$I = I_0(e^{-qV/kT} - 1) \cong -I_0$$

아주 큰 역방향 전압을 인가하면, 공간전하 영역 내에서 Avalanche effect나 Zener effect에 의해서 큰 역방향 전류가 흐를 수 있는데 이를 항복현상(reverse breakdown)이라 한다.

순방향 및 역방향 바이어스 그리고 항복현상을 고려한 p-n 접합 다이오드의 전체 전압 전류 특성은 그림 4와 같다.

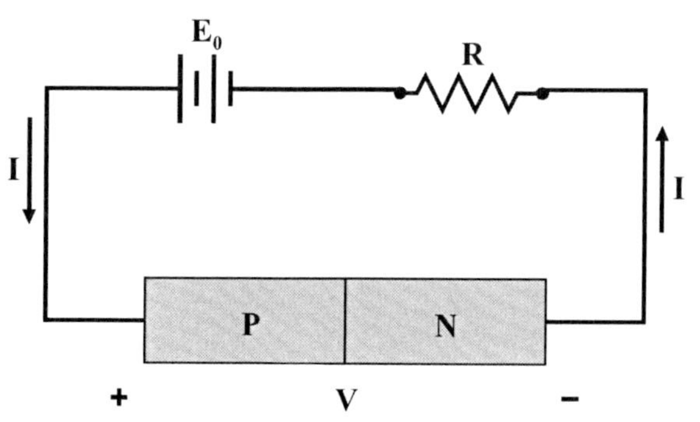

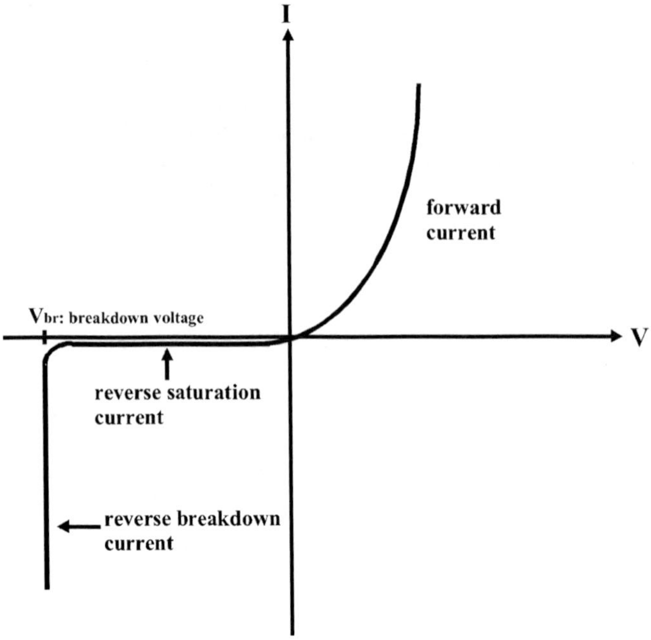

그림 4 p-n 접합 다이오드의 전압 전류 특성

p-n 접합 다이오드의 전자회로 표시는 그람 5와 같다.

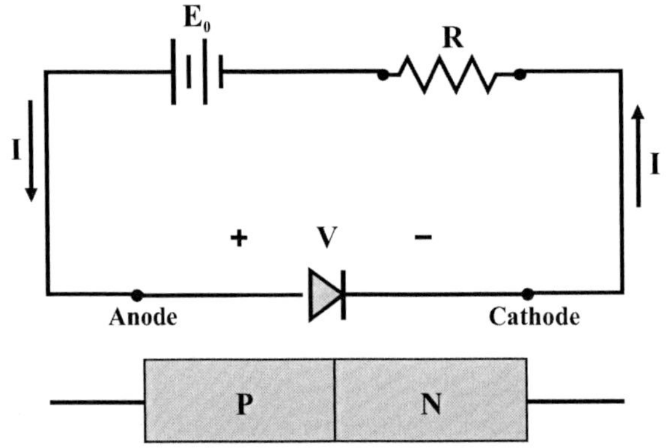

그림 5 p-n 접합 다이오드의 회로 표시

그림 4의 p-n 접합 다이오드의 전압 전류 특성곡선은 부분 구간별로 근사적으로 선형화 할 수 있다(piecewise-linear approximation). 첫 번째 선형화 방법은 항복영역을 제외한 부분에 대해서 이상적인 다이오드(ideal diode)로 근사화하는 것으로 순방향 바이어스일 때는 다이오드를 단락으로 역방향 바이어스일 때는 개방으로 보는 것이다(그림 6(a)). 두 번째는 이상적인 다이오드 근사에서 p-n 접합 부분의 접촉전위(contact potential)의 영향을 고려한 것이다(그림 6(b)). 즉, 다이오드 양단의 순방향 전압이 offset voltage(이 전압은 거의 contact potential과 같음) 이상이면 다이오드를 단락으로 이 전압보다 작을 때는 개방으로 보는 것이다. 세 번째는 접촉전위의 영향과 p와 n 반도체의 자체저항(bulk resistance)을 고려한 것이다(그림 6(c)).

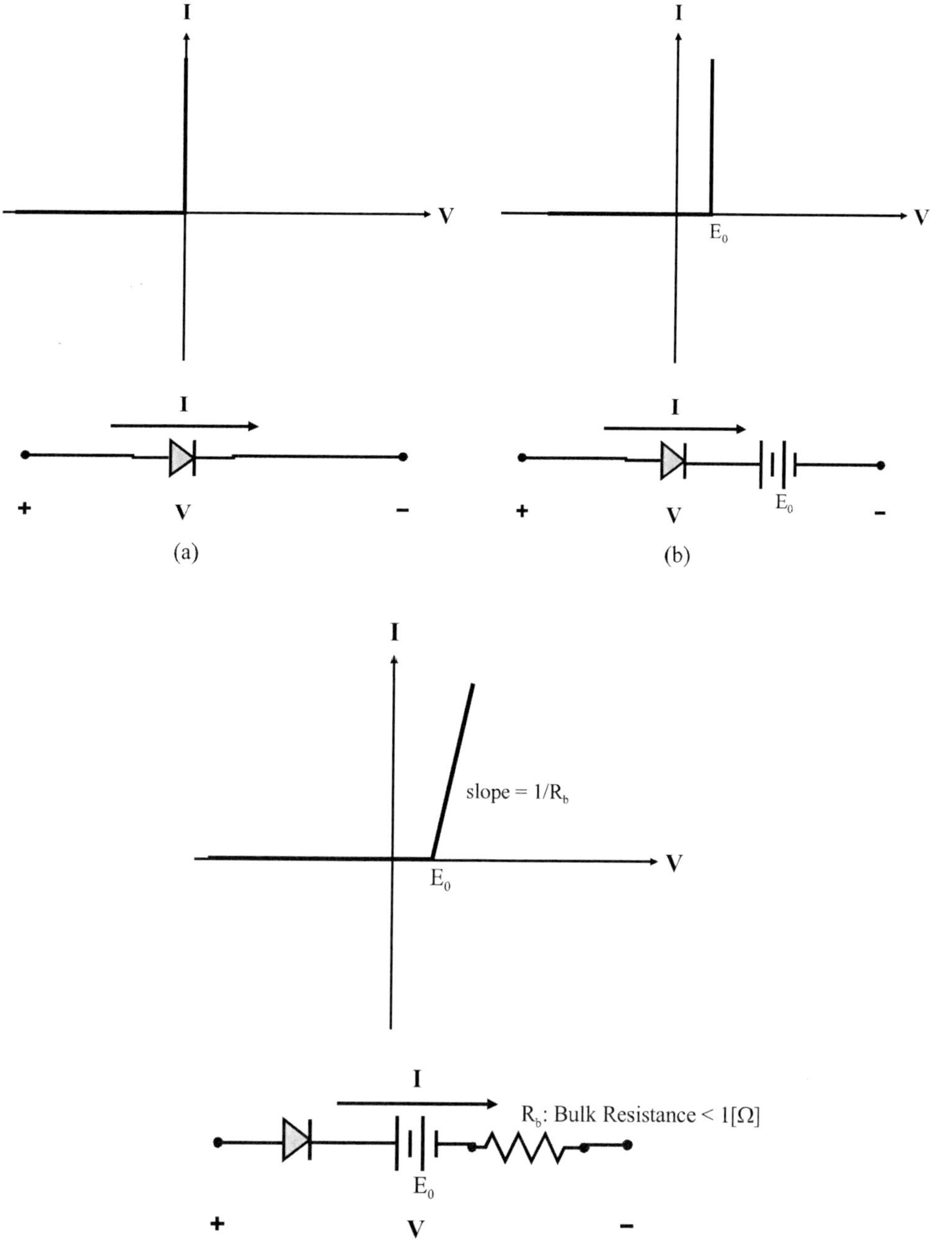

그림 6 p-n 접합 다이오드의 구간별 선형 근사(piecewise-linear approximation):
(a) 이상적인 다이오드 근사 (b) offset voltage를 고려한 근사
(c) offset voltage 및 bulk resistance를 고려한 근사

offset voltage(E_0)는 Ge 반도체인 경우는 0.2~0.3[V]이고 Si인 경우는 0.6~0.7[V] 정도이다. 그리고 bulk resistance는 p와 n 반도체의 도핑농도와 단면적 및 길이에 따라 결정되는데 보통 1[Ω] 미만이다.

그림 4의 다이오드 특성곡선에서 역방향 바이어스일 때 흐르는 전류(I_0, reverse saturation current)는 공간전하 영역 내에서 열적으로 발생된 전자 및 정공에 의한 역방향 포화전류이다. 이때 발생되는 전자와 정공의 개수는 그 물질의 에너지 밴드 갭(energy band gap)에 크게 영향을 받는다. 주어진 온도에서 에너지 밴드 갭이 적을수록 많은 양의 전자 및 정공이 발생한다. Ge 반도체의 경우 에너지 밴드 갭은 E_g=0.67[eV]이고 Si인 경우 E_g=1.11[eV]이다. 그래서 Si 보다 Ge 다이오드에서 더 큰 역방향 바이어스 전류가 흐르며 이는 각종 전자회로에서 Ge 다이오드의 약점이 된다. 그리고 반도체 제조 및 공정 기술이 Si에 대해서 더 많이 발달되어 있고 재료도 Si이 더 풍부하여(Si의 재료는 모래(sand)) 일반적으로 반도체 물질로 Ge 보다 Si을 더 널리 사용한다.

선형적으로 근사화한 다이오드 특성이 순방향 바이어스일 때는 ON상태이고 역방향 바이어스일 때는 OFF 상태이어서 스위치의 특성을 가지기 때문에 교류신호의 정류(rectification)에 사용될 수 있다. 교류신호 전압이 이상적인 다이오드에 인가되면 신호의 양(positive)의 부분에 대해서는 다이오드가 순방향 바이어스가 되어 ON 상태로 그 신호를 통과시키고, 음(negative)의 신호영역에 대해서는 역방향 바이어스가 되어 OFF 상태로 신호를 통과시키지 않게 된다. 그래서 다이오드를 이용하면 교류신호의 음의 부분을 재거할 수 있으며 음의 부분이 재거된 신호를 적절한 필터(filter)회로를 거치면 직류성분을 걸러낼 수 있다. 다이오드의 이런 ON/OFF 스위치 특성은 통신에서 AM(Amplitude Modulation) 변조된 신호의 포락선 검파(Envelope Detection)에도 이용된다.

그림 4의 다이오드의 특성 중에서 순방향일 때의 전류와 전압 사이의 비선형 특성은 통신에서 평형변조기(balanced modulator)에 이용된다.

한편, 역방향 바이어스일 때의 다이오드는 직류신호에 대해서 개방회로(open)가 되는데, 이 경우 공간전하 영역에 전하가 저장되는 일종의 커패시터(capacitor)로 볼 수 있다. 이 영역에 저장되는 전하량은 인가하는 역방향 바이어스 전압에 따라 변하기 때문에 전압에 따라 변하는 커패시터가 된다. 그래서 역방향 바이어스일 때의 다이오드의 이런 특성을 이용하는 다이오드를 바랙터 다이오드(varactor diode, variable capacitor diode)라고 하며 통신에서 VCO(voltage-controlled oscillator)에 이용된다.

다이오드의 항복특성을 이용하기 위해서 특정 전압에서 항복이 일어나게 만든 다이오드를 breakdown diode라고 하며 보통 Zener diodes라고 한다(실제 항복현상은 보통 Avalanche effect에 의해 일어나는데 최초 항복현상을 규명하는 과정에서의 오류로 이런 이름이 붙게 되었음). 항복이 일어나는 전압(breakdown voltage)은 p와 n의 도핑농도를 변화시키면 조정이 가능하다. 그리고 항복특성도 p-n 접합의 구조를 잘 설계하면 예민하게 할 수 있다. 즉, 항복이 일어났을 때 흐르는 전류가 역방향 전압에 상관없이 항상 일정하게 할 수 있다.

3. 쌍극성 트랜지스터(BJT, Bipolar Junction Transistor)

쌍극성 트랜지스터의 쌍극성(bipolar)이란 이름은 이 트랜지스터의 전류가 음전하(-charge)와 양전하(+ charge)의 두(bi-) 극성(polar)의 전자와 정공 모두에 의해서 생성되기 때문에 붙여졌다. 이에 대해서 전계효과 트랜지스터(FET, Field Effect Transistor)는 음전하의 전자 또는 양전하의 정공 둘 중에 하나(uni-)에 의해서 전류가 생성되는 단극성(unipolar) 트랜지스터이다.

트랜지스터는 1930년 미국의 물리학자 Julius Edgar Lilienfeld에 의해서 전계효과 트랜지스터의 아이디어로 처음 제안되었다. 그 후 이 트랜지스터를 실험적으로 구현하는 과정에서 뜻밖에 최초의 bipolar transistor(Ge point contact transistor)가 1947년 미국의 Bell 연구소의 William Shockley, John Bardeen, 그리고 Walter Brattain에 의해서 발명되었고, 1950년 Shockley에 의해서 오늘날의 Bipolar Junction Transistor가 발명되었다. 그리고 전계효과 트랜지스터는 1960년에야 처음으로 Bell 연구소의 Dawon Kahng와 Martin Atalla에 의해서 MOSFET(metal oxide semiconductor field effect transistor)의 형태로 구현되었다.

전자회로에서 트랜지스터는 크게 증폭(amplification)과 스위칭(switching) 소자로서 사용된다. 트랜지스터의 증폭기능은 주로 아날로그 회로에서 작은 신호를 크게하는데 사용되고 스위칭 기능은 디지털 회로의 2진수(binary number)의 비트(bit) '0' 또는 '1' 표현하는 기본소자로 사용된다. 즉, 트랜지스터가 스위치 ON 상태이면 비트 '0'를 나타내고 스위치 OFF 상태이면 비트 '1'를 나타내는(또는 그 반대로 나타내는) 방식으로 2진수로 표현되는 정보를 처리하는 디지털 시스템에 트랜지스터가 기본소자로 사용된다.

디지털 회로에 사용되는 트랜지스터로는 BJT보다는 FET가 유리한데, 그 이유는 BJT는 입력 임피던스(input impedance)가 적은데 비해서 FET 큰 입력 임피던스를 가지기 때문이다. FET의 이런 특성은 복잡한 디지털 회로를 작은 칩(chip)으로 집적화(integration) 하는데도 유리하다. 그래서 오늘날 많은 반도체 칩은 FET(MOSFET) 트랜지스터로 이루어져있다. 반도체 메모리나 마이크로프로세서 등은 수백만 개의 MOSFET 트랜지스터로 구성된 복잡한 전자회로를 반도체 집석기술로 작은 칩의 형대로 만든 것이다.

3-1. 트랜지스터의 구조 및 활성영역(active region) 동작특성

BJT 트랜지스터는 p형과 n형 반도체를 그림 7과 같이 접합해 놓은 구조로 되어있다. 여기서 p^+ 또는 n^+는 도핑농도가 높은(heavy doping) p형 또는 n형 반도체를 의미한다. 그림 7의 (a)와 (b)의 구조를 각각 p-n-p와 n-p-n 트랜지스터라고 한다.

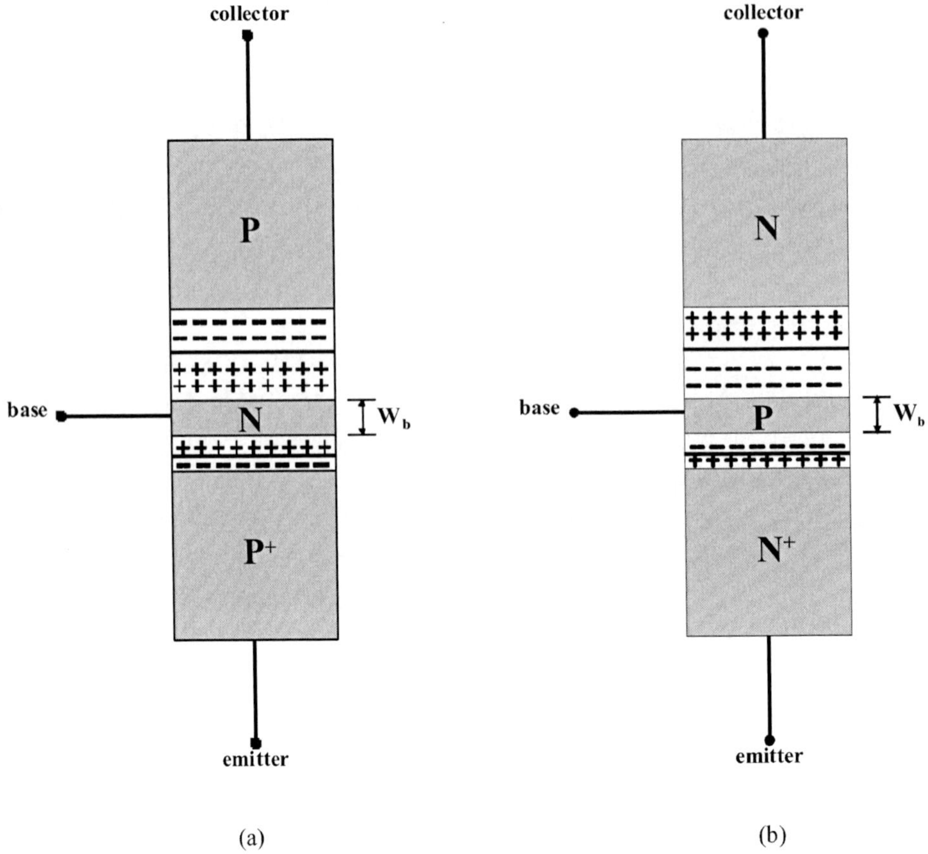

그림 7 BJT 트랜지스터의 구조: (a) p-n-p 트랜지스터 (b) n-p-n 트랜지스터

그림 7의 트랜지스터 구조에서 도핑농도가 높은 반도체를 이미터(emitter), 중간의 반도체를 베이스(base), 그리고 나머지 반도체를 컬렉터(collector)라고 한다. 트랜지스터가 동작하도록 직류전압을 인가하는 것을 바이어스(DC bias)라고 한다. 그림 8과 같이 바이어스를 인가하는 방법을 common base configuration이라고 한다. 왜냐하면 트랜지스터의 베이스 단자가 인가하는 직류전압의 공통단자로 연결되기 때문이다.

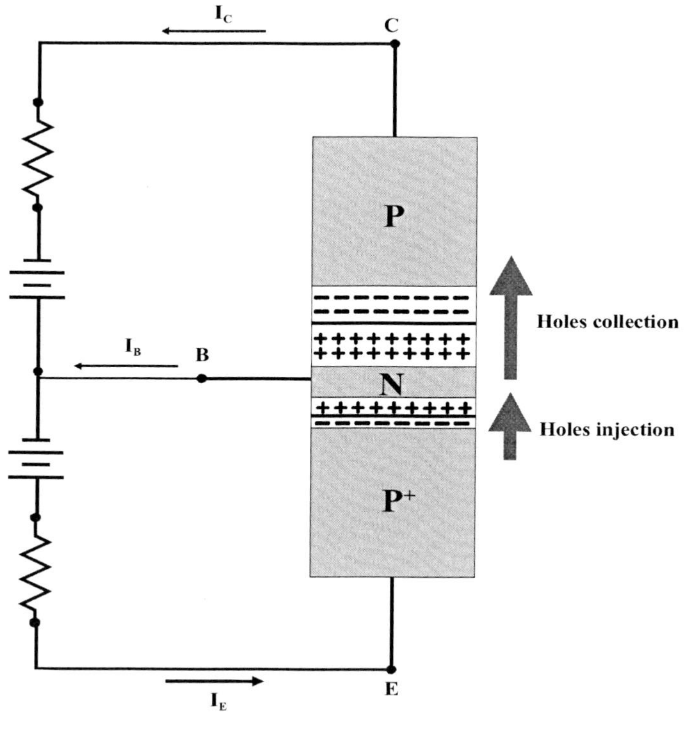

그림 8. p-n-p 트랜지스터의 직류 바이어스(common base configuration)

이 바이어스는 p^+-n 접합에는 순방향 바이어스가 걸리게 하고 n-p 접합에는 역방향 바이어스가 걸리게 한다. 트랜지스터가 이렇게 이미터-베이스 접합사이에는 순방향 바이어스가 걸리고 베이스-컬렉터 접합사이에는 역방향 바이어스가 걸린 상태를 트랜지스터가 활성영역(active region)에 있다고 한다.

BJT 트랜지스터의 활성영역(active region) 상태

1. 이미터-베이스 접합: 순방향 바이어스
2. 베이스-컬렉터 접합: 역방향 바이어스

트랜지스터를 활성영역에 있게 하는 바이어스 회로는 그림 8 외에도 여러 가지 형태의 회로가 있다.

p^+-n 접합에는 순방향 바이어스가 걸리므로 p^+ 반도체의 많은 정공(holes)들이 n형의 베이스 영역에 주입(injection)된다. 만일 베이스 영역의 폭(W_b)이 충분히 좁다면 주입된 정공들이 폭 W_b 내에서 전자들과 재결합(recombination)되지 않고 대부분 n-p 접합을 지나 p형 반도체 쪽에 모이게 된다. 이렇게 되기 위해서는 베이스 영역에서의 정공의 수명(life time)내에 전자와 재결합되지 않도록 베이스 영역의 폭 W_b가 충분히 좁아야 한다. 즉, 다음 조건을 만족하도록 베이스 폭을 설계해야 한다.

$$W_b << L_p = \sqrt{D_p \tau_p}$$

여기서 τ_p는 정공의 수명(life time)이다.

그리고 이미터 전류(I_E)는 p^- 영역에서 n형의 베이스 영역에 주입되는 정공에 의해서 이루어지고 역으로 n형의 베이스 영역에서 p^+ 영역으로 주입되는 전자에 의한 성분은 매우 적도록 한다. 이렇게 하기 위해서는 베이스의 n형 반도체의 도핑농도를 낮게(lightly doping)해야 한다.

그래서 이상적인 트랜지스터로 동작하기 위해서는 다음의 조건을 만족해야한다.

1. 베이스 영역의 폭이 정공의 확산거리에 비해서 충분히 작을 것.
2. 이미터 영역은 높은 농도로 도핑되고 베이스 영역은 낮은 농도로 도핑될 것.

이상적인 트랜지스터의 조건

1. 베이스 영역의 폭이 이미터에서 주입되는 캐리어(carrier: p-n-p인 경우는 정공, n-p-n인 경우는 전자)의 확산거리에 비해서 충분히 작을 것.
2. 이미터 영역은 높은 농도로 도핑되고 베이스 영역은 낮은 농도로 도핑될 것.

이상적인 트랜지스터의 조건을 만족하면 컬렉터 전류(I_C)는 거의 이미터 전류(I_E)와 같게 된다. 베이스 전류(I_B)는 다음의 성분들로 구성된다.

1. 베이스로 주입된 정공 중에서 매우 적은 수는 베이스내의 전자와 재결합한다. 이 재결합으로 소실된 전자는 베이스 단자를 통해서 바이어스 전원으로부터 공급된다. 이 공급되는 전자는 베이스 전류를 형성한다.
2. 낮은 농도로 도핑이 되었지만 매우 적은 수의 베이스에서 이미터로 주입되는 전자들이 있다. 이 전자들도 바이어스 전원으로부터 공급되며 베이스 전류를 형성한다.
3. 베이스 컬렉터 접합 부분에서 열적으로 발생한 전자들은 공간전하 영역의 전장에 의해서 베이스 쪽으로 휩쓸려오는데 이는 베이스 전류를 감소시키는 성분으로 작용한다.

이 베이스 전류는 이상적인 트랜지스터의 조건을 만족하게 설계된 경우 매우 적은 값이 된다. 일반적으로 베이스 전류는 이미터 전류의 1/100 보다 적은 값이 된다.

이상을 종합하여 이 바이어스의 경우 트랜지스터에 흐르는 정공과 전자의 흐름을 요약하면 그림 9와 같다(이 그림에서 베이스 전류성분 중에서 3. 성분은 무시하였음).

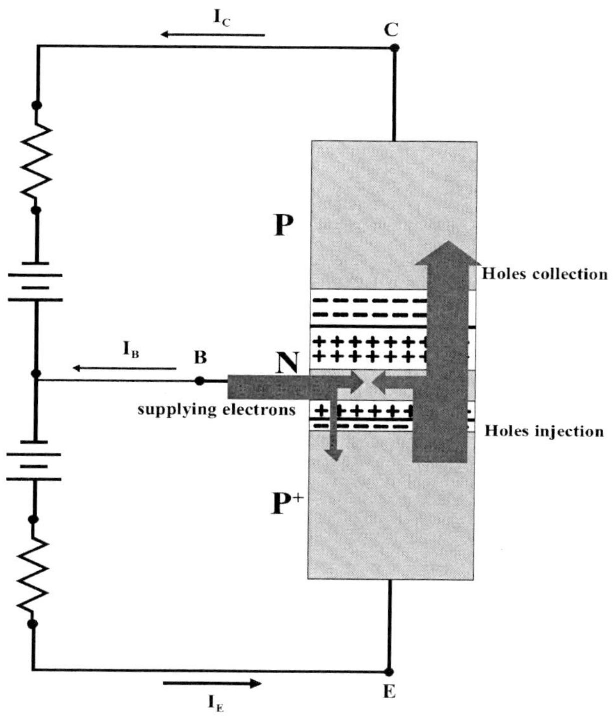

그림 9. p-n-p 트랜지스터에서의 정공과 전자의 흐름

그림 9에서 이미터와 베이스 접합은 p^+-n 접합 다이오드로 생각할 수 있고, 순방향 바이어스 상태이므로 다이오드 특성 곡선으로부터 미소한 이미터-베이스 양단의 전압의 변화에 대해서 큰 정공의 주입의 변화 즉, 큰 이미터 전류 또는 컬렉터 전류의 변화가 일어난다. 그러나 베이스 전류는 주입된 정공 중에서 좁은 베이스 영역에서 전자와 재결합한 성분과 이미터로 주입되는 전자에 의한 전류로서 이미터-베이스 양단전압의 변화에 대해서 크게 변화되지 않는다. 그래서 베이스 전류의 미소한 변화를 통해서 큰 이미터 또는 컬렉터 전류의 변화를 일으킬 수 있으므로 베이스 전류와 이미터 또는 컬렉터 전류 사이에는 이득(gain) 또는 증폭(amplification)이 존재한다.

활성영역에 있는 트랜지스터의 특성

1. 베이스와 이미터 또는 컬렉터 전류사이에는 이득(gain)이 있다.
2. 적은 베이스 전류의 변화는 큰 이미터 또는 컬렉터 전류의 변화를 일으킨다. 즉, 교류신호에 대해서 증폭(amplification)이 있다.
3. 이미터 전류와 컬렉터 전류 사이에는 이득이나 증폭이 없고 거의 동일한 값을 갖는다.

n-p-n 트랜지스터에 대해서도 전류의 방향을 반대로 하고 정공과 전자의 역할을 서로 반대로 하면 p-n-p 트랜지스터의 경우와 동일하게 설명할 수 있다.

트랜지스터가 활성영역에 있을 때 베이스와 컬렉터 전류 사이에 이득(gain)이 있으며 그 전류비를 base-to-collector current amplification factor라 하고 β로 표시한다. 즉,

$$\beta \equiv \frac{i_C}{i_B} \tag{2}$$

여기서 i_C, i_B는 컬렉터 및 베이스에 흐르는 직류 바이어스 전류이다.
만일 이 직류 바이어스에 작은 교류신호가 중첩되면(superimposed), 이 교류신호에 대해서도 컬렉터 전류는 베이스 전류에 대해서 β만큼 증폭된다. 즉,

$$i_c \equiv \beta \cdot i_b \tag{3}$$

여기서 i_c, i_b는 직류 바이어스 i_C, i_B에 더해진 작은 교류성분이다.

일반적으로 잘 설계된 트랜지스터의 경우 β = 100~200 정도의 값을 갖는다.

이미터와 컬렉터 전류 사이에는 이득이 없으며, 그 전류비를 current transfer ratio라고 하고 α로 표시한다. 즉,

$$\alpha \equiv \frac{i_C}{i_E} \tag{4}$$

이며, 작은 교류신호가 중첩되는 경우 교류신호 성분에 대해서도 동일하다. 이미터 전류는 근사적으로 베이스로 주입되는 정공에 의한 전류이고, 컬렉터 전류는 이 정공 중에서 베이스에서 재결합되는 정공을 제외한 컬렉터로 모인 정공에 의한 전류이므로 α는 1보다 조금 작은 값이다. 일반적으로 잘 설계된 트랜지스터의 경우 $0.99 < \alpha < 1$ 정도의 값을 갖는다.

다음의 common-emitter configuration 바이어스 회로(그림 10)에 대해서 베이스와 컬렉터 전류를 계산해본다. 베이스 이미터 접합 쪽의 폐회로에 대해서 키르히호프의 전압법칙(KVL)을 적용하면 다음과 같다.

$$\mathrm{V_{bb}} = -\mathrm{V_{BE}} + 50[\mathrm{k\Omega}] \cdot \mathrm{I_B} \tag{5}$$

식 (5)에서 V_{BE}를 무시하면($V_{BE} \cong 0.6\sim0.7[V]$), I_B는 다음과 같다.

$$\mathrm{I_B} = \frac{5[\mathrm{V}]}{50[\mathrm{k\Omega}]} = 0.1[\mathrm{mA}] \tag{6}$$

그리고 이 트랜지스터에 대해서 β = 100을 가정하면,

$$\mathrm{I_C} = \beta \cdot \mathrm{I_B} = 10[\mathrm{mA}] \tag{7}$$

이다.

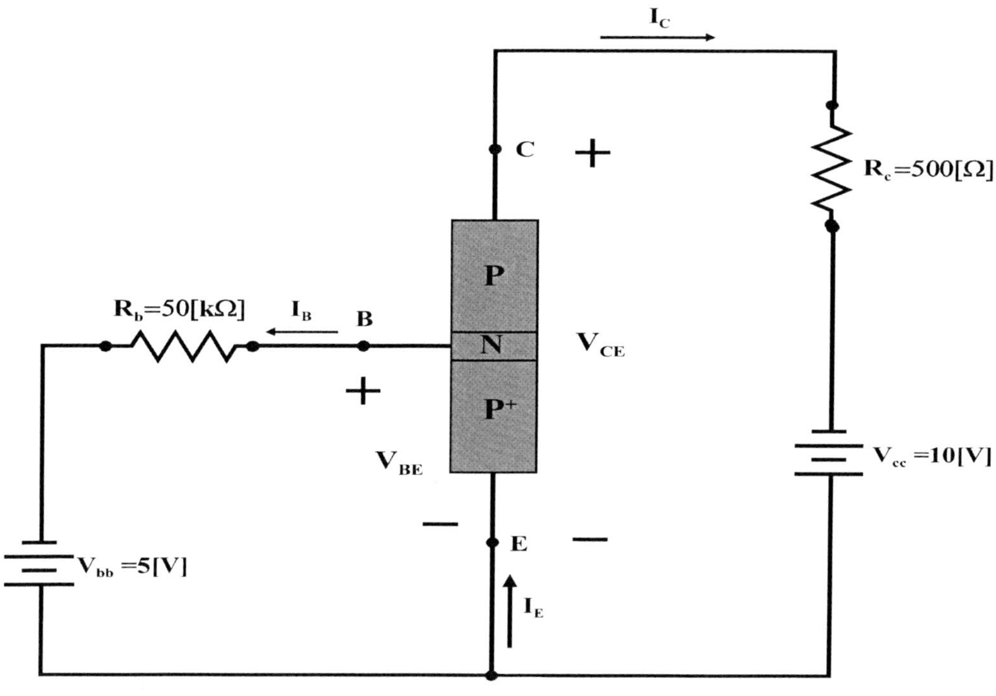

그림 10. common-emitter configuration 바이어스 회로 예

만일 이 바이어스 회로에 직류전압원 V_{bb}에 작은 교류신호원이 직렬로 연결되어서 직류 베이스 전류(I_B)에 중첩되는 작은 교류 전류가

$$i_b = 0.05\sin(\omega t)\,[\text{mA}] \tag{8}$$

이면 즉, 진폭이 0.05[mA]인 사인파(sine wave)라면, 컬렉터 전류의 교류성분은 다음과 같다.

$$i_c = \beta \cdot i_b = 5\sin(\omega t)\,[\text{mA}] \tag{9}$$

그래서 베이스 교류전류가 β만큼 증폭되어서 컬렉터 전류에 나타난다. 즉, 미소한 진폭 0.05[mA]인 교류신호가 이 트랜지스터 회로를 통해서 100배 증폭이 된 셈이다. 이렇게 트랜지스터를 이용하면 미소한 신호를 크게 증폭할 수 있다.

3-2. 포화영역(saturation region)과 차단영역(cutoff region) 동작특성: 스위칭(switching)

트랜지스터의 이미터-베이스 접합사이에는 순방향 바이어스가 걸린 상태에서 베이스-컬렉터 접합사이의 전위차가 영(0[V], zero bias)이 되면, 컬렉터-이미터 양단의 전위차는 1[V] 미만의 매우 적은 전위차로 떨어지기 시작하고, 베이스-컬렉터 접합도 순방향 바이어스가 걸리면 컬렉터-이미터 양단의 전위차는 거의 영(0[V])에 접근하게 된다. 이렇게 이미터-베이스 접합사이에는 순방향 바이어스가 걸리고 베이스-컬렉터 접합이 영(0[V])에서 순방향 바이어스가 걸리는 상태까지를 트랜지스터의 포화영역(saturation region)이라고 한다.

BJT 트랜지스터의 포화영역(saturation region) 상태

1. 이미터-베이스 접합: 순방향 바이어스
2. 베이스-컬렉터 접합: 영(0[V]) 전위차에서 순방향 바이어스까지

트랜지스터가 포화영역에 있을 때, 베이스 전류와 컬렉터 전류사이의 관계는 다음의 식으로 주어진다.

$$i_c < \beta \cdot i_b \tag{10}$$

그래서 주어진 컬렉터 전류에 대해서 활성영역에서 보다 더 많은 전류가 베이스에 흐르게 된다. 트랜지스터가 포화영역에 있을 때 컬렉터-이미터 양단의 전위차가 거의 영(0[V])으로 단락처럼 보이고 컬렉터와 이미터에 전류가 잘 흐르므로 마치도 스위치 ON 상태처럼 동작한다.

포화영역에 있는 트랜지스터의 특성

1. 베이스 단자에는 활성영역에서의 컬렉터 전류로부터 주어지는 값보다 큰 전류가 흐르게 된다. 즉,

$$i_b > \frac{i_c}{\beta} \tag{11}$$

2. 컬렉터-이미터 양단의 전위차가 거의 영(0[V])이다.
3. 컬렉터와 이미터 두 단자사이의 전기적 상태를 고려할 때, 마치 스위치 ON 상태로 볼 수 있다.

트랜지스터의 이미터-베이스 접합과 베이스-컬렉터 접합사이가 모두 역방향 바이어스가 걸리면 베이스, 이미터, 그리고 컬렉터에 전류가 거의 흐르지 않게 된다. 그래서 마치 컬렉터-이미터 단자사이가 개방(open)회로처럼 보인다. 트랜지스터의 이런 상태를 차단영역(cutoff region)이라 한다. 이 영역에 있을 때 트랜지스터의 컬렉터-이미터 단자는 스위치 OFF 상태처럼 보인다.

BJT 트랜지스터의 차단영역(cutoff region) 상태

1. 이미터-베이스 접합과 베이스-컬렉터 접합: 역방향 바이어스

차단영역에 있는 트랜지스터의 특성

1. 베이스, 이미터, 그리고 컬렉터에 전류가 거의 흐르지 않는다. 즉,

$$i_b \cong 0, \;\; i_c \cong 0 \tag{12}$$

트랜지스터를 포화영역과 차단영역 두 영역에서만 동작시키면 마치도 스위치의 ON과 OFF 두 상태에서 동작하는 것과 같으므로 이 경우 트랜지스터는 일종의 전기적 스위치로 볼 수 있다.

이상의 트랜지스터의 동작특성을 종합하면 다음의 표 1과 같다.

표 1. 트랜지스터의 동작 특성

트랜지스터의 중요 동작상태	바이어스 상태	중요 전기적 특성	사용 용도
활성영역 (active region)	이미터-베이스 접합: 순방향 바이어스 베이스-컬렉터 접합: 역방향 바이어스	$V_{BE} = 0.6 \sim 0.7$[volt]:Si $= 0.2 \sim 0.3$[volt]:Ge $I_C = \beta \cdot I_B$	전류 및 전압 신호 증폭 (amplification)
포화영역 (saturation region)	이미터-베이스 접합: 순방향 바이어스 베이스-컬렉터 접합: 0[V]~순방향 바이어스	$V_{CE} \cong 0$[volt] $I_B > \frac{I_C}{\beta}$	스위치(ON state)
차단영역 (cutoff region)	이미터-베이스 접합: 역방향 바이어스 베이스-컬렉터 접합: 역방향 바이어스	$I_B \cong 0$ $I_C \cong 0$	스위치(OFF state)

3-3. 트랜지스터의 입력특성

어떤 트랜지스터에서 베이스-이미터 전압(V_{BE})의 변화에 대한 베이스 전류(I_B)의 변화 특성을 그 트랜지스터의 입력특성이라 한다. 이 입력특성의 측정을 통해서 트랜지스터가 활성영역에 있을 때 베이스-이미터 전압(V_{BE})을 알 수 있다. 베이스-이미터 접합은 일종의 다이오드 접합으로 볼 수 있으므로 이 특성은 다이오드의 전압 전류 특성과 유사하다. 그림 11에 한 예를 보였다. 이 입력특성 곡선에서 베이스 전류가 갑자기 크게 증가하기 시작하는 베이스-이미터 전압이 이 트랜지스터가 활성영역에 있을 때 베이스-이미터 전압이 된다.

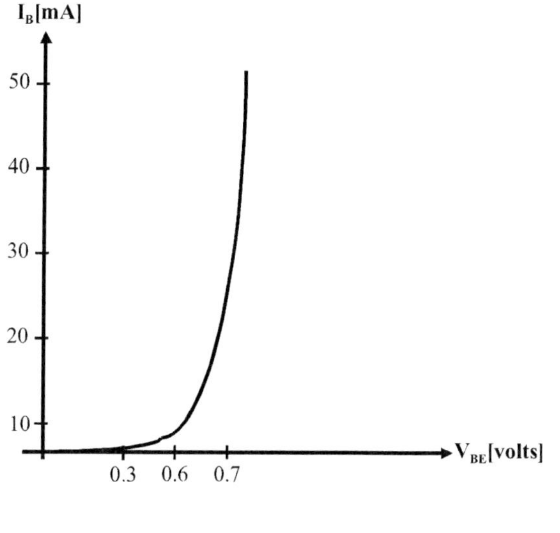

그림 11. 트랜지스터 입력특성 예

3-4. 트랜지스터의 출력특성

어떤 트랜지스터의 컬렉터-이미터 전압(V_{CE})의 변화에 대한 컬렉터 전류(I_C)의 변화 특성을 그 트랜지스터의 출력특성이라 한다. 이 특성을 측정하면 그 트랜지스터의 활성영역, 포화영역, 그리고 차단영역의 특성을 모두 알 수 있다. 그림 12에 한 예를 보였다.

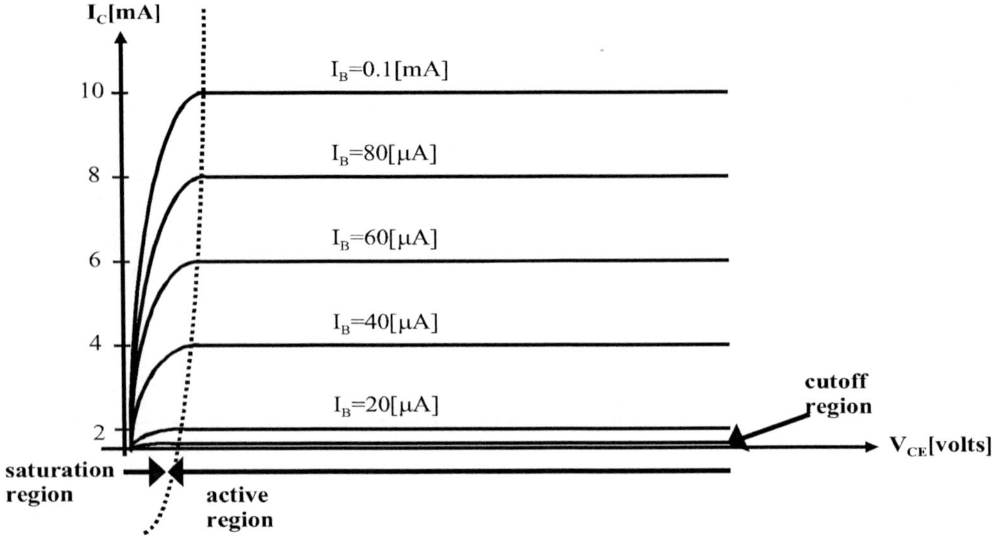

그림 12. 트랜지스터 출력특성 예

n-p-n과 p-n-p 트랜지스터의 회로기호는 그림 13과 같다.

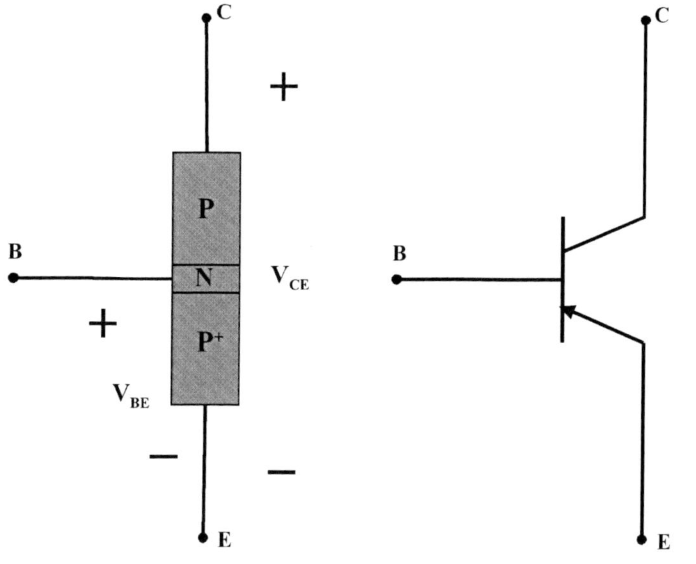

그림 13 (a) p-n-p 트랜지스터 및 회로기호

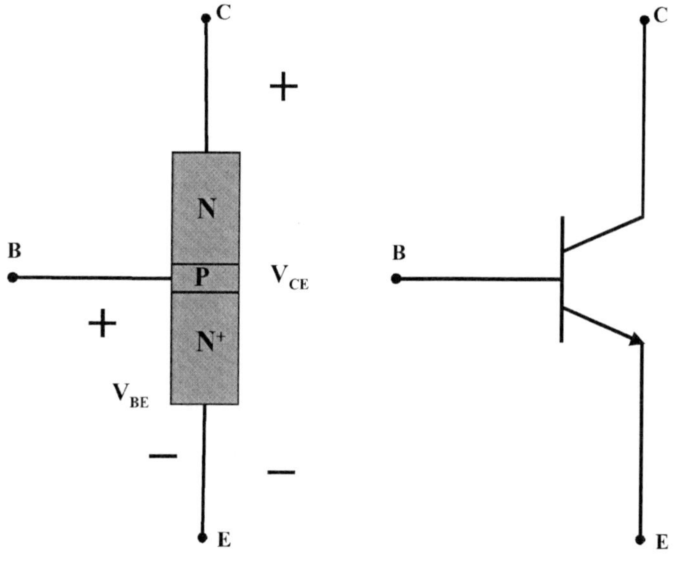

그림 13 (b) n-p-n 트랜지스터 및 회로기호

IV. 실험 순서

실험 1. 다이오드 전압 전류 특성 측정

다음의 회로(실험회로 1)를 구성하고 교류 전압원으로 함수발생기의 출력을 이용하며 주파수는 f =1[kHz]이고 전압은 V_{P-P}=15[V](DC offset=7.5[V])로 한다.

오실로스코우프 화면상에 X축은 다이오드의 전압축으로 Y축은 전류축으로 해서 그림 4와 같은 다이오드 특성곡선을 관찰하고자 한다.

다이오드 양단(두 점 B와 C의 양단)의 전압을 오실로스코우프의 CH 1에 연결하고, 두 점 A와 C 사이의 전압파형을 CH 2에 연결한 후, 오실로스코우프를 X-Y 모드로 동작하도록 조정한다. 그러면 오실로스코우프 화면상에 X축은 CH 1의 파형의 값이 표시되고 Y축은 동일한 시간에 대해서 CH 1의 파형에 대응하는 CH 2 파형의 값이 표시된다. 즉, CH 1과 CH 2 신호의 함수관계가 화면상에 표시된다.

두 점 B와 C 양단의 전압이 저항 R=1[kΩ] 양단의 전압에 비해서 무시할 수 있을 정도로 작다면, 두 점 A와 C점 사이의 전압은 근사적으로 저항 R=1[kΩ] 양단의 전압이 된다. 그래서 CH 2 파형을 저항값 R=1[kΩ]로 나누면 근사적으로 다이오드에 흐르는 전류가 되므로 X-Y 모드의 오실로스코우프 화면에서 Y축 값을 1000으로 나누어서 측정하면 화면상의 곡선은 다이오드의 전압 전류 특성곡선이 된다.

모눈종이에 관찰한 다이오드 특성곡선을 그리고 offset voltage와 근사적인 bulk resistance (R_b)를 구하시오.

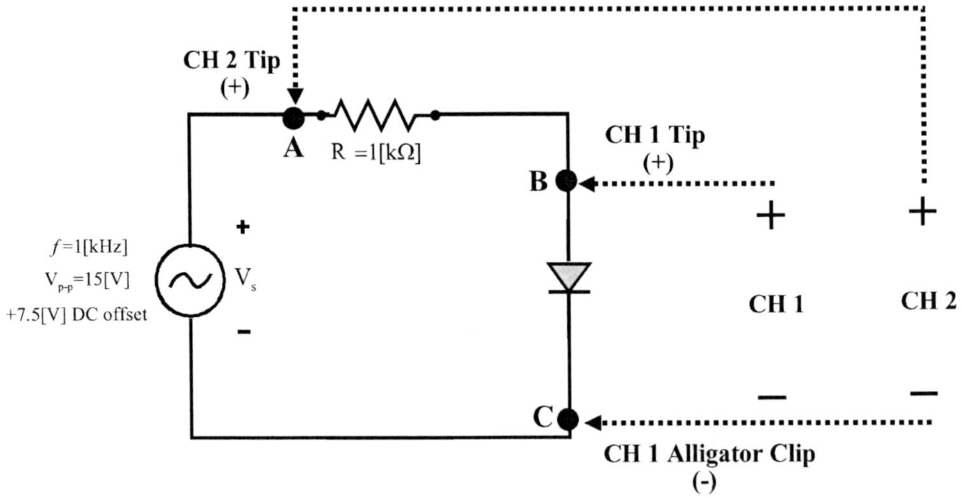

실험회로 1. 다이오드의 전압 전류 특성을 측정하기 위한 회로

실험 2. 트랜지스터 입력특성 측정

다음의 회로(실험회로 2)를 구성하고 교류 전압원으로 함수발생기의 출력을 이용하며 주파수는 f =1[kHz]이고 전압은 V_{P-P}=1.5[V](DC offset=0.75[V])로 한다.

오실로스코우프 화면상에 X축은 트랜지스터의 베이스-이미터 전압(V_{BE})전압축으로 Y축은 베이스 전류(I_B) 축으로 해서 n-p-n 트랜지스터 2N3904의 입력특성 곡선을 측정하고자 한다.

트랜지스터의 베이스-이미터 양단(두 점 B와 E의 양단)의 전압을 오실로스코우프의 CH 1에 연결하고, 저항 R_b=100[Ω] 양단(두 점 A와 E 양단)의 전압(V_{AE})을 CH 2에 연결한 후 CH 2를 Invert 모드로 전환한다. 그러면 전압 V_{AE}와 위상이 180° 천이(shift)된 전압($-V_{AE}=V_{EA}$)이 CH 2에 연결되는 것과 같다. 그리고 오실로스코우프를 X-Y 모드로 동작하도록 조정한다. 그러면 오실로스코우프 화면상의 X축은 CH 1의 파형의 값이 표시되고 Y축은 CH 1의 파형에 대응하는 Invert된 CH 2 파형($-V_{AE}$)의 값이 표시된다.

CH 2 파형을 저항값 R_b=100[Ω]로 나누면 이 저항에 흐르는 전류 즉, 베이스 전류(I_B)이므로 X-Y 모드의 오실로스코우프 화면상에서 Y축 값을 100으로 나누어서 측정하면, 화면상의 곡선은 트랜지스터의 베이스-이미터 전압(V_{BE})에 대한 베이스 전류(I_B)의 특성곡선 즉, 트랜지스터의 입력특성 곡선이 된다.

모눈종이에 관찰한 트랜지스터 입력특성 곡선을 그리고 offset voltage을 구하시오.

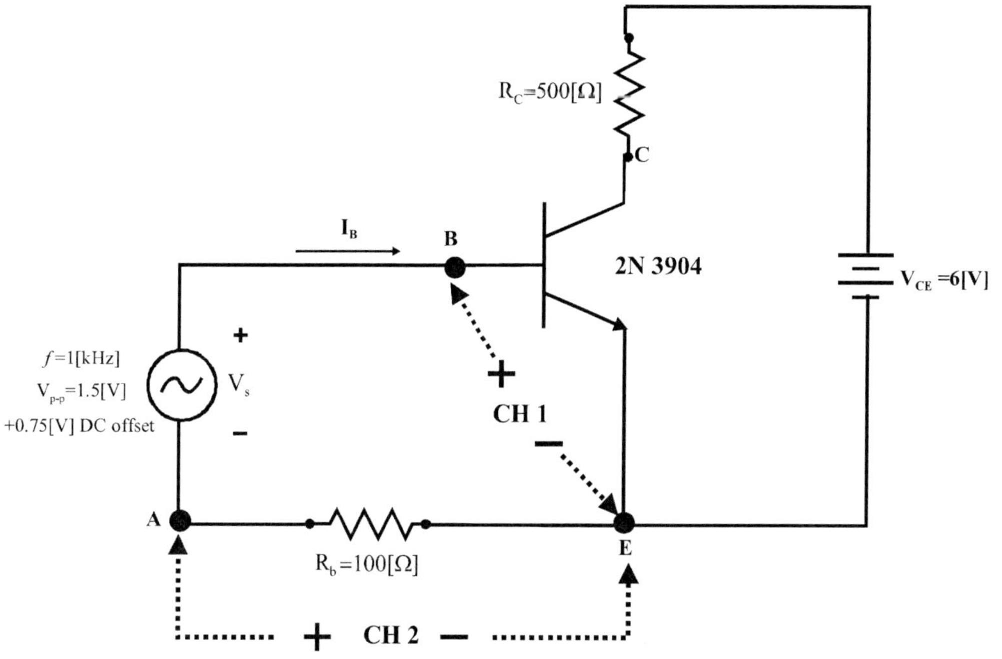

실험회로 2. 트랜지스터의 입력특성을 측정하기 위한 회로

실험 3. 트랜지스터 출력특성 측정

다음의 회로(실험회로 3)를 구성하고 교류 전압원으로 함수발생기의 출력을 이용하며 주파수는 f =1[kHz]이고 전압은 V_{P-P}=7.0[V](DC offset=+3.5[V])로 한다.

오실로스코우프 화면상에 X축은 트랜지스터의 컬렉터-이미터 전압(V_{CE}) 축으로 Y축은 컬렉터 전류(I_C) 축으로 해서 n-p-n 트랜지스터 2N3904의 출력특성 곡선을 측정하고자 한다.

트랜지스터의 컬렉터-이미터 양단(두 점 C와 E의 양단)의 전압을 오실로스코우프의 CH 1에 연결하고, 저항 R_s=100[Ω] 양단(두 점 A와 E 양단)의 전압파형을 CH 2에 연결하고 CH 2를 Invert 모드로 전환한다. 그러면 전압 V_{AE}와 위상이 180° 천이(shift)된 전압($-V_{AE}=V_{EA}$)이 CH 2에 연결된다. 그리고 오실로스코우프를 X-Y 모드로 동작하도록 조정한다. 그러면 오실로스코우프 화면상의 X축은 CH 1의 파형의 값이 표시되고 Y축은 CH 1의 파형에 대응하는 Invert된 CH 2 파형($-V_{AE}$)의 값이 표시된다.

CH 2 파형을 저항값 R_s=100[Ω]로 나누면 이 저항에 흐르는 전류가 되는데, 일반적으로 트랜지스터의 출력저항(output resistance)은 R_C=100[kΩ]에 비해서 훨씬 작으므로 이 전류는 거의 컬렉터 전류(I_C)가 된다. 그래서 X-Y 모드의 오실로스코우프 화면상에서 Y축 값을 100으로 나누어서 측정하면 화면상의 곡선은 트랜지스터의 컬렉터-이미터 전압(V_{CE})전압에 대한 컬렉터 전류(I_C)의 특성곡선 즉, 트랜지스터의 출력특성 곡선이 된다.

V_{BB}=3, 5, 7, 9[V]일 때 관찰한 트랜지스터 출력특성 곡선을 모눈종이에 그리시오.

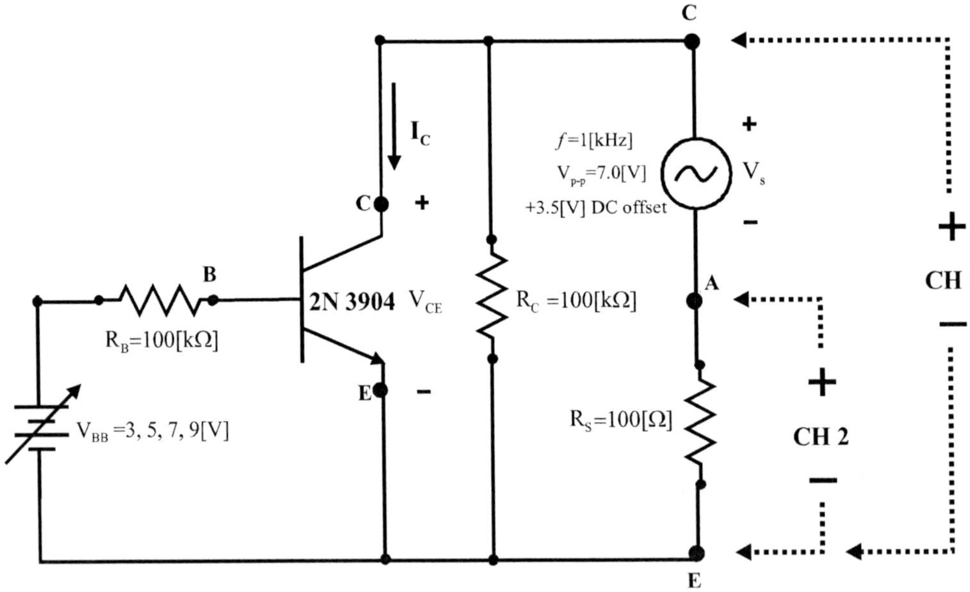

실험회로 3. 트랜지스터의 출력특성을 측정하기 위한 회로

V. 실험 예비보고서

문제회로 1의 직류 바이어스 회로를 해석하여 베이스 전류(I_B), 컬렉터 전류(I_C), 그리고 컬렉터-이미터 전압(V_{CE})을 구하고 트랜지스터가 활성영역에 있음을 보이시오. 트랜지스터가 활성영역에 있을 때 β=100이고 베이스-이미터 전압(V_{BE})은 0.7[V]라고 가정한다.

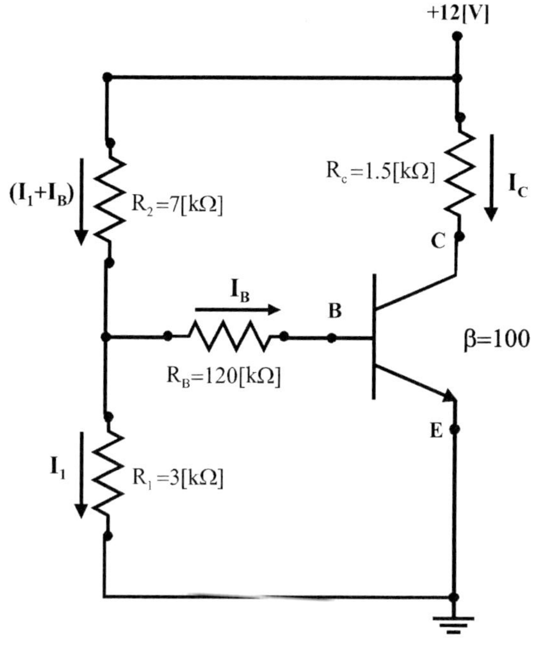

문제회로 1. 직류 바이어스 회로해석 문제 회로

풀이

먼저 트랜지스터가 활성영역에 있다고 가정한다. V_{BE} = 0.7[V]라 두고 회로를 해석하여 V_{CB}을 구하고 컬렉터-베이스 접합이 역방향 바이어스가 걸려있음을 보인다.

베이스-이미터 접합과 R_B및 R_1로 이루어지는 폐회로에 대해서 키르히호프의 전압법칙(KVL)을 적용하여 다음 식을 얻는다.

$$120[k\Omega]\cdot I_B + 0.7[V] - 3[k\Omega]\cdot I_1 = 0 \quad (1)$$

R_1과 R_2 양단의 전위차를 더하면 +12[V]이므로 다음 식이 얻어진다.

$$3[k\Omega]\cdot I_1 + 7[k\Omega]\cdot(I_1 + I_B) = 12[V] \quad (2)$$

식 (1)과 (2)로부터 I_B와 I_1을 구할 수 있고, I_B로부터 I_C도 구할 수 있다. 즉,

$$I_B \cong 23.75[\mu A],\quad I_1 \cong 1.18[mA] \quad (3)$$

$$I_C = \beta\cdot I_B \cong 2.375[mA] \quad (4)$$

트랜지스터와 R_C 저항 연결부분에서 베이스-이미터 전압(V_{BE}), 컬렉터-베이스 전압(V_{CB}), 그리고 R_C 저항 양단 전압을 더하면 +12[V]이므로 다음 식이 얻어진다.

$$0.7[V] + V_{CB} + 1.5[k\Omega]\cdot I_C = 12[V] \quad (5)$$

식 (4)과 (5)로부터 V_{CB}을 구할 수 있다. 즉,

$$V_{CB} \cong 7.74[V] \quad (6)$$

그래서 이 트랜지스터의 컬렉터-베이스 접합은 역방향 바이어스이고, 처음에 가정한 활성영역은 증명된다. 이상을 종합하여 베이스 전류(I_B), 컬렉터 전류(I_C), 그리고 컬렉터-이미터 전압(V_{CE})전압은 각각 다음과 같다.

$$I_B \cong 23.75[\mu A]$$

$$I_C \cong 2.375[mA]$$

$$V_{CE} = V_{CB} + V_{BE} \cong 8.44[V]$$

VI. 실험결과 보고서

<table>
<tr><td>실험 제목</td><td colspan="3"></td></tr>
<tr><td colspan="4"></td></tr>
<tr><td>실험 조</td><td></td><td>성 명
(학 번)</td><td>성적 등급</td></tr>
<tr><td rowspan="3"></td><td rowspan="3">실험 조원</td><td>(　　　　　　　)</td><td></td></tr>
<tr><td>(　　　　　　　)</td><td></td></tr>
<tr><td>(　　　　　　　)</td><td></td></tr>
</table>

1. 실험결과 보고사항

(1) 다이오드의 전압 전류 특성곡선 측정

그래프 1. 다이오드의 전압 전류 특성곡선

표 2. offset voltage 전압 측정

측정 **parameter**	offset voltage, V_γ [volts]	bulk resistance, $R_b[\Omega]$
측정값		

(2) 트랜지스터 입력특성 측정

그래프 2. 트랜지스터의 입력특성 곡선

(3) 트랜지스터 출력특성 측정

그래프 3. 트랜지스터의 출력특성 곡선

2. 실험결과 고찰사항:

Fairchild semiconductor 2N3904 transistor

1. NPN general purpose amplifier and switch
2. 2N3904 pin 배치

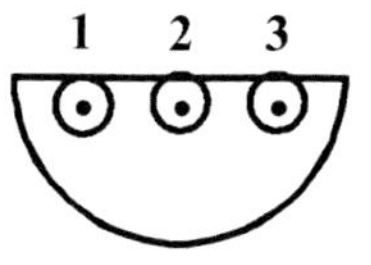

1. Emitter
2. Base
3. Collector

2N3904 Bottom View

그림 1. 2N3904 핀 배치(밑에서 보았을 때)

3. 2N3904의 전기적 특성

2N3904 Electrical Characteristics (at T=25 [C])

Symbol	Parameter	Test conditions	Min.	Max.	Units
h_{FE}	DC Current Gain	$I_C = 0.1$[mA], $V_{CE} = 1.0$[V]	40	300	
		$I_C = 1.0$[mA], $V_{CE} = 1.0$[V]	70		
		$I_C = 10$[mA], $V_{CE} = 1.0$[V]	100		
		$I_C = 50$[mA], $V_{CE} = 1.0$[V]	60		
		$I_C = 100$[mA], $V_{CE} = 1.0$[V]	30		
$V_{CE(sat.)}$	Collector-Emitter Saturation Voltage	$I_C = 10$[mA], $I_B = 1.0$[mA]		0.2	[V]
		$I_C = 50$[mA], $I_B = 5.0$[mA]		0.3	
$V_{BE(sat.)}$	Base-Emitter Saturation Voltage	$I_C = 10$[mA], $I_B = 1.0$[mA]	0.65	0.85	[V]
		$I_C = 50$[mA], $I_B = 5.0$[mA]		0.95	

제7장 공진회로(Resonance Circuits)

I. 실험목적

1. LC 직렬 및 병렬 공진회로의 특성을 실험한다.

II. 실험 준비물

1. 디지털 오실로스코우프(Digital Oscilloscope): 1대
2. 함수발생기(Function Generator): 1대
3. 탄소저항, 인덕터, 커패시터: 4.7[kΩ]와 50[kΩ] 각각 1개, 22[mH] 1개, 100[pF] 1개

III. 관련 이론

공진(resonance)은 어떤 시스템에서 어떤 물리적인 양이 특정 주파수에서 최대의 진폭으로 진동(oscillation)하는 현상이다. 전자회로에서는 회로의 전류나 전압이 특정 주파수(resonance frequency)에서 최대의 진폭을 가지면서 진동하는 현상이다. 이런 현상은 교류 전원이 인가된 저항(R, Resistor), 인덕터(L, Inductor), 그리고 커패시터(C, Capacitor)로 구성되는 간단한 직렬 및 병렬회로에서 쉽게 볼 수 있다(그림 1, 2).

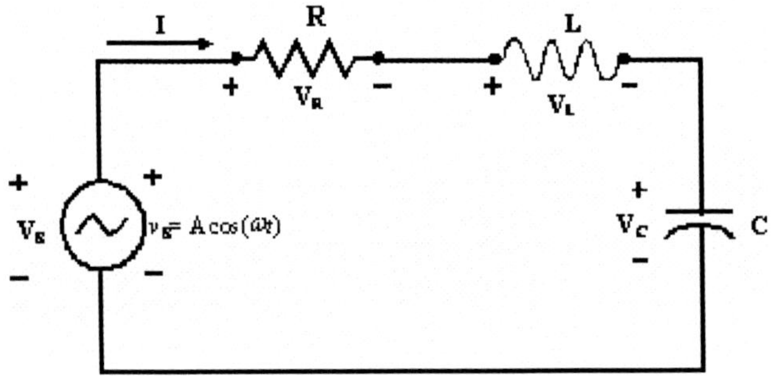

그림 1. RLC 직렬 공진회로

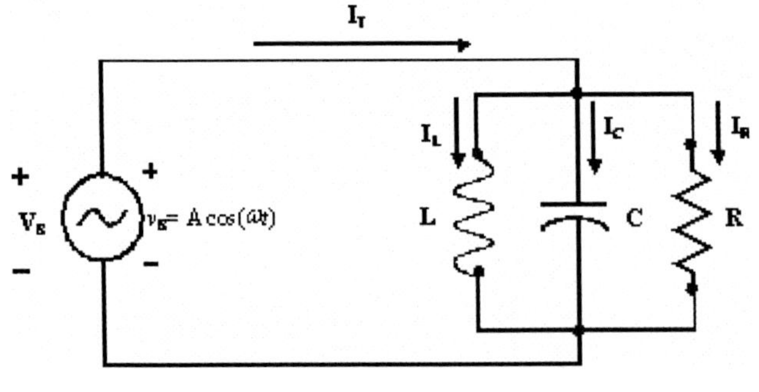

그림 2. RLC 병렬 공진회로

이런 RLC 직병렬 공진회로는 전자회로에서 특정 주파수 성분을 걸러내는데 사용될 수 있으며, 발진회로(oscillator)에서 발진 주파수 성분만 발진되게 하거나 특정 주파수 대역을

걸러내는(filtering) 대역통과 필터(Band Pass Filter) 또는 고주파 동조회로(RF tuned circuits)등에 사용된다.

직렬 공진회로는 공진일 때 회로에 흐르는 전류가 최대로 되며 그 외의 주파수에서는 상대적으로 매우 적은 전류가 흐른다. 이런 특성을 직접 이용하여 특정 주파수의 신호나 특정 주파수 대역을 걸러낼 수 있다.

병렬 공진회로에서는 직렬 공진회로와 반대로 공진일 때 회로에 흐르는 전류가 최소로 되며 그 외의 주파수에서는 상대적으로 매우 많은 전류가 흐른다. 그래서 직렬 공진과 같은 형태로 특정 주파수의 신호를 걸러낼 수 없다. 대신에 이 경우 회로의 임피던스가 공진 주파수에서 최대가 되므로 이를 이용하여 특정 주파수의 신호를 걸러낼 수 있다. RF 통신의 동조회로에 사용되는 증폭기의 전압이득은 출력단의 부하(load impedance)에 비례하는데, LC 병렬 공진회로를 이 부하로 사용하면 공진 주파수에서 임피던스가 최대로 되므로 이 주파수의 신호를 걸러낼 수 있다.

1. 직렬 공진회로

그림 1의 RLC 직렬회로를 해석하여 공진특성을 살펴본다.

이 회로의 전체 임피던스(impedance)는 다음과 같다.

$$Z = R + j\left(\omega L - \frac{1}{\omega C}\right) = \sqrt{R^2 + \left(\omega L - \frac{1}{\omega C}\right)^2}\angle\phi, \quad (1)$$

$$\phi = \tan^{-1}\left(\frac{\omega L - 1/\omega C}{R}\right)$$

그리고 회로에 흐르는 전류 페이저(phasor)는 다음과 같이 주어진다.

$$\mathbf{I} = \frac{\mathbf{V}_s}{Z} = \frac{A\angle 0}{|Z|\angle\phi} = \frac{A}{\sqrt{R^2 + (\omega L - 1/\omega C)^2}}\angle -\phi \quad (2)$$

그래서 회로전체에 흐르는 순시전류(instantaneous current)는 다음과 같다.

$$i(t) = \frac{A}{\sqrt{R^2 + (\omega L - 1/\omega C)^2}}\cos(\omega t - \phi) \quad (3)$$

식 (3)으로부터 회로에 흐르는 전류의 진폭은 어떤 특정 주파수에서 최대가 되고 이로부터 멀어질수록 크게 작아지는 특성을 가진다는 것을 알 수 있다. 이 전류의 진폭이 주파수에 따라 변화되는 모양을 대략적으로 그려보면 그림 3과 같다.

이 전류의 진폭이 최대가 되는 주파수(f_0, resonance frequency)는 식 (3)에서 다음의 조건이 만족될 때이다.

$$\left(\omega L - \frac{1}{\omega C}\right) = 0$$

즉,

$$\omega = \omega_0 = \frac{1}{\sqrt{LC}}$$

또는

$$f = f_0 = \frac{1}{2\pi\sqrt{LC}} \tag{4}$$

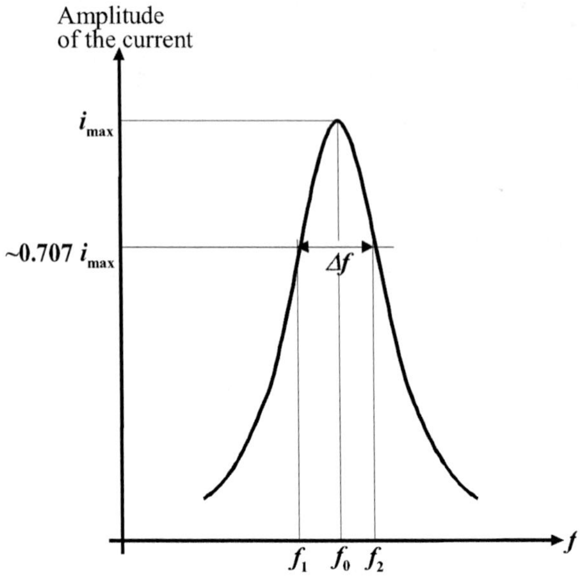

그림 3. RLC 직렬 공진회로의 대략적인 주파수 특성

이 공진 주파수에서 전류의 진폭의 최대값은

$$i_{max} = \frac{A}{R}$$

이고, 이 최대값의 $1/\sqrt{2}$(=~0.707)로 떨어지는 두 주파수의 폭($\Delta f = f_2 - f_1$)을 이 공진회로의 대역폭(bandwidth)라고 한다. 이 대역폭을 구하면 다음과 같다.
ω_1과 ω_2는 다음의 조건을 만족하며,

$$\left.\frac{A}{\sqrt{R^2 + (\omega L - 1/\omega C)^2}}\right|_{\omega=\omega_1,\omega_2} = \frac{1}{\sqrt{2}}\frac{A}{R},$$

그래서

$$\omega_2 - \omega_1 = \frac{\omega_0}{Q_0} = \frac{R}{L}$$

또는

$$\Delta f = f_2 - f_1 = \frac{f_0}{Q_0} = \frac{R}{2\pi L} \tag{5}$$

가 된다. 여기서 Q_0는 이 공진회로의 공진 주파수에서의 quality factor라고 하며 공진특성이 얼마나 날카로운지(sharpness)를 결정한다. 일반적으로 임의의 주파수에서의 quality factor Q는 다음과 같이 정의된다.

$$Q \equiv 2\pi \frac{\text{maximum energy stored}}{\text{total energy lost per period}} = \frac{\omega L}{R}$$

식 (5)에서 Q_0이 크면 클수록 공진특성은 더 날카로워지고 대역폭은 줄어든다는 것을 알 수 있다.

그림 3의 공진특성으로부터 Q_0을 조정하면 이 공진회로에 인가되는 교류신호 중에서 특정 주파수(공진 주파수) 성분만을 걸러낼 수 있고(Q_0을 매우 크게 한 경우), 또는 원하는 주파수 대역($\Delta f = f_2 - f_1$)의 성분을 필터링(filtering) 할 수도 있다.

AM, FM, 그리고 TV 방송의 수신 동조회로(tuning circuits)의 경우 공진회로의 공진 주파수를 원하는 방송채널의 반송파 주파수(carrier frequency)로 맞추고 Q_0을 조정하면 그 방송채널의 신호만이 선택되어 수신될 수 있다.

전류를 구하는 것과 유사한 방법으로 인덕터와 커패시터 양단의 순시전압을 구하면 각각 다음과 같다.

$$v_L(t) = \frac{A \cdot \omega L}{\sqrt{R^2 + (\omega L - 1/\omega C)^2}} \cos\left(\omega t + \frac{\pi}{2} - \phi\right) \tag{6}$$

$$v_C(t) = \frac{A}{\omega C \sqrt{R^2 + (\omega L - 1/\omega C)^2}} \cos\left(\omega t - \frac{\pi}{2} - \phi\right) \tag{7}$$

▪ RLC 직렬 공진회로의 수치적인 예:

그림 1의 RLC 직렬 공신회로에서 저항, 인덕터, 그리고 커패시터의 값들을 각각 다음과 같이 가정한다.

R = 4.7[kΩ]
L = 22[mH]
C = 100[pF]

이 경우 공진 주파수, 대역폭, 그리고 quality factor를 계산하면 다음과 같다.

f_0 = 107.3[kHz]
f_2 = 125.64[kHz]
f_1 = 91.64[kHz]
Δf = 34.00[kHz]
Q_0 = 3.16

그리고 회로전류의 주파수 특성을 그려보면 아래 그래프 1과 같다.

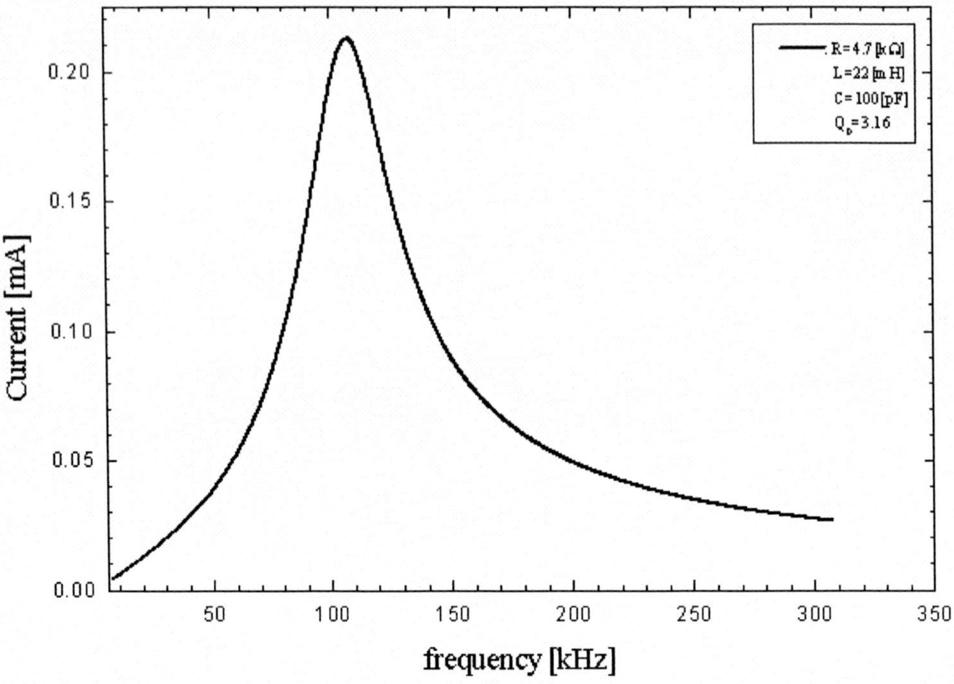

그래프 1. 수치적 예의 회로전류의 주파수 특성

2. 병렬 공진회로

그림 2의 RLC 병렬회로를 해석하여 공진특성을 살펴본다. 저항, 인덕터, 그리고 커패시터에 흐르는 페이저 전류를 구하면,

$$\mathbf{I}_R = \frac{\mathbf{V}_s}{R} = \frac{A\angle 0}{R} = \frac{A}{R}\angle 0$$

$$\mathbf{I}_L = \frac{\mathbf{V}_s}{j\omega L} = \frac{A\angle 0}{j\omega L} = -j\frac{A}{\omega L}$$

$$\mathbf{I}_C = \frac{\mathbf{V}_s}{(1/j\omega C)} = \frac{A\angle 0}{(1/j\omega C)} = j\omega CA$$

으로 주어지고, 페이저 전류에 대해서 KCL(Kirchhoff Current Law)를 적용하여 전체 회로전류를 구하면 다음과 같다.

$$\mathbf{I}_T = \mathbf{I}_R + \mathbf{I}_L + \mathbf{I}_C = A\left\{\frac{1}{R} + j\left(\omega C - \frac{1}{\omega L}\right)\right\} = A\sqrt{\frac{1}{R^2} + \left(\omega C - \frac{1}{\omega L}\right)^2}\angle\varphi, \tag{8}$$

$$\varphi = \tan^{-1}\left(\frac{\omega C - 1/\omega L}{1/R}\right)$$

그리고 회로전체에 흐르는 순시전류는 다음과 같다.

$$i(t) = \mathrm{A}\sqrt{\frac{1}{\mathrm{R}^2} + \left(\omega\mathrm{C} - \frac{1}{\omega\mathrm{L}}\right)^2}\cos(\omega t + \varphi) \tag{9}$$

이 식으로부터 회로에 흐르는 전류의 진폭은 어떤 특정 주파수에서 최소가 되고 이로부터 멀어질수록 커지는 특성을 가진다는 것을 알 수 있다. 이 전류의 진폭이 최소가 되는 주파수(f_0, resonance frequency)는 식 (9)에서 다음의 조건이 만족될 때이다.

$$\left(\omega\mathrm{C} - \frac{1}{\omega\mathrm{L}}\right) = 0$$

즉,

$$\omega = \omega_0 = \frac{1}{\sqrt{\mathrm{LC}}}$$

또는

$$f = f_0 = \frac{1}{2\pi\sqrt{\mathrm{LC}}} \tag{10}$$

이 공진 주파수에서 전류 진폭의 최소값은

$$i_{\mathrm{min}} = \frac{\mathrm{A}}{\mathrm{R}}$$

이고, 이 전류의 진폭이 주파수에 따라 변화되는 모양을 대략적으로 그려보면 그림 4(a)와 같다.

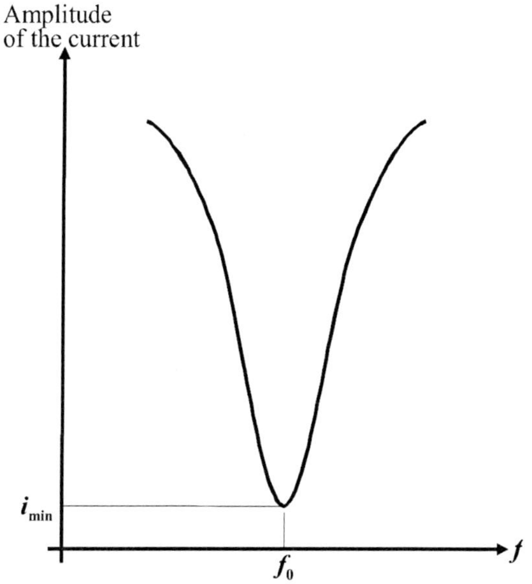

그림 4(a). RLC 병렬 공진회로의 대략적인 주파수 특성: 회로 전류

그리고 이 회로의 전체 임피던스는

$$Z = \frac{\mathbf{V}_s}{\mathbf{I}_T} = \frac{A\angle 0}{A\sqrt{\frac{1}{R^2}+\left(\omega C - \frac{1}{\omega L}\right)^2}\angle\varphi} = \frac{1}{\sqrt{\frac{1}{R^2}+\left(\omega C - \frac{1}{\omega L}\right)^2}}\angle -\varphi \tag{11}$$

로 주어지며, 이의 크기는 공진 주파수에서 최대가 되고 이로부터 멀어질수록 크게 작아진다. 이 임피던스가 주파수에 따라 변화되는 모양을 대략적으로 그려보면 그림 4(b)와 같다.

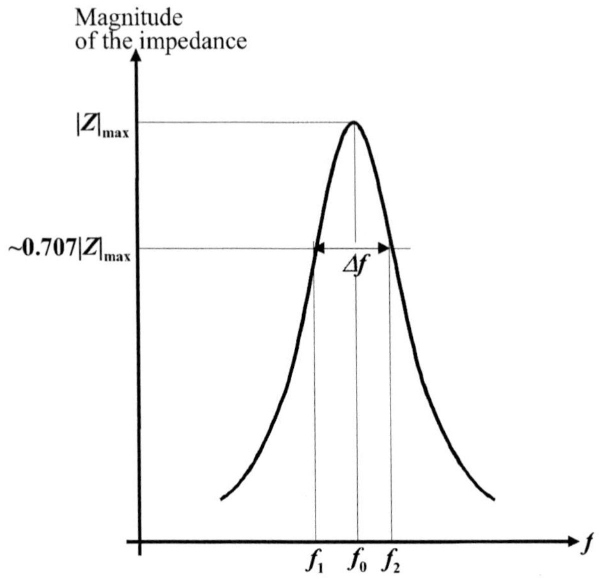

그림 4(b). RLC 병렬 공진회로의 대략적인 주파수 특성: 임피던스

이 임피던스의 최대 값은 공진 주파수에서

$$|Z| = R$$

이고, 이 공진회로의 대역폭을 구하면 다음과 같다.

$$\left.\frac{1}{\sqrt{\frac{1}{R^2}+\left(\omega C - \frac{1}{\omega L}\right)^2}}\right|_{\omega=\omega_1,\omega_2} = \frac{1}{\sqrt{2}}R,$$

을 만족하는 ω_1, ω_2로부터

$$\omega_2 - \omega_1 = \frac{\omega_0}{Q_0} = \frac{1}{RC},$$

즉,

$$\Delta f = f_2 - f_1 = \frac{f_0}{Q_0} = \frac{1}{2\pi RC} \tag{12}$$

여기서 Q_0는 이 공진회로의 공진 주파수에서의 quality factor로서 다음과 같이 주어진다.

$$Q_0 = \omega_0 RC$$

식 (12)에서 Q_0이 크면 클수록 공진특성은 더 날카로워지고 대역폭은 더 좁아진다는 것을 알 수 있다.

이 병렬 공진회로가 특정 주파수(공진 주파수) 성분만을 선택하는데 사용되는 대표적인 예는 RF 증폭기 출력단의 LC 동조회로(LC tuned circuit)이다. 일반적으로 RF 증폭기의 전압이득은 출력 단의 부하 임피던스에 직접 비례하는데, 이 병렬 공진회로를 부하로 사용하면 공진 주파수에서 아주 큰 임피던스를 가지므로 특정 주파수 성분의 신호만을 동조시킬 수 있다(그림 5).

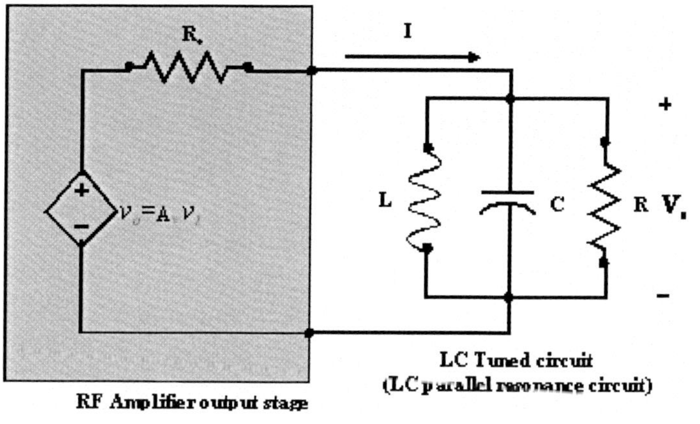

그림 5(a). LC RF 동조회로: 등가회로

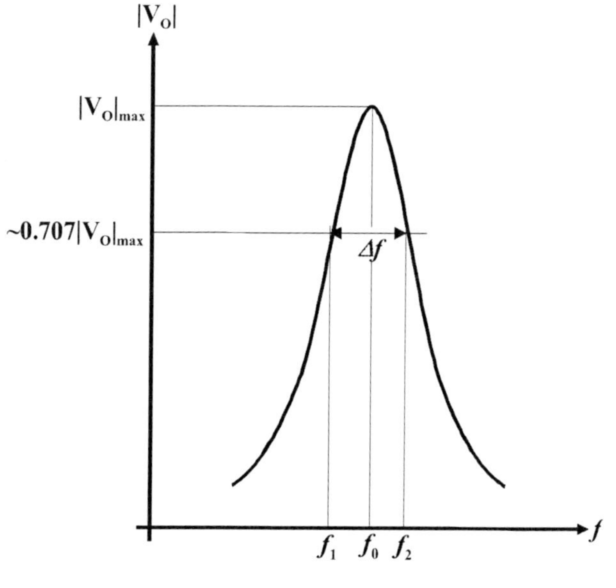

그림 5(b). LC RF 동조회로: 주파수 특성

■ RLC 병렬 공진회로의 수치적인 예:

그림 2의 RLC 병렬 공진회로에서 저항, 인덕터, 그리고 커패시터의 값들을 각각 다음과 같이 가정한다.

$$R = 50[k\Omega]$$
$$L = 22[mH]$$
$$C = 100[pF]$$

이 경우 공진 주파수, 대역폭, 그리고 quality factor을 계산하면 다음과 같다.

$$f_0 = 107.3[kHz]$$
$$f_2 = 124.39[kHz]$$
$$f_1 = 92.56[kHz]$$
$$\Delta f = 31.83[kHz]$$
$$Q_0 = 3.37$$

그리고 임피던스의 주파수 특성을 그려보면 아래 그래프와 같다.

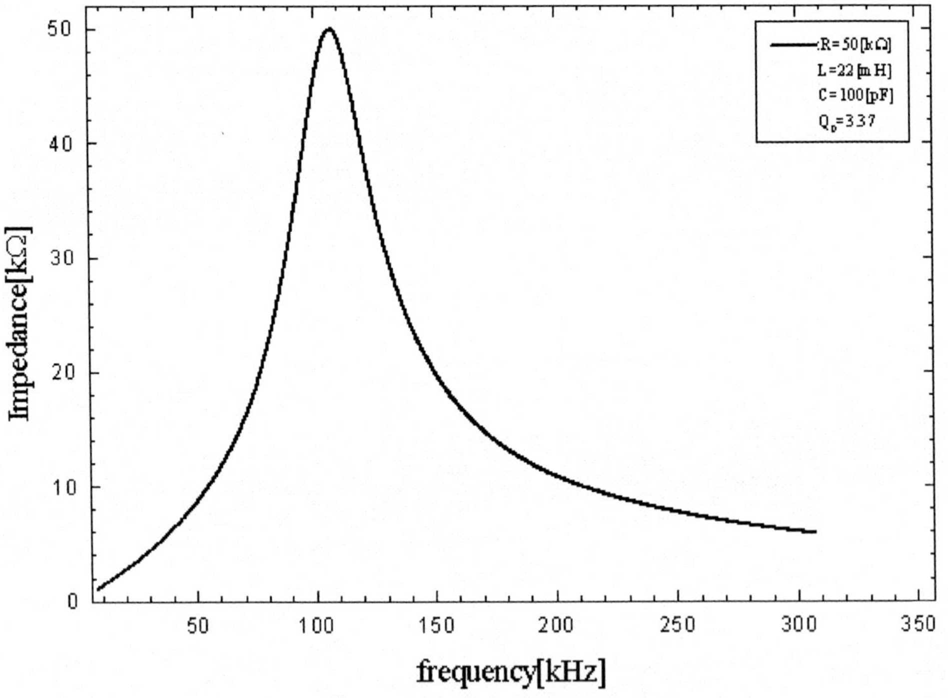

그래프 2. 수치적 예의 임피던스의 주파수 특성

IV. 실험 순서

실험 1. RLC 직렬 공진회로 측정 실험

다음의 회로(실험회로 1)를 구성하고 교류 전압원으로 함수발생기의 출력을 이용하며 모든 출력 주파수에 대해서 진폭을 1.0[V](DC offset=0)가 되도록 한다. 이렇게 하면 이 회로에서 전압원의 진폭 A =1로 맞춘 것이 된다.

오실로스코우프로 저항 R=4.7[kΩ] 양단전압의 진폭을 측정하고, 그 값을 저항값으로 나누면 이 저항에 흐르는 전류 즉, 전체 회로전류의 진폭을 측정할 수 있다.

함수발생기의 출력 주파수를 50[kHz]~300[kHz] 범위에서 적절한 간격으로 변화시켜가면서 그래프 1과 같은 전류 특성곡선과 공진 주파수 f_0, f_1, f_2, 그리고 대역폭(Δf)을 측정하시오.

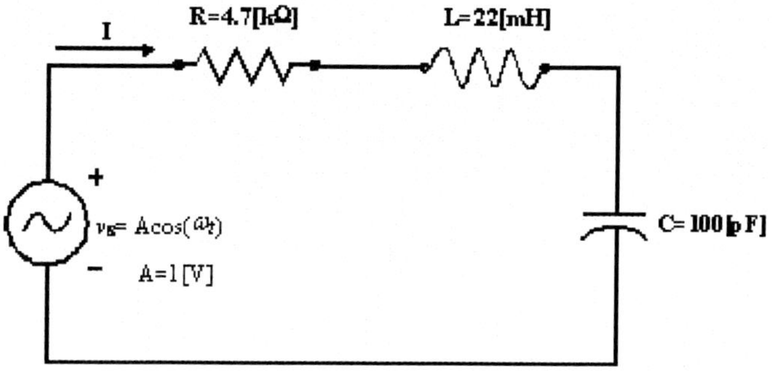

실험회로 1. RLC 직렬 공진특성을 측정하기 위한 회로

실험 2. RLC 병렬 공진회로 측정 실험

다음의 회로(실험회로 2)를 구성하고 교류 전압원으로 함수발생기의 출력을 이용하며 모든 출력 주파수에 대해서 진폭을 1.0[V](DC offset=0)로 한다.

오실로스코우프로 저항 R_0 양단전압의 진폭을 측정하고, 그 값을 저항값으로 나누면 이 저항에 흐르는 전류의 진폭을 측정할 수 있는데, R_0가 RLC 병렬 공진회로의 임피던스에 비해서 충분히 작다면, 이 전류는 근사적으로 그림 2의 RLC 병렬 공진회로의 전체 전류가 된다. 이 전류진폭의 역수는 식 (9)와 (11)로부터 이 병렬 공진회로의 전체 임피던스의 크기와 같다(A =1).

함수발생기의 출력 주파수를 50[kHz]~300[kHz] 범위에서 적절한 간격으로 변화시켜가면서 그래프 2와 같은 임피던스 특성곡선과 공진 주파수 f_0, f_1, f_2, 그리고 대역폭(Δf)을 측정하시오.

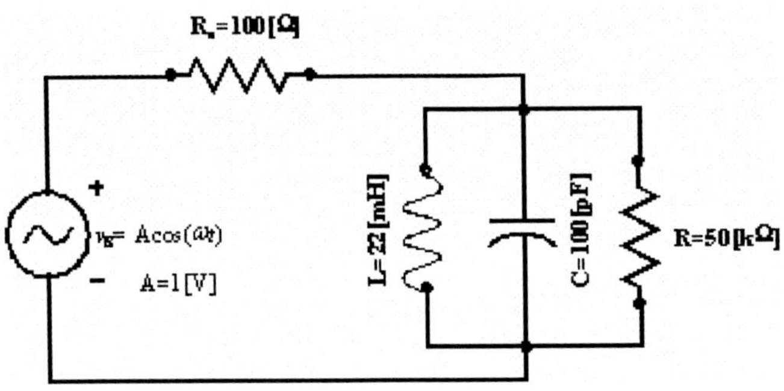

실험회로 2. RLC 병렬 공진특성을 측정하기 위한 회로

V. 실험결과 보고서

실험 제목			
실험 조		성 명 (학 번)	성적 등급
		( )	
	실험 조원	( )	
		( )	

1. 실험결과 보고사항

(1) RLC 직렬 공진특성 측정

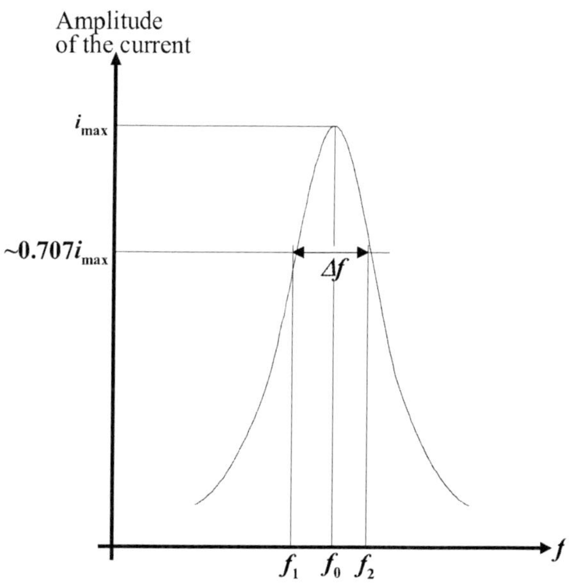

그래프 1. 전류의 주파수 특성 측정

표 1. 중요 특성 파라메터 측정

실험 parameters	공진 주파수 (f_0 [kHz])	대역폭(bandwidth)			Quality factor (Q_0)
		f_2 [kHz]	f_1 [kHz]	$\Delta f(=f_2-f_1)$ [kHz]	
측정 값					
계산 값	**107.3**	**125.64**	**91.64**	**34.00**	**3.16**

(2) RLC 병렬 공진특성 측정

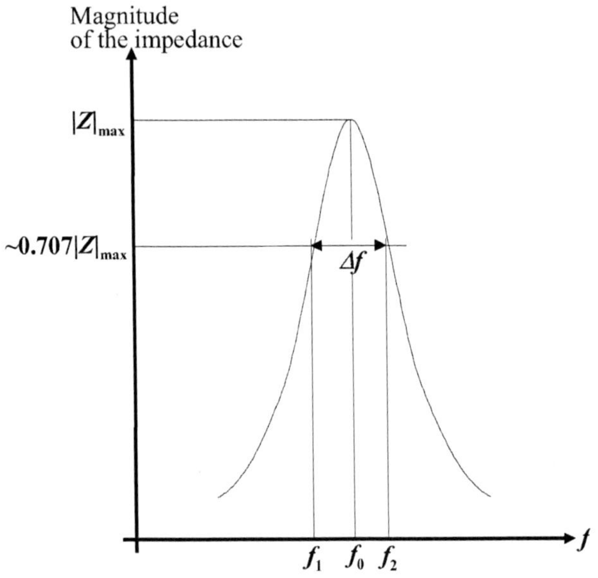

그래프 2. 임피던스의 주파수 특성 측정

표 2. 중요 특성 파라메터 측정

실험 parameters	공진 주파수 (f_0 [kHz])	대역폭(bandwidth)			Quality factor (Q_0)
		f_2 [kHz]	f_1 [kHz]	$\Delta f(=f_2-f_1)$ [kHz]	
측정 값					
계산 값	**107.3**	**124.39**	**92.56**	**31.83**	**3.37**

2. 실험결과 고찰사항:

(1) RLC 직렬 및 병렬 공진특성 실험에서 측정값이 계산 값과 오차가 많이 나는 경우 그 이유에 대해서 토론하시오.

제8장 저역 및 고역 통과필터(Low Pass Filter and High Pass Filter)

I. 실험목적

1. RC 저역 및 고역 통과필터의 특성실험을 통해서 필터의 개념을 이해한다.

II. 실험 준비물

1. 디지털 오실로스코우프(Digital Oscilloscope): 1대
2. 함수발생기(Function Generator): 1대
3. 탄소저항, 필름 커패시터: 1.0[kΩ] 1개, 2[nF] 1개

III. 관련 이론

필터(filter)는 여러 주파수 성분이 포함된 전기적 신호에서 특정 주파수 성분 또는 특정 주파수 영역의 성분을 걸러내거나 차단하는 전자회로이다.

필터의 이런 특성은 각종 통신회로에서 특정 주파수의 신호성분을 분리하거나 차단하는데 사용된다. RLC 직렬 및 병렬 공진회로도 일종의 필터로 볼 수 있으며 공진 주파수를 중심으로 대역폭내의 주파수 성분을 분리해내는데 사용될 수 있다. 그 외에 간단한 RC 및 RL 직렬회로는 저주파 성분 또는 고주파 성분만을 통과시키는 필터회로로 사용될 수 있다.

필터의 특성은 주파수 영역에서의 출력신호 대 입력신호의 비(ratio) 즉, 주파수 특성으로 결정되는데, 입력 신호성분 중에서 낮은 주파수 영역의 성분만 출력으로 나타나는 저역 통과 필터(Low Pass Filter), 높은 주파수 영역의 성분만 출력으로 나타나는 고역 통과필터(High Pass Filter), 그리고 어떤 영역내의 주파수 성분을 통과시키는 대역 통과필터(Band Pass Filter)등이 있으며, 이 외에도 특정 대역내의 주파수 성분만 통과시키지 않고 그 외의 다른 성분은 통과시키는 대역 차단필터(Band Rejection Filter or Band Stop Filter)가 있으며 특별히 차단 영역이 매우 좁은 대역 차단필터를 notch filter라고 한다.

각종 필터들의 주파수 특성은 그림 1과 같다.

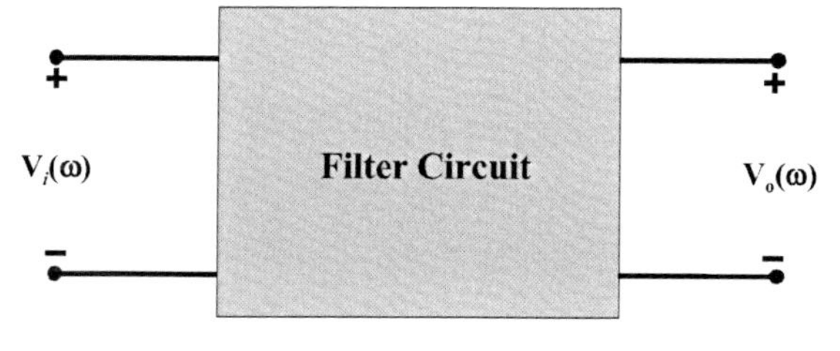

그림 1(a): 필터 회로의 등가 4 단자망(주파수 영역)

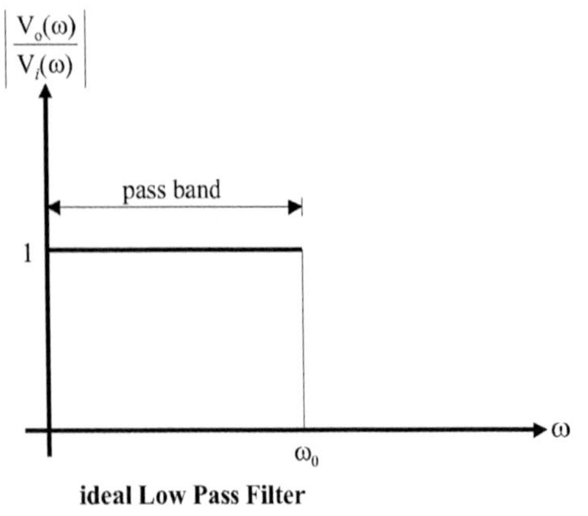

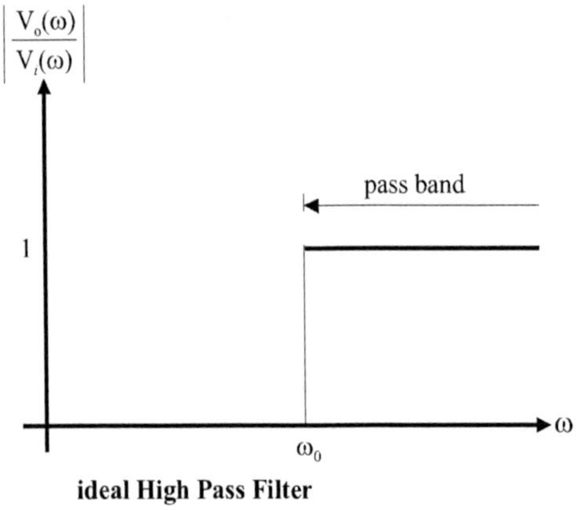

그림 1(b): 이상적인 저역 및 고역 통과필터의 주파수 특성

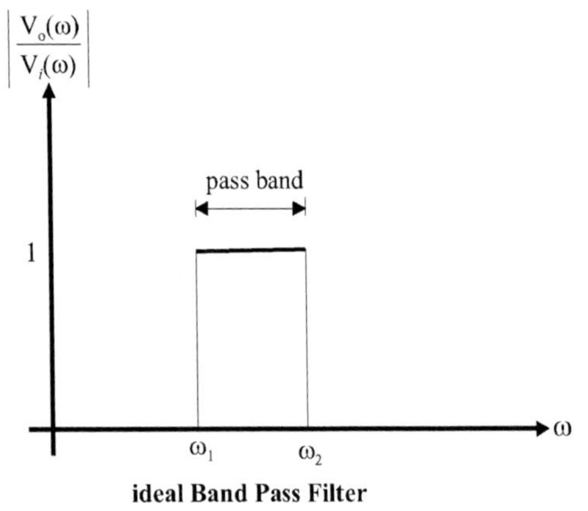

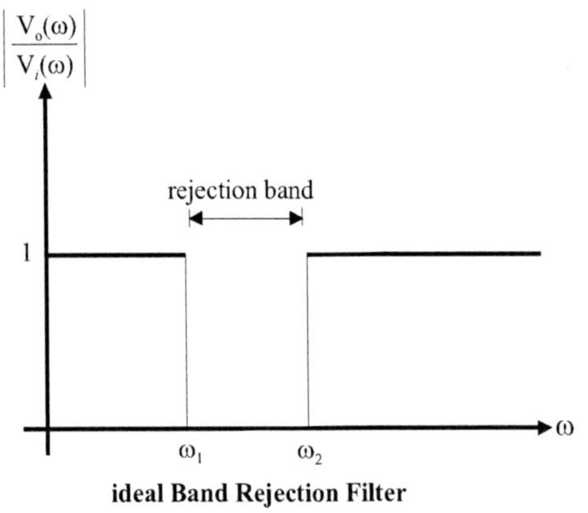

그림 1(c): 이상적인 대역통과 및 차단필터의 주파수 특성

간단한 저역 및 고역 통과필터의 예는 다음의 RC 직렬회로이다.

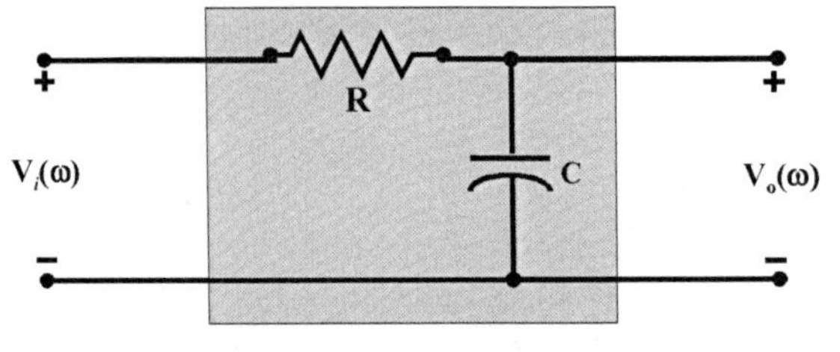

RC Low Pass Filter

그림 2(a): RC 저역통과 필터회로

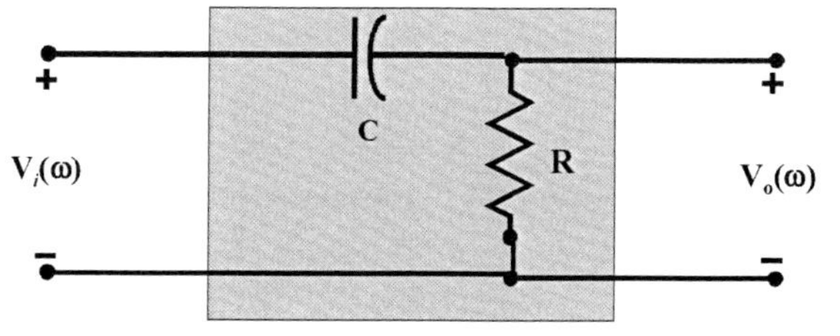

RC High Pass Filter

그림 2(b): RC 고역통과 필터회로

이 필터들의 주파수 특성을 대략적으로 그려보면 다음과 같다.

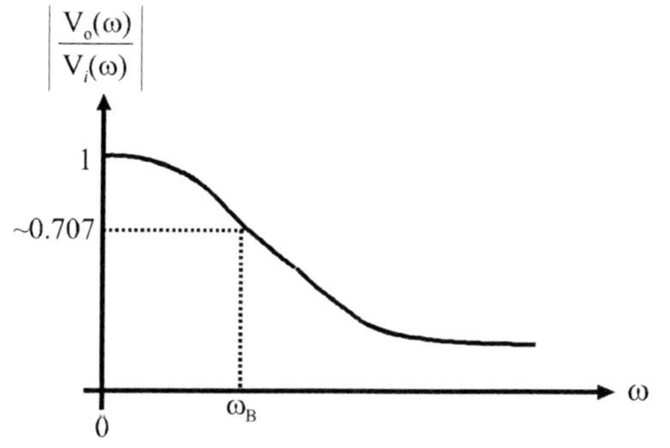

RC Low Pass Filter characteristics

그림 3(a). RC 저역통과 필터의 주파수 특성

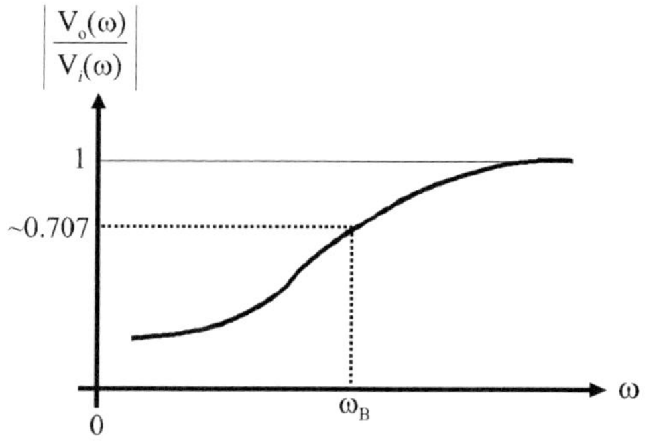

RC High Pass Filter characteristics

그림 3(b). RC 고역통과 필터의 주파수 특성

1. RC 저역 통과필터

그림 2(a)의 RC 저역통과 필터의 특성을 살펴본다.

이 필터의 특성을 알아보기 위해서 그림 2(a)의 회로를 해석한다. 회로해석을 위해서 이 회로를 다시 그리면 그림 4와 같다.

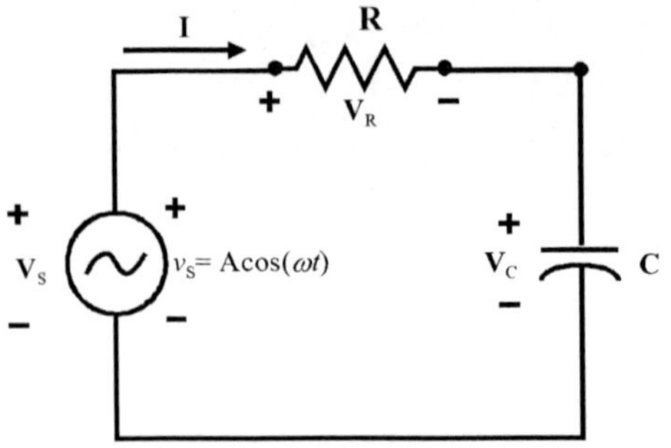

그림 4. RC 저역통과 필터 회로해석을 위한 회로도

이 회로의 전체 임피던스(impedance)를 구하면

$$Z = R - j\frac{1}{\omega C} = \sqrt{R^2 + \left(\frac{1}{\omega C}\right)^2}\angle -\phi, \tag{1}$$

$$\phi = \tan^{-1}\left(\frac{1}{\omega RC}\right)$$

이고 회로에 흐르는 전류 페이저(phasor)는 다음과 같다.

$$\mathbf{I} = \frac{\mathbf{V}_S}{Z} = \frac{A\angle 0}{|Z|\angle -\phi} = \frac{A}{\sqrt{R^2 + (1/\omega C)^2}}\angle\phi \tag{2}$$

그리고 커패시터 양단의 전압 페이저는 다음과 같다.

$$\mathbf{V}_C = Z_C \cdot \mathbf{I} = -j\frac{1}{\omega C}\mathbf{I} = \frac{A}{\sqrt{1+(\omega RC)^2}}\angle(\phi - \pi/2) \tag{3}$$

그래서 이 저역통과 필터회로의 주파수 특성은 다음과 같이 주어진다.

$$\left|\frac{V_o(\omega)}{V_i(\omega)}\right| = \left|\frac{\mathbf{V}_C}{\mathbf{V}_S}\right| = \frac{1}{\sqrt{1+(\omega RC)^2}} \tag{4}$$

그림 3(a)의 주파수 특성 곡선에서 주파수 영역의 출력 전압과 입력 전압의 비의 크기가 $1/\sqrt{2}$(=~0.707)로 떨어지는 주파수(ω_B)를 이 필터의 대역폭(bandwidth)이라고 한다. 식 (4)로부터 대역폭을 구해보면 다음과 같다.

$$\left.\frac{1}{\sqrt{1+(\omega RC)^2}}\right|_{\omega=\omega_B} = \frac{1}{\sqrt{2}}$$

즉,

$$\omega_B = \frac{1}{RC} \tag{5}$$

■ **RC 저역통과 필터의 수치적인 예**

그림 2(a)의 회로에서 저항과 커패시터의 값들을 각각 다음과 같이 가정한다.

$$R = 1.0[k\Omega]$$

$$C = 2[nF]$$

이 경우 대역폭을 계산하면 다음과 같다.

$$f_B = 79.6[kHz]$$

그리고 이 필터의 주파수 특성을 그려보면 아래 그래프와 같다.

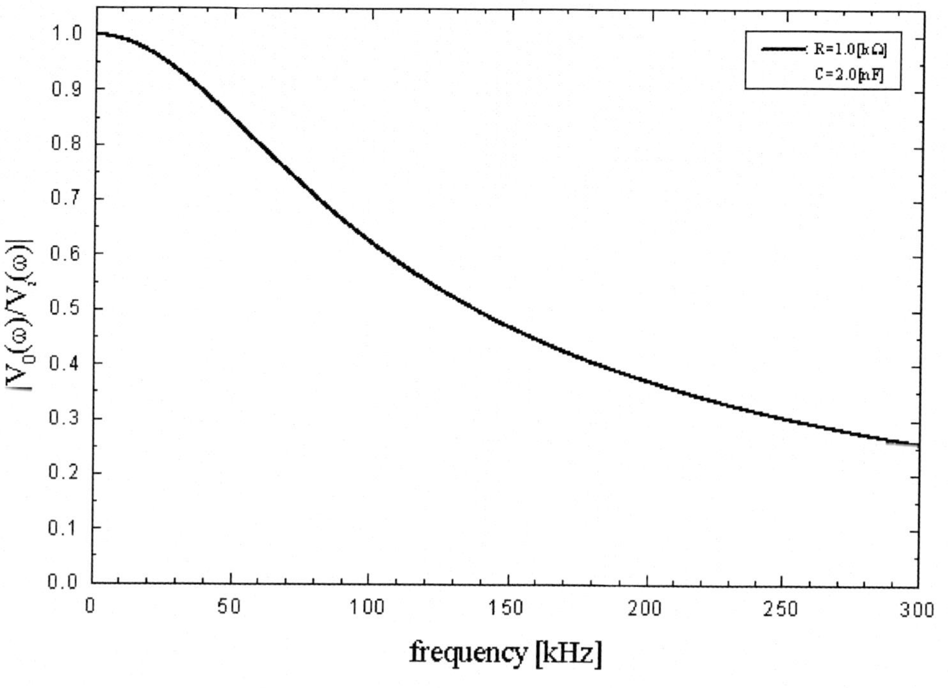

그래프 1. 수치적 예의 주파수 특성

■ 적분회로로서의 **RC** 저역통과 필터

그림 4의 RC 저역통과 필터회로는 어떤 경우에 출력전압이 입력전압의 적분에 비례하는 적분회로로서 동작될 수 있다.

이런 경우를 살펴보기 위해서 이 회로를 시간영역에서 해석을 한다. 그림 4의 회로에 대해서 Kirchhoff's Voltage Law를 적용하여,

$$v_s(t) = \mathrm{R}\cdot i(t) + v_C(t) = \mathrm{R}\cdot i(t) + v_o(t)$$

을 얻고, 커패시터 양단의 전압과 전류사이의 관계식을 이용하면 출력전압에 대한 다음의 미분방정식을 얻을 수 있다.

$$\frac{dv_o(t)}{dt} + \frac{1}{\mathrm{RC}}v_o(t) = \frac{1}{\mathrm{RC}}v_s(t)$$

커패시터 양단전압(출력전압)이 t=0 이전에 0[V]라고 가정하면, t=0 이후의 이 미분방정식의 해는 다음과 같이 주어진다.

$$v_o(t) = \frac{1}{\mathrm{RC}}e^{-\frac{1}{\mathrm{RC}}t}\cdot\int_0^t e^{\frac{1}{\mathrm{RC}}t'}\cdot v_s(t')dt'$$

만일 입력전압($v_s(t)$)가 상수이면($v_s(t)$=C_0), 이 해의 적분은 다음과 같이 된다.

$$v_o(t) = \mathrm{C}_0\left\{1 - e^{-\frac{1}{\mathrm{RC}}t}\right\} \cong \mathrm{C}_0\left\{\frac{1}{\mathrm{RC}}t - \frac{1}{2}\left(\frac{1}{\mathrm{RC}}t\right)^2 + \frac{1}{6}\left(\frac{1}{\mathrm{RC}}t\right)^3 + \cdots\right\}$$

시정수(τ=RC)가 값을 구하고자 하는 시간 t에 충분히 크면, 이 해는 근사적으로 다음과 같이 된다.

$$v_o(t) \cong \frac{\mathrm{C}_0}{\mathrm{RC}}t = \frac{1}{\mathrm{RC}}\int_0^t v_s(t')dt'$$

그래서 시정수를 충분히 크게 하면, 이에 비해서 매우 작은 시간영역에서는 출력전압이 입력전압의 적분에 비례하는 식으로 주어진다. 즉, 이 회로가 적분회로의 역할을 할 수 있다.

입력전압이 그림과 같은 구형파(rectangular wave)이고, 이 회로의 시정수(τ=RC)가 이 구형파의 주기 T에 비해서 충분히 큰 경우, 처음 한 주기에 대해서 이 회로의 출력전압(커패시터 양단의 전압)을 구해보면 다음과 같다.

$$v_o(t) \cong \begin{cases} \dfrac{\mathrm{C}_0}{\mathrm{RC}}t = \dfrac{1}{\mathrm{RC}}\displaystyle\int_0^t v_s(t')dt' : \ 0 < t < \dfrac{\mathrm{T}}{2} \\ -\dfrac{\mathrm{C}_0}{\mathrm{RC}}t + \dfrac{\mathrm{C}_0\mathrm{T}}{\mathrm{RC}} = \dfrac{1}{\mathrm{RC}}\displaystyle\int_{\mathrm{T}/2}^t v_s(t')dt' + v_s(\mathrm{T}/2) : \ \dfrac{\mathrm{T}}{2} < t < \mathrm{T} \end{cases}$$

그래서 전체 출력파형은 그림 5처럼 근사적으로 입력파형의 적분인 삼각파(triangular wave)가 된다.

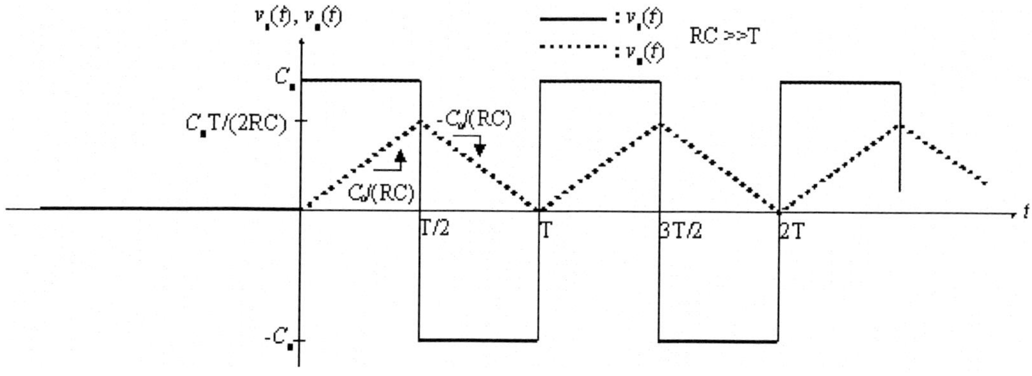

그림 5. 구형파 입력($v_s(t)$)일 때 RC 저역통과 필터회로의 출력파형($v_o(t)$)

2. RC 고역 통과필터

RC 저역 통과필터의 경우와 유사한 방법으로 그림 2(b)의 회로에 대해서 주파수 특성을 구하면 다음과 같다.

$$\left|\frac{\mathrm{V_o}(\omega)}{\mathrm{V}_i(\omega)}\right| = \left|\frac{\mathbf{V}_\mathrm{R}}{\mathbf{V}_\mathrm{S}}\right| = \frac{\omega \mathrm{RC}}{\sqrt{1+(\omega \mathrm{RC})^2}} \tag{6}$$

즉,

$$\omega_\mathrm{B} = \frac{1}{\mathrm{RC}} \tag{7}$$

■ **RC 고역 통과필터의 수치적인 예**

그림 2(b)의 회로에서 저항과 커패시터의 값들을 각각 다음과 같이 가정한다.

R = 1.0[kΩ],
C = 2[nF]

이 경우 f_B를 계산하면 다음과 같다.

f_B = 79.62[kHz]

그리고 이 필터의 주파수 특성을 그려보면 그래프 2와 같다.

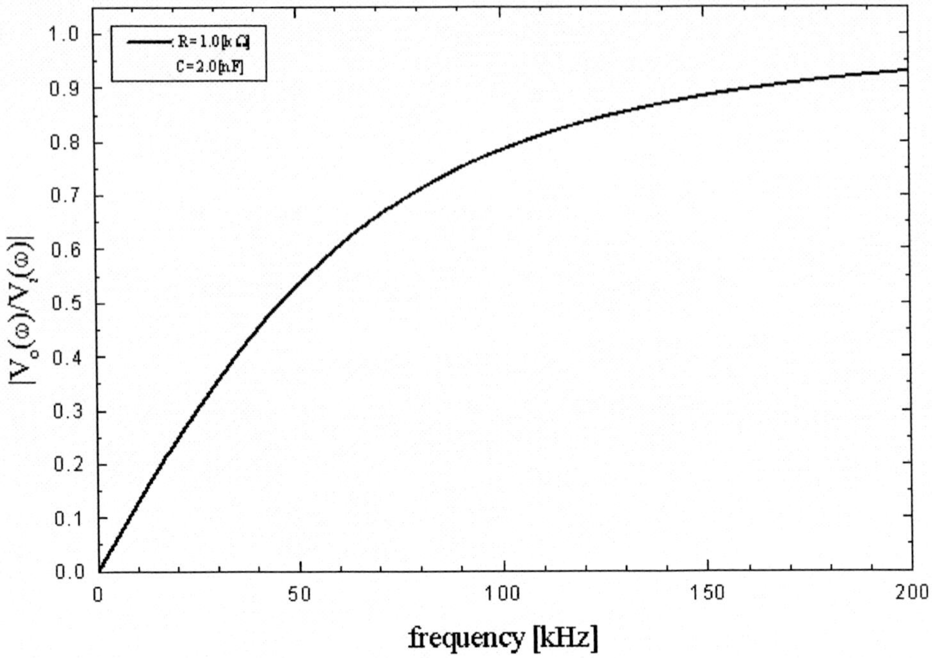

그래프 2. 수치적 예의 주파수 특성

■ **미분회로로서의 RC 고역 통과필터**

그림 4에서 저항 양단전압을 출력전압으로 하면 RC 고역통과 필터회로가 되는데, 어떤 경우에 이 출력전압이 입력전압의 미분에 비례하는 미분회로로서 동작될 수도 있다.

적분회로로서의 RC 저역통과 필터회로의 경우와 유사하게 회로해석을 해서 출력전압을 구하면 다음과 같다.

$$v_o(t) = \mathrm{RC}\cdot\frac{dv_s(t)}{dt} - \mathrm{RC}\cdot e^{-\frac{1}{\mathrm{RC}}(t-t_0)}\cdot\left.\frac{dv_s(t)}{dt}\right|_{t=t_0} - \mathrm{RC}\cdot e^{-\frac{1}{\mathrm{RC}}t}\cdot\int_0^t e^{\frac{1}{\mathrm{RC}}t'}\cdot\left\{\frac{d^2v_s(t')}{dt'^2}\right\}dt'$$

$$+e^{-\frac{1}{\mathrm{RC}}(t-t_0)}\cdot v_o(t_0)$$

여기서 t_0는 임의의 초기시간이고 t는 출력전압 값을 구하고자 하는 시간이다.

입력전압이 그림과 같은 구형파이고 초기값에 대해서 다음과 같이 가정하고

$$\left.\frac{dv_s(t)}{dt}\right|_{t=t_0} \cong 0$$

$$v_o(t_0) \cong 0,$$

이 구형파에 대해서 다음의 근사가 성립한다고 가정하면.

$$\frac{dv_s(t)}{dt} >> e^{-\frac{1}{\mathrm{RC}}t} \cdot \int_0^t e^{\frac{1}{\mathrm{RC}}t'} \cdot \left\{ \frac{d^2 v_s(t')}{dt'^2} \right\} dt',$$

출력전압은 근사적으로 다음과 같이 주어진다.

$$v_o(t) \cong \mathrm{RC}\frac{dv_s(t)}{dt}$$

그래서 이 경우 RC 고역통과 필터회로는 미분회로로 볼 수 있다. 그 출력파형의 대략적인 형태를 그려보면 그림 6과 같다.

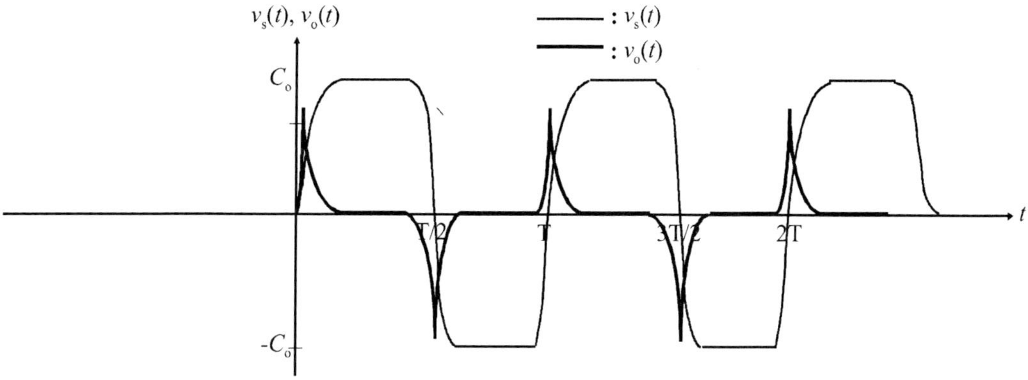

그림 6. 구형파 입력($v_s(t)$)일 때 RC 고역통과 필터회로의 출력파형($v_o(t)$)

IV. 실험 순서

실험 1. RC 저역 통과필터 특성 실험

다음의 회로(실험회로 1)를 구성하고 교류 전압원으로 함수발생기의 출력을 이용하며 모든 출력 주파수에 대해서 진폭을 5.0[V](DC offset=0)가 되도록 한다. 이렇게 하면 실험회로 1에서 전압원의 진폭을 A =5로 맞춘 것이 된다.

전압원의 주파수를 어떤 한 값으로 조정한 후 오실로스코우프로 커패시터 양단전압의 진폭을 측정하고, 그 값을 전압원의 진폭 A=5로 나누면 이 주파수에서의 이 필터의 출력 전압과 입력 전압의 비(ratio) 즉, 주파수 특성이 된다. 이런 방식으로 함수발생기의 출력 주파수를 50[kHz]~300[kHz] 범위에서 10[kHz] 간격으로 변화시켜가면서 그래프 1과 같은 주파수 특성곡선과 대역폭(f_B)을 측정하시오.

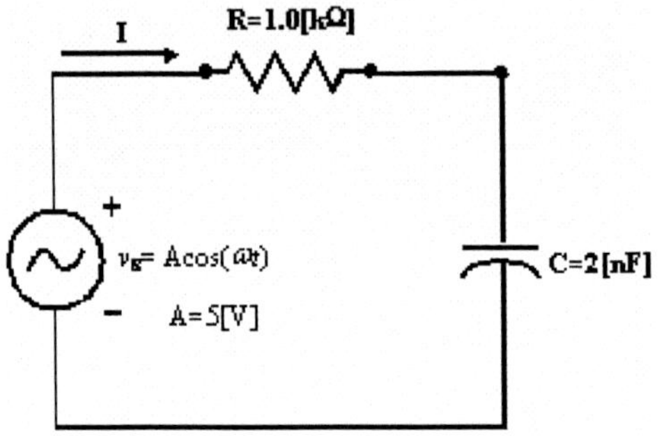

실험회로 1. RC 저역 및 고역 통과필터 특성을 측정하기 위한 회로

실험 2. RC 고역 통과필터 특성 실험

실험 1과 동일한 회로와 상태에서 출력 전압을 커패시터 양단전압 대신에 저항 양단의 전압을 측정하여 고역통과 필터의 주파수 특성곡선과 f_B을 측정하시오.

V. 실험결과 보고서

실험 제목			
실험 조		성 명 (학 번)	성적 등급
		( )	
	실험 조원	( )	
		( )	

1. 실험결과 보고사항

(1) RC 저역 통과필터 특성 측정

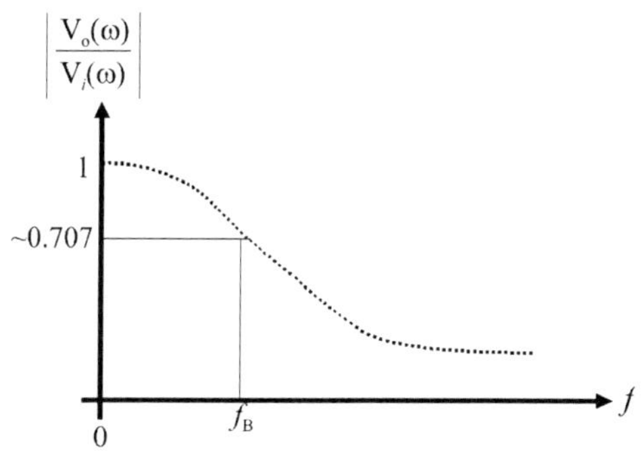

그래프 1. 저역 통과필터 주파수특성 측정

(2) RC 고역 통과필터 특성 측정

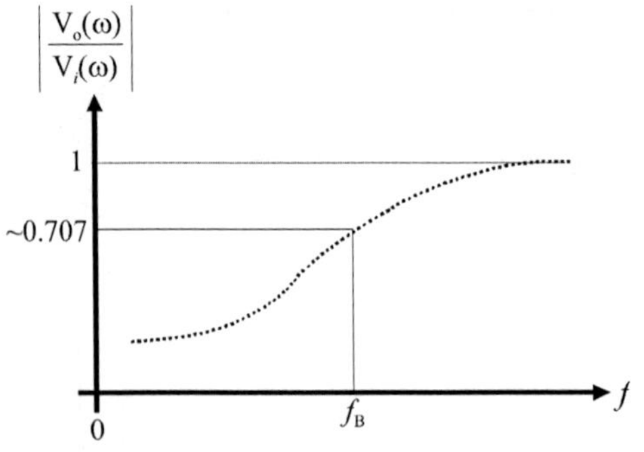

그래프 2. 고역 통과필터 주파수특성 측정

2. 실험결과 고찰사항:

제9장 진폭 변조 및 복조(Amplitude Modulation and Demodulation)

I. 실험목적

1. 진폭변조의 특성과 복조방법을 실험을 통해서 이해한다.

II. 실험 준비물

1. 디지털 오실로스코우프(Digital Oscilloscope): 1대
2. 함수발생기(Function Generator): 2대
3. 다이오드: 1N4004 5개
4. 저항: 56[kΩ](탄소저항) 2개, 10[kΩ] 가변저항 3개
5. 커패시터: 100[pF](세라믹) 2개, 2[nF](필름) 1개
6. 인덕터: 22[mH] 2개

III. 관련 이론

1. 변조의 개념

현재의 통신 시스템은 보내고자 하는 정보신호를 먼저 전기적 신호(또는 전자기파)로 변환한 후 전송로를 통해서 수신장치에 전송하며, 수신장치에서는 반대로 전송되어온 전기적 신호(또는 전자기파)를 원래의 정보신호로 변환하여 수신한다.

이런 통신 시스템에서 원래의 정보신호를 전송로를 통해서 가능하면 손상이나 왜곡됨이 없이 수신장치까지 전송시키기 위해서 변조를 하는데 그 구체적인 이유는 다음과 같다.

(1) 전파를 통해서 정보신호를 전송하는 경우(무선통신), 기술적으로 실제 구현 가능한 안테나로 정보신호를 송수신하기 위해서 변조를 한다.

예를 들어, f = 1[kHz]의 음성신호를 송신하는 경우, 이 신호를 전자기파 형태로 변환했을 때 파장을 계산해보면,

$$\lambda = \frac{c}{f} = \frac{3.0\times10^{8}[\mathrm{m/s}]}{1.0\times10^{3}[\mathrm{Hz}]} = 300[\mathrm{km}]$$

이고, 안테나는 그 크기가 대략적으로 복사하고자 하는 전자기파 파장의 1/10 이상은 되어야 하므로, 이 신호를 송신하는데 필요한 안테나 크기는

$$l \ge \frac{1}{10}\lambda = 30[\mathrm{km}]$$

이다. 이 정도 크기의 안테나를 제작한다는 것은 공학적으로 매우 힘들며, 제작한다고 해도 이의 유지 및 관리가 현실적으로 매우 힘들 것이다.

이를 해결하는 방법으로 1[kHz] 신호의 주파수를 높은 주파수로 이동시킨다. 예를 들어, 96.5[MHz] 주위로 이동시키는 경우, 이 주파수의 전자기파를 복사하는데 필요한 안테나의 대략적인 크기를 계산하면,

$$l \ge 31.1[\mathrm{cm}]$$

이며, 이 정도 크기의 안테나는 충분히 제작 가능하며 차량에 장착할 수도 있을 것이다. 변조를 하면 이렇게 높은 주파수로 신호를 이동시킬 수 있으며, 오디오 신호를 FM 변조를 통

하여 96.5[MHz] 주위로 이동시킨 것이 현재 상업용 MBC FM 라디오 방송이다.

현재 KTF와 LG Telecom 휴대폰에서 사용하고 있는 주파수인 1.8[GHz]인 경우, 이에 대한 복사 안테나의 대략적인 크기를 계산해보면,

$$l \geq 1.67[\mathrm{cm}]$$

이고, 이 정도 크기의 안테나는 휴대폰 장치 내부에 장착할 수도 있을 것이다. 휴대폰 통신은 여러 가지 신호처리와 변조를 통하여 음성신호, 문자, 그리고 영상신호를 1.8[GHz] 주위의 높은 주파수로 신호를 이동시킨 것이다.

(2) 변조를 이용하면 여러 개의 서로 다른 신호를 동시에 전송하는 다중화(multiplexing)가 가능하다. 동일하거나 유사한 주파수 대역을 점유하는 서로 다른 여러 개의 신호를 변조에 의해서 각각 서로 다른 높은 주파수 영역으로 이동시켜서 전송하면, 서로 다른 주파수 영역에서 전송되기 때문에 동시에 전송하여도 서로 혼신(cross talking)이 되지 않는다.

(3) 변조를 하면 전송하는 과정에서 외부의 잡음이나 간섭의 영향을 줄일 수 있다. 가끔 기상 상태가 좋지 않는 경우, AM 라디오 방송은 수신이 불량하지만 FM 라디오 방송은 수신이 양호한 경우가 있는데, 이는 FM 변조방식이 AM 변조방식에 비해서 전송 중에 외부의 잡음이나 간섭의 영향을 덜 받기 때문이다.

(4) 변조를 하면 주파수 스펙트럼을 효과적으로 사용할 수 있다.

2. 진폭변조의 개념

진폭변조(AM, Amplitude Modulation)는 반송파(carrier wave)의 진폭(amplitude)에 정보를 싣는 변조방식이다. 진폭변조 방식은 변조된 신호에 반송파 성분이 얼마나 포함되어 있는가에 따라 큰 반송파 성분이 포함되어 있는 표준 진폭변조(DSB-LC, Double Sideband with Large Carrier)와 반송파 성분이 재거된 반송파 억압 진폭변조(DSB-SC, Double Sideband with Suppressed Carrier)로 나누어지며, 반송파 억압 진폭변조 방식에는 양측파대가 온전히 존재하는 양측파대 진폭변조(DSB AM, Double Sideband AM), 한쪽 측파대만 존재하는 단측파대 진폭변조(SSB AM, Single Sideband AM), 감쇄된 한쪽 측파대와 복조할 때에 이를 정확히 보상해줄 수 있는 다른 쪽 측파대를 가지는 잔류 측파대 진폭변조(VSB AM, Vestigial Sideband AM)가 있다.

진폭 변조된 신호는 점유하는 스펙트럼 대역폭이 원래 정보신호 대역폭의 2배를 넘지 않으며 변조 및 복조회로가 비교적 간단한 반면 외부의 잡음이나 간섭에 약한 단점이 있어서 높은 신호 대 잡음 비(signal to noise ratio)가 요구되지 않는 라디오 방송(표준 진폭변조)이나 TV 방송(잔류 측파대 진폭변조) 등에 사용된다.

진폭변조의 기본적인 중요한 특성은 표준 진폭변조 방식에서 볼 수 있는데, 이 변조방식은 현재 주파수 535[kHz]~1605[kHz]의 반송파를 사용하는 상업용 라디오 방송에서 사용되고 있다. 이 변조방식은 반송파의 진폭에 직접 정보신호를 싣는 것으로 변조된 신호의 진폭이 정보신호가 된다.

정보신호 $f(t)$를 반송파 $A_c\cos(\omega_c t)$로 표준 진폭 변조한 경우 변조된 신호의 식과 스펙트럼(spectrum)은 다음과 같다.

$$s_{AM}(t) = [A_c + f(t)]\cos(\omega_c t) \quad (1)$$

$$s_{AM}(\omega) = \pi A_c[\delta(\omega - \omega_c) + \delta(\omega + \omega_c)] + \frac{1}{2}[F(\omega - \omega_c) + F(\omega + \omega_c)] \quad (2)$$

식 (1)으로부터 반송파의 진폭에 정보신호가 포함되어 있음을 알 수 있고, 식 (2)으로부터 스펙트럼 상에 큰 반송파 성분(Dirac delta function)이 포함되어 있으며 원래 정보신호의 스펙트럼이 반송파 주파수만큼 천이(shift)된다($F(\omega-\omega_c)$, $F(\omega+\omega_c)$)는 것을 알 수 있다.

표준 진폭변조의 특성을 간단한 정보신호의 경우에 대해서 시간영역과 주파수 영역에서 보면 그림 1과 같다.

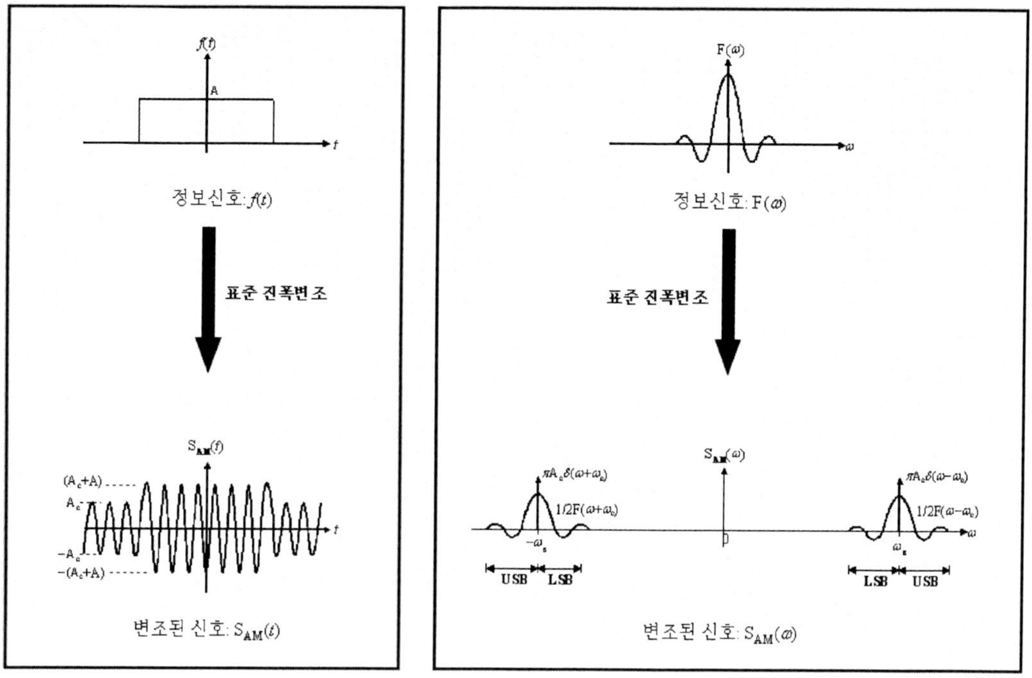

그림 1. 표준 진폭변조 예: 시간영역(왼쪽) 및 주파수 영역(오른쪽)

그림 1의 스펙트럼에서 정보신호의 스펙트럼($F(\omega)$)은 항상 영(zero)을 중심으로 좌우 대칭이다. 이는 스펙트럼은 수학적으로 시간영역의 정보신호를 푸리에 변환(Fourier Transform)한 것인데, 시간영역에서의 신호의 함수가 실수함수이면 이의 푸리에 변환은 항상 영을 중심으로 좌우 대칭인 함수가 되기 때문이다.

변조된 신호의 스펙트럼에서 반송파 주파수(ω_c)만큼 양과 음의 방향으로 이동한 원래 정보신호의 스펙트럼을 측파대(sideband)라고 한다. 이 측파대의 스펙트럼은 반송파 주파수($+\omega_c$, $-\omega_c$)를 중심으로 좌우 대칭인데, $+\omega_c$와 $-\omega_c$를 중심으로 높은 주파수 대역의 반쪽을 상측파대(USB, Upper SideBand), 낮은 주파수 대역의 반쪽을 하측파대(LSB, Lower SideBand)라고 하며, 이 둘을 합쳐서 양측파대(DSB, Double SideBand)라고 한다.

변조된 신호의 전체 스펙트럼 또한, 이 신호가 실수함수이기 때문에, 영을 중심으로 좌우 대칭이 된다.

식 (1)과 (2)에서 $A_c=0$이면 즉, 스펙트럼 상에서 반송파가 재거되면 양측파대 진폭변조

(DSB AM)가 된다.

3. 표준 진폭변조 및 양측파대 진폭변조 장치

표준 진폭변조 및 양측파대 진폭변조 신호를 발생시키는 장치의 블록도는 그림 2와 같다. 그림 2에서 증폭기의 이득 A_c=0이면 양측파대 진폭변조(DSB AM) 장치가 된다. 이 경우 변조기는 정보신호와 반송파의 곱셈기(Multiplier)로 구성되며, 이를 평형변조기(Balanced Modulator)라고 한다.

이 블록도를 기술적으로 구현하기 위해서는 곱셈기가 필요하다. 이를 구현하는 방법에는 다이오드나 트랜지스터의 비선형 특성과 대역통과 필터를 이용해서 두 신호의 곱에 해당하는 신호를 얻는 방법과 다이오드와 같은 전자 스위치를 이용해서 반송파의 주파수에 해당하는 주기의 시간간격으로 정보신호를 추출하여(sampling) 대역통과 필터로 반송파 주위의 신호를 걸러내는 방법이 있다.

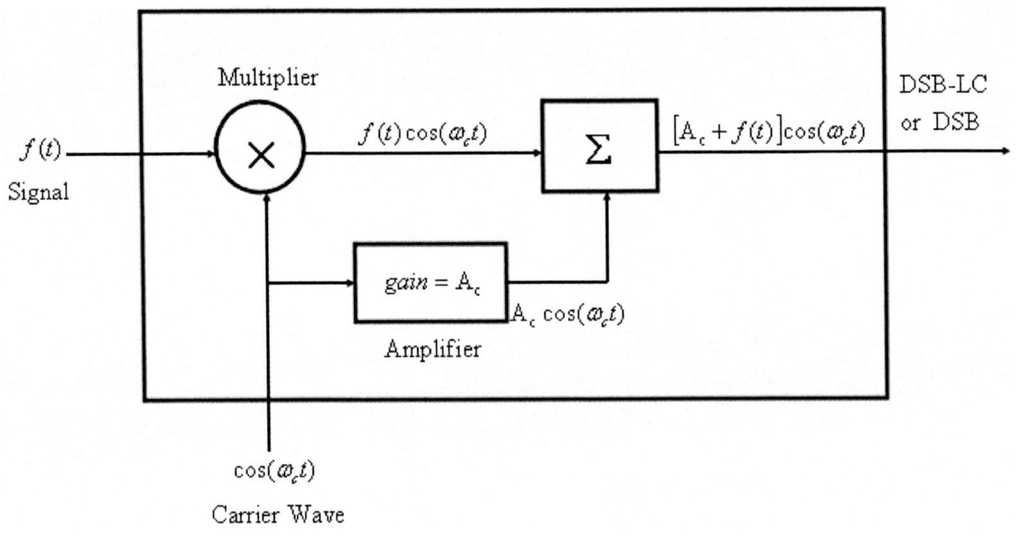

그림 2. 표준 진폭변조 및 양측파대 진폭변조 장치의 블록도

반송파 주파수로 추출된 정보신호의 스펙트럼은 원래 정보신호의 스펙트럼이 반송파 주파수 간격으로 주기적으로 나타나므로 대역통과 필터로 반송파 주파수 주위의 스펙트럼 성분만 걸러내면 정보신호와 반송파 신호의 곱에 해당하는 신호가 된다. 이런 방식의 곱셈기를 Chopper Modulator라고 한다. 이를 전자회로로 구현한 예를 그림 3에 보였다.

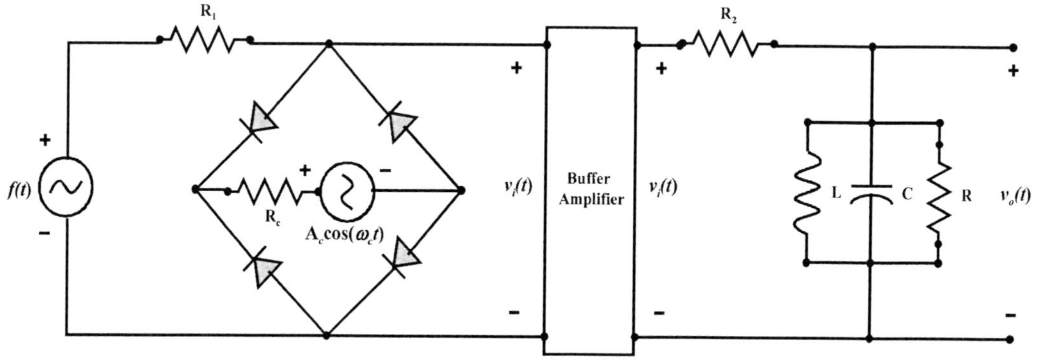

그림 3. 다이오드 스위치를 이용한 Chopper Modulator의 예

그림 3의 회로에서 4개의 다이오드 회로부분은 입력 정보신호 $f(t)$를 sampling 하는 스위치 역할을 하고 RLC 병렬 공진회로는 반송파 주파수(ω_c) 주위의 주파수 성분만 걸러내는 대역통과 필터 역할을 한다. 이 회로의 자세한 동작원리는 다음과 같다.

먼저, 반송파 $A_c\cos(\omega_c t)$의 양의 반주기 동안에는 4개의 다이오드는 모두 OFF 상태로 되며, 이 때 등가회로는 다음과 같다.

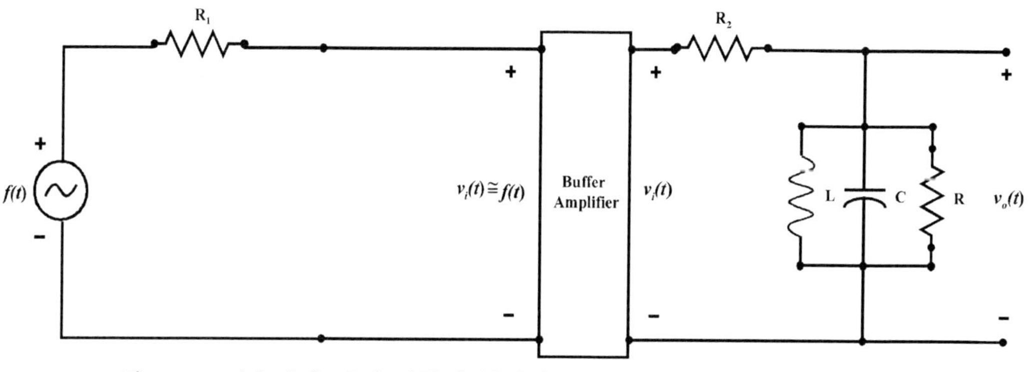

그림 4 (a). 반송파의 양의 반주기 동안의 Chopper Modulator의 등가회로

이 경우 Buffer Amplifier의 출력은 거의 입력 정보신호가 된다.

다음, 반송파 $A_c\cos(\omega_c t)$의 음의 반주기 동안에는 4개의 다이오드는 모두 ON 상태로 되며, 이 때 등가회로는 다음과 같다.

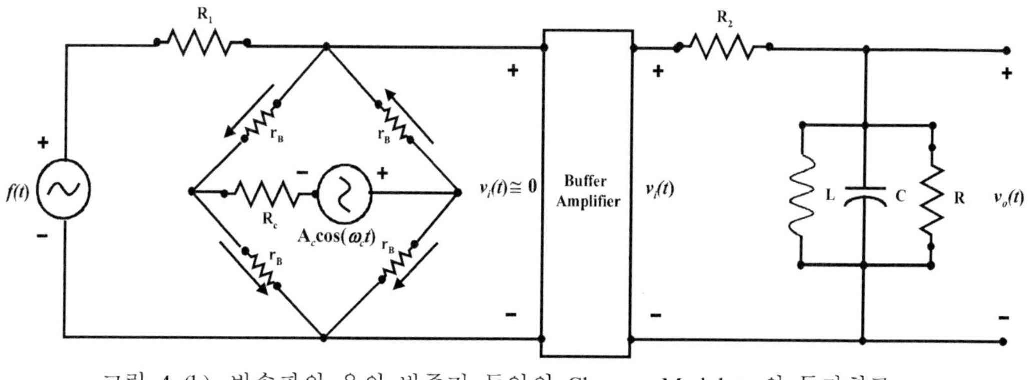

그림 4 (b). 반송파의 음의 반주기 동안의 Chopper Modulator의 등가회로

이 경우 Buffer Amplifier의 출력은 영(zero)이 된다.

예로서 그림 5에 임의의 어떤 정보신호에 대해서 Buffer Amplifier의 입력 신호파형을 반송파 신호와 함께 그려보였다. 이 그림에서 입력신호 $v_i(t)$는 입력 정보신호($f(t)$)와 반송파와 동일한 주파수의 구형파(p(t))를 곱한 것과 같다(그림 6). 즉, Chopper Modulator에서 Buffer Amplifier의 입력 신호파형은 정보신호와 반송파 주파수의 구형파 신호의 곱으로 표현할 수 있다. 이는 또한 정보신호를 반송파 주파수로 자연 표본추출(natural sampling)한 것으로 볼 수 있다.

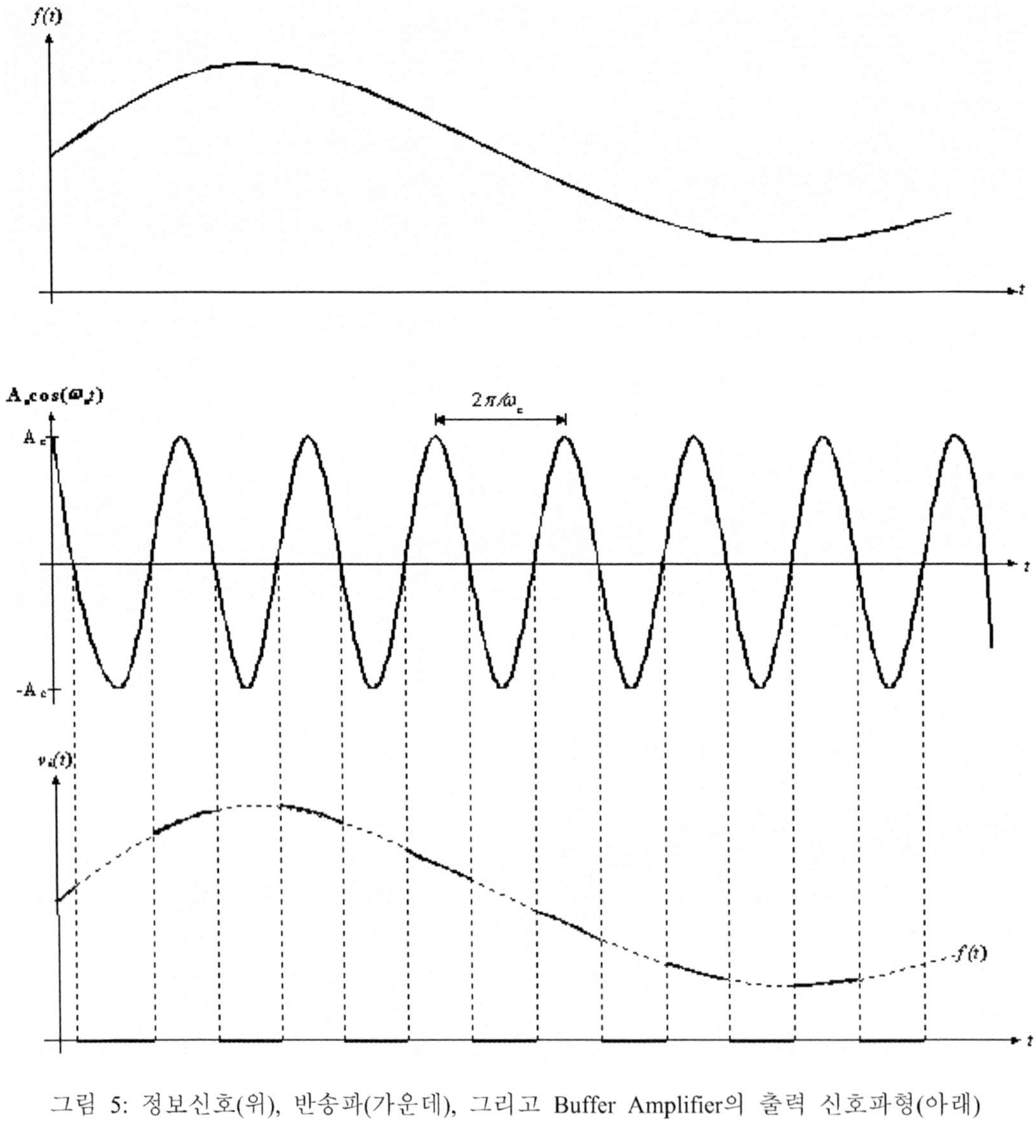

그림 5: 정보신호(위), 반송파(가운데), 그리고 Buffer Amplifier의 출력 신호파형(아래)

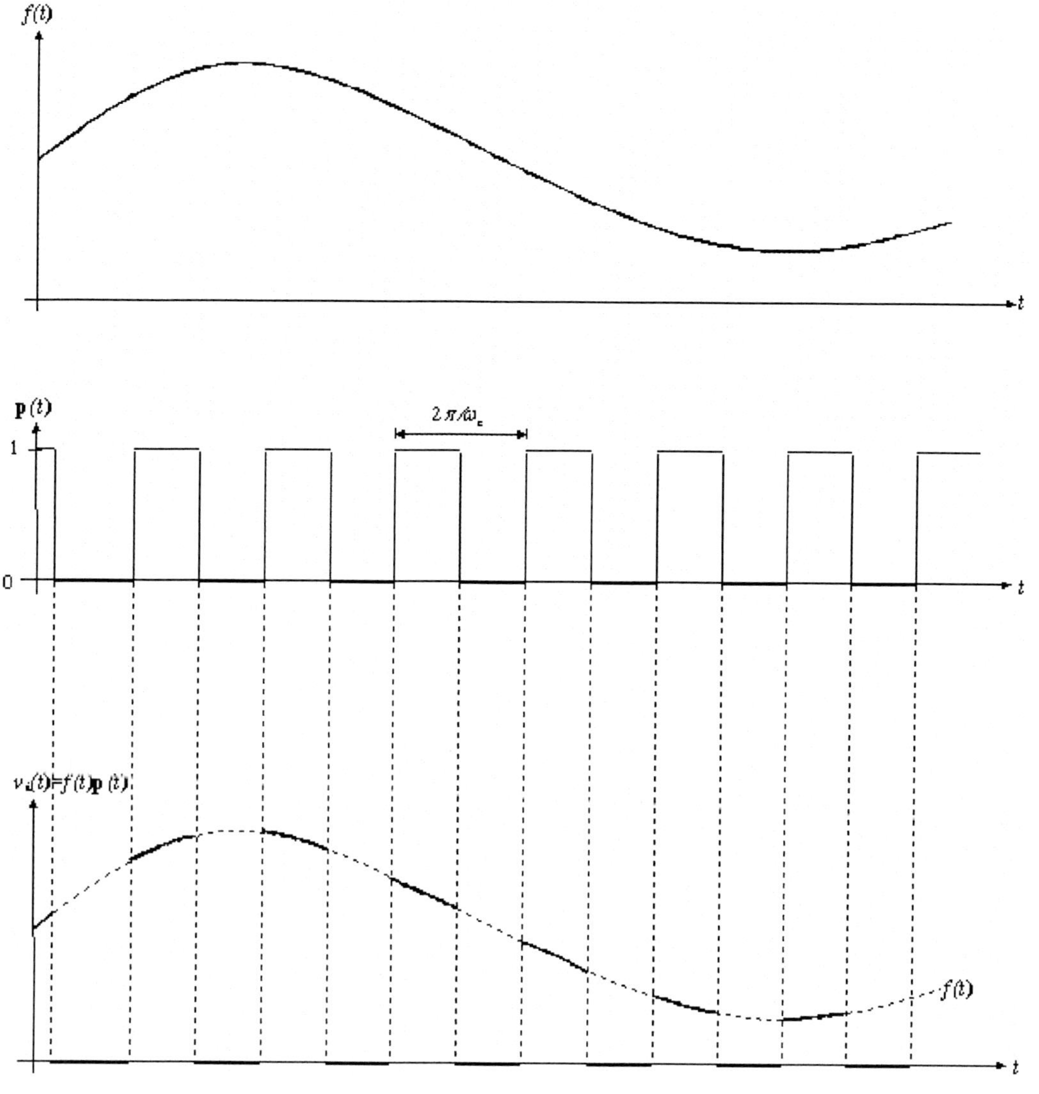

그림 6. 정보신호(위), 구형파(가운데), 그리고 정보신호와 구형파의 곱(아래)

Chopper Modulator에서 Buffer Amplifier의 입력 신호파형은 다음과 같이 쓸 수 있다.

$$v_i(t) = f(t)\cdot \mathrm{p}(t) \tag{3}$$

여기서 p(t)는 그림 6의 반송파 주파수의 구형파로 Fourier Series로 표현하면,

$$\mathrm{p}(t) = \frac{1}{2} + \frac{2}{\pi}\cos(\omega_c t) - \frac{2}{3\pi}\cos(3\omega_c t) + \frac{2}{5\pi}\cos(5\omega_c t) - \cdots \tag{4}$$

이고, 식 (4)을 식 (3)에 대입하면 Buffer Amplifier의 입력 신호파형은 다음과 같다.

$$v_i(t) = \frac{1}{2}f(t) + \frac{2}{\pi}f(t)\cdot\cos(\omega_c t) - \frac{2}{3\pi}f(t)\cdot\cos(3\omega_c t) + \frac{2}{5\pi}f(t)\cdot\cos(5\omega_c t) - \cdots \tag{5}$$

식 (5)으로 주어지는 Buffer Amplifier의 출력신호(=입력신호)를 RLC 병렬 공진회로를 통해서 반송파 주파수 주위의 성분만 걸러내면 Chopper Modulator의 출력신호($v_o(t)$)가 얻어진

다. 즉,

$$v_o(t) = \frac{2}{\pi} f(t) \cdot \cos(\omega_c t) \tag{6}$$

그래서 Chopper Modulator의 출력신호는 정보신호와 반송파의 곱으로 주어지며 Chopper Modulator가 Balanced Modulator로 동작함을 의미한다.

Chopper Modulator의 스위치 출력(Buffer Amplifier의 입력 또는 출력신호)은 자연 표본추출 신호로 볼 수 있으므로 공진회로를 통해서 식 (5)에서 식 (6)을 걸러내기 위해서는 반송파의 주파수(자연 표본추출의 표본주파수에 해당)가 Nyquist Sampling Rate를 만족해야 한다.

그림 5의 정보신호와 반송파에 대해서 식 (6)으로 주어지는 Chopper Modulator의 출력신호를 Buffer Amplifier의 출력신호와 함께 그려보면 그림 7과 같다.

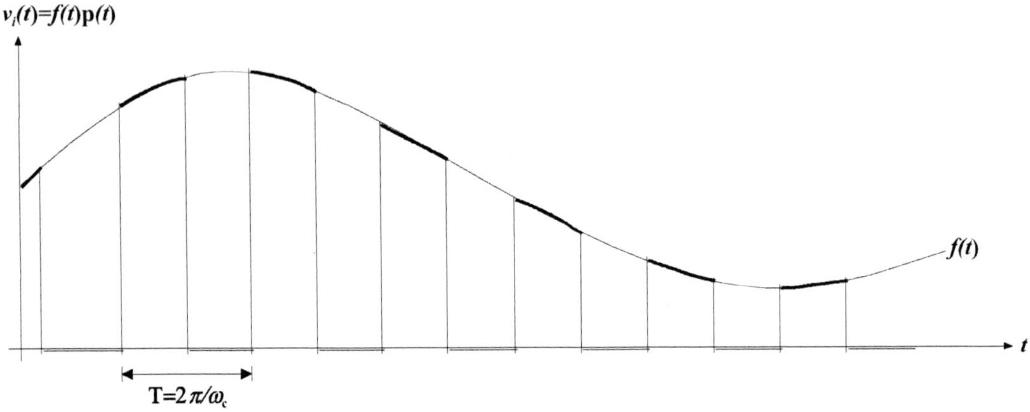

그림 7(a). Buffer Amplifier 출력신호의 예

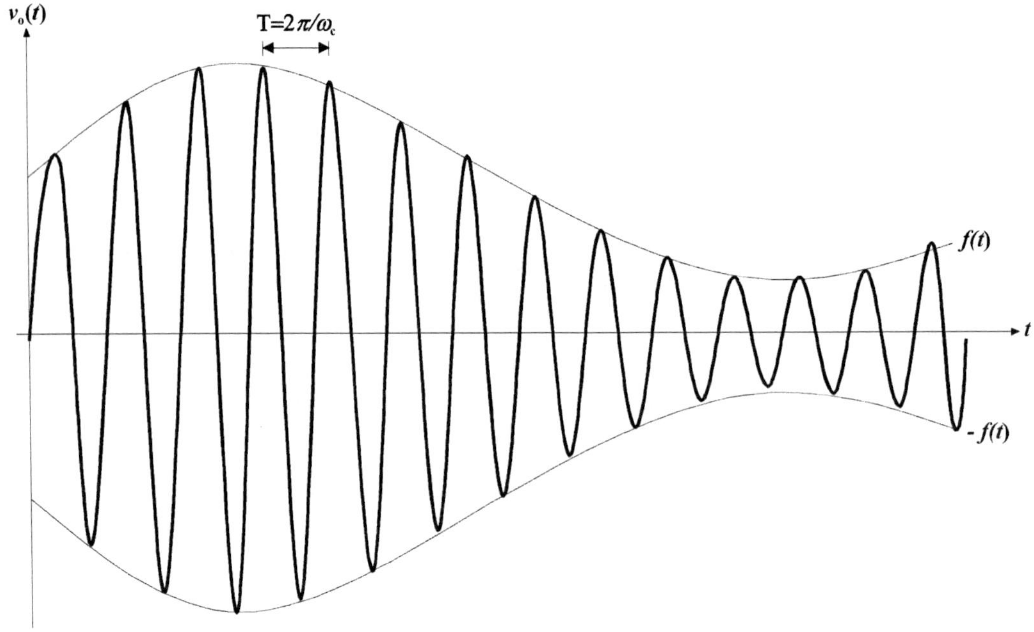

그림 7(b). Chopper Modulator의 출력신호의 예

4. 정현파 신호의 진폭변조

정보신호가 정현파($A_m\cos(\omega_m t)$)인 경우의 표준 진폭변조 신호는 다음과 같다.

$$\begin{aligned} s_{AM}(t) &= [A_c + A_m\cos(\omega_m t)]\cos(\omega_c t) \\ &= A_c[1+\beta_{AM}\cos(\omega_m t)]\cos(\omega_c t) \end{aligned} \quad (7)$$

여기서 β_{AM} 은 정보신호의 진폭과 반송파 신호의 진폭의 비로서 AM 변조지수(modulation index)라고 하며 다음과 같이 정의된다:

$$\beta_{AM} \equiv \frac{A_m}{A_0}$$

β_{AM} 은 표준 진폭변조에서 변조특성을 결정하는 파라메터로서 $\beta_{AM} = 1(100\%)$ 또는 $\beta_{AM} < 100\%$ 일 때는 변조된 신호의 포락선(envelope)이 원래의 정보신호가 되지만, $\beta_{AM} > 100\%$ 이면, 더 이상 포락선이 정보신호가 되지 않으며, 이 경우를 과변조(over modulation)라 한다. 그림 8에 다음의 경우에 대해서 변조지수에 따라 변조신호의 변조특성의 예를 보였다.

그림 8의 변조신호의 파라메터 값:

$f_c = 15[\text{kHz}]$: carrier frequency

$f_m = 1[\text{kHz}]$: message frequency

A_c=1: the amplitude of carrier wave

$s_{AM}(t) = A_0[1+\beta_{AM}\cos(\omega_m t)]\cos(\omega_c t)$: the modulated signal

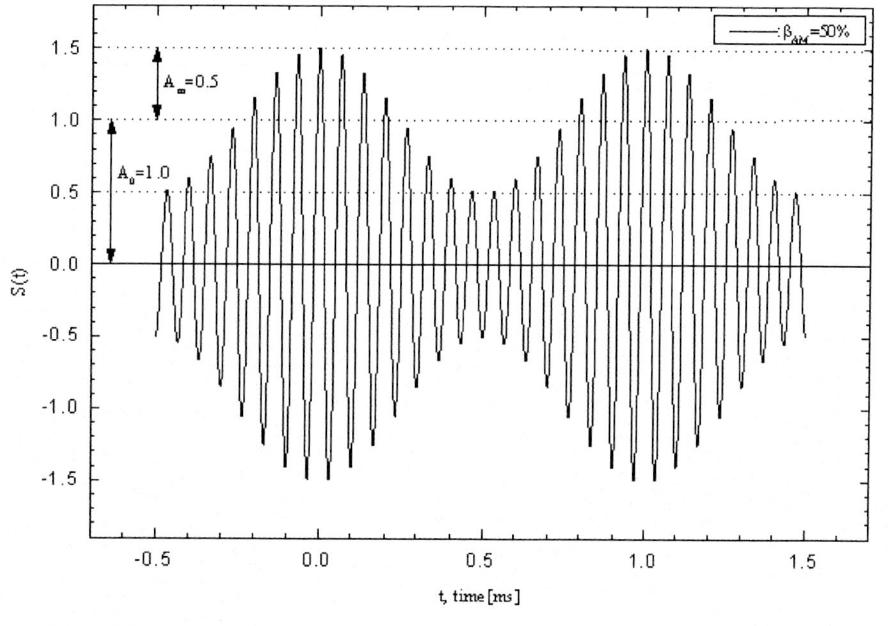

그림 8. AM 변조지수에 따른 변조특성: (a) β_{AM} = 0.5(50%) 인 경우, 변조된 신호의 포락선이 정보신호와 일치한다.

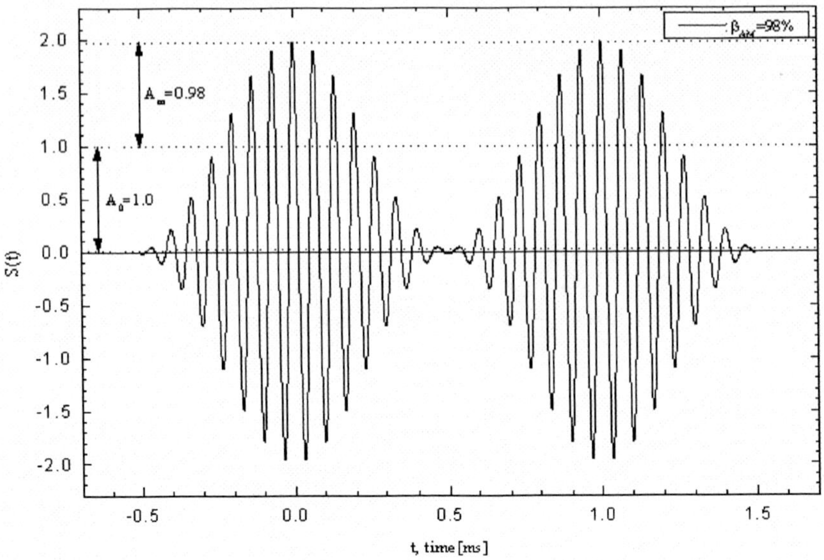

그림 8. AM 변조지수에 따른 변조특성: (b) β_{AM} = 0.98(98%) 인 경우, 변조된 신호의 포락선이 정보신호와 일치한다.

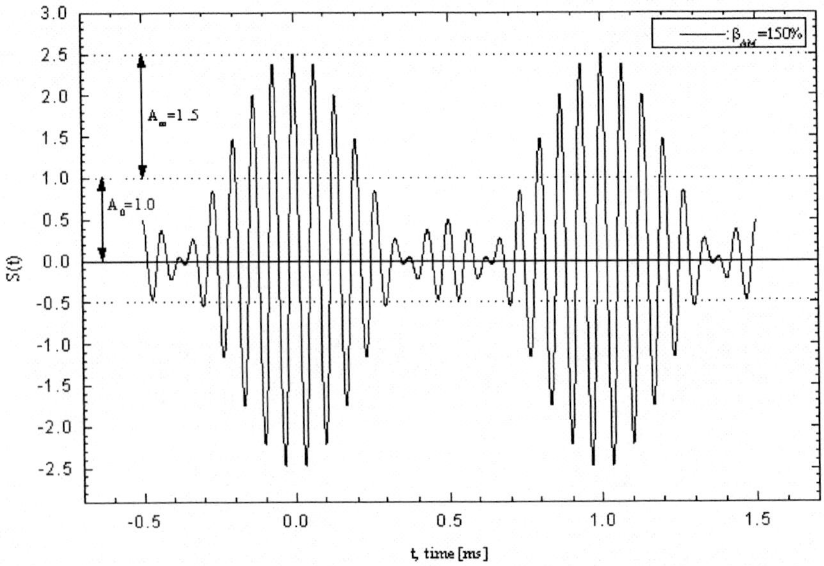

그림 8. AM 변조지수에 따른 변조특성: (c) β_{AM} = 1.5(150%) 인 경우(over-modulation), 변조된 신호의 포락선이 정보신호와 일치하지 않는다.

5. 진폭변조 신호의 복조

진폭변조 신호의 복조방법에는 동기 검파(synchronous detection) 방식과 포락선 검파(envelope detection) 방식의 두 가지가 있다. 동기 검파 방식으로는 모든 진폭변조 신호를 복조할 수 있으나 변조할 때 사용한 반송파와 동기가 맞는(phase-locked) 국부 반송파(local oscillator)가 필요하고 회로가 복잡하다. 포락선 검파 방식은 회로는 간단하지만 변조신호에 반송파가 포함되어 있어야 하기 때문에 표준 진폭변조 신호만 복조 가능하다.

동기검파 방식은 변조할 때 사용한 반송파와 위상이 동기된(phase-locked) 국부 반송파 (cos($\omega_c t$))를 사용해서 원래의 정보 신호를 복조하는 방식으로 그 블록도는 그림 9와 같다.

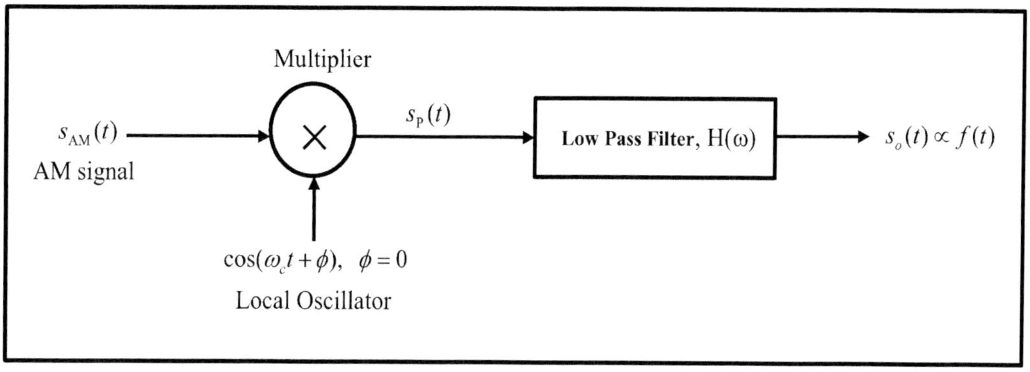

그림 9. 동기검파 방식의 블록도

동기 검파에서 곱셈기의 역할은 AM 변조신호의 스펙트럼을 국부 반송파의 주파수(ω_c) 만큼 이동시켜서(shift down) ω=0 주변에 원래의 정보신호의 스펙트럼이 형성되도록 한다. 그리고 저역통과 필터(low pass filter)는 곱셈기의 출력 스펙트럼 중에서 ω=0 주변의 스펙트럼 성분만 걸러내는 역할을 한다.

이 검파 방식에서 가장 중요한 점은 국부 반송파의 위상이 변조할 때의 반송파와 동기(phase-locked) 되어야 한다는 것이다. 동기가 되지 않으면 곱셈기의 연산 과정에서 AM 변조신호에 포함되어있는 반송파와 서로 상쇄 간섭을 일으켜서 원래의 정보신호가 제대로 복조되지 않을 수 있다.

국부 반송파의 발생방법은 변조할 때 사용한 반송파를 별도로 보내주고(이 반송파를 pilot carrier라고 한다), 이를 복조할 때 수신하여 협대역 통과 필터(Narrow Band Pass Filter)로 추출하고 증폭하여 국부 반송파로 사용하는 방법이다. 그러나 이 경우 반송파에 잡음이 포함되어서 복조된 신호의 신호 대 잡음비가 좋지 않을 수 있다. 대역통과 필터를 이용하는 것 보다 더 좋은 방법은 위상고정루프(PLL, Phase-Locked Loop)를 이용하는 방법이다. 이를 이용하면 아주 높은 신호 대 잡음비의 국부 반송파를 얻을 수 있다.

포락선 검파방식은 변조된 신호의 포락선을 검파하는 것으로 간단한 다이오드(Diode)와 RC 회로로 구성할 수 있다(그림 10). 포락선에 정보가 실려 있는 표준 진폭변조(DSB-LC) 신호를 복조하는데 사용되고 반송파 억압 진폭변조 신호의 경우에는 그 변조신호에 반송파를 다시 삽입하면 이 방식으로 정보 신호를 복조할 수 있다.

그림 10의 포락선 검파회로에서 다이오드는 스위치 역할을 하여 입력 진폭변조 신호가 출력 신호보다 클 때는 ON 상태가 되어 RC 회로의 커패시터가 충전되고 적을 때는 OFF 상태가 되어

커패시터의 전압이 저항을 통해서 방전한다. 이렇게 입력신호에 따라 다이오드의 스위칭 작용의 도움을 받아 충전과 방전을 번갈아 하면서 입력신호의 포락선을 검파한다. 출력신호가 얼마나 입력신호의 포락선에 근접하는가는 RC 충전 방전 회로의 시상수(time constant, τ=RC[sec])에 좌우된다. 그림 11에 이 시상수에 따른 출력신호의 파형의 변화를 보였다. 시상수가 다음의 조건을 만족할 때 출력파형이 입력신호의 포락선에 접근한다.

$$W_f << \frac{1}{\mathrm{RC}} << \omega_c$$

여기서 W_f와 ω_c는 각각 정보신호의 대역폭과 반송파 주파수이다.

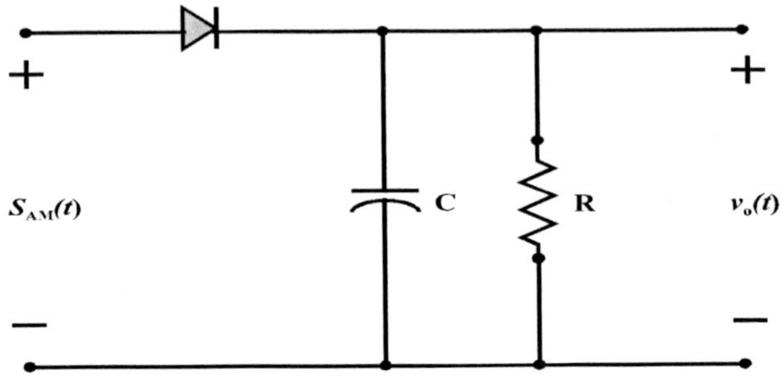

그림 10(a). 포락선 검파회로

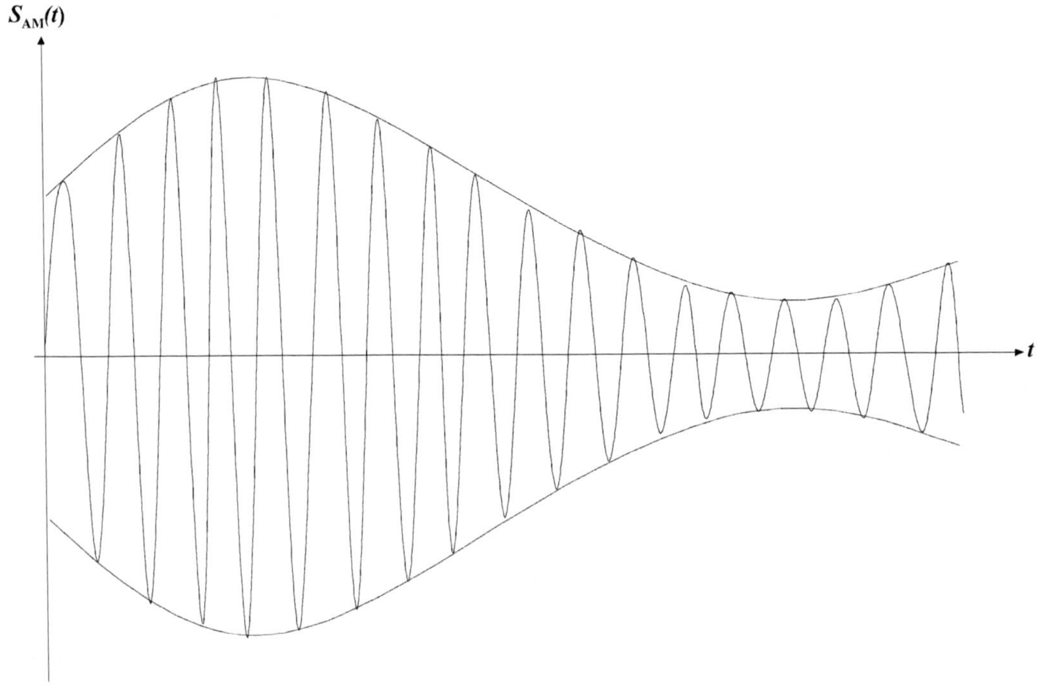

그림 10(b). 표준 진폭변조신호의 예

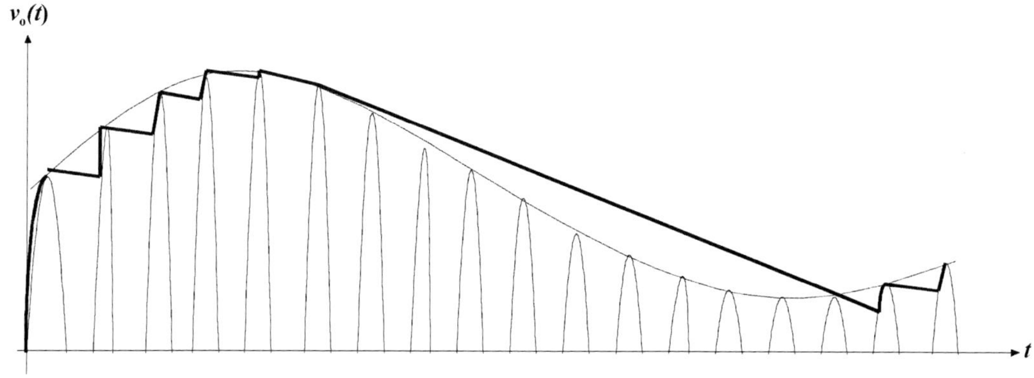

그림 11. 포락선 검파회로의 출력파형 예: (a) τ=RC가 너무 큰 경우

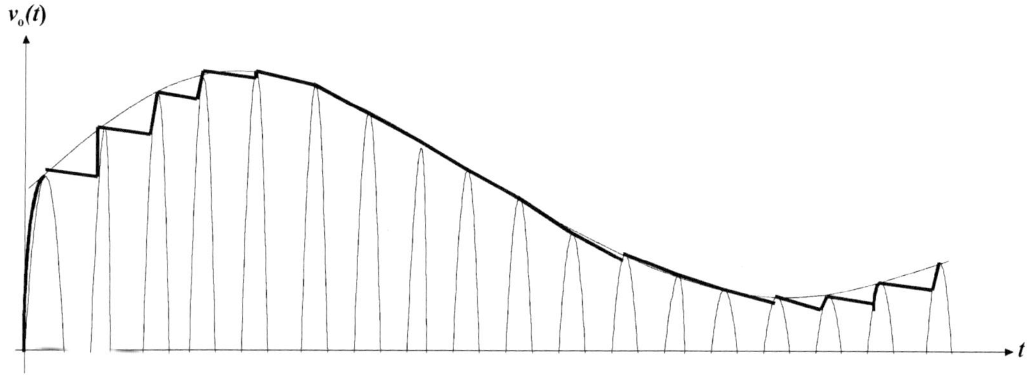

그림 11. 포락선 검파회로의 출력파형 예: (b) τ=RC가 적절한 경우

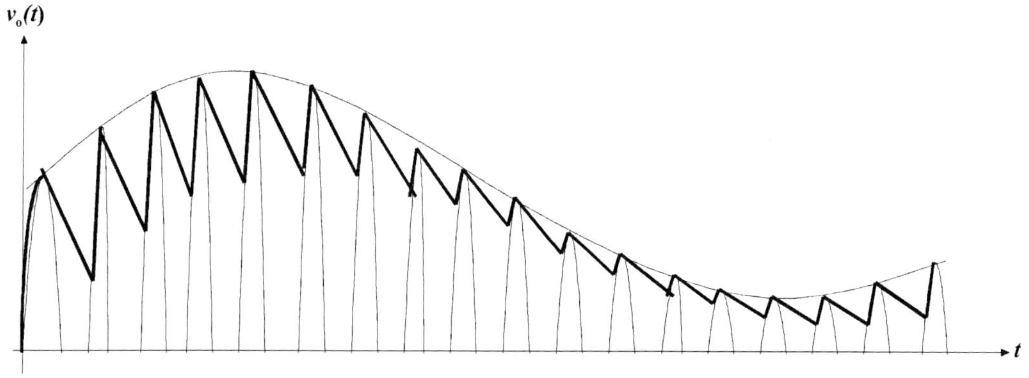

그림 11. 포락선 검파회로의 출력파형 예: (c) τ=RC가 너무 적은 경우

IV. 실험 순서

실험 1. Fourier Spectrum의 개념 이해

다음의 회로(실험회로 1)를 구성하고 입력 전압원으로 함수발생기의 출력을 이용한다.

(1) 입력전압($v_i(t)$)으로 주파수 107.3[kHz], 진폭 5.0[V](DC offset=0)의 구형파(square wave)를 인가하고 출력파형($v_o(t)$)을 관찰하여 그리시오.

(2) 입력전압으로 주파수 107.3[kHz], 진폭 5.0[V](DC offset=0)의 삼각파(triangular wave)를 인가하고 출력파형을 관찰하여 그리시오.

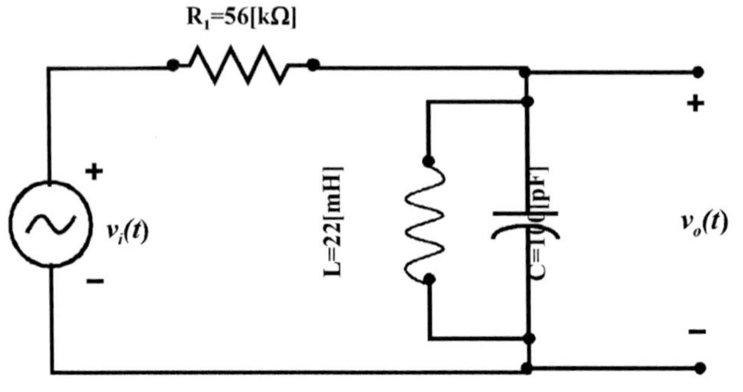

실험회로 1. Fourier Series의 개념을 이해하기 위한 실험회로

실험 2. Chopper Modulator에 의한 진폭변조 실험

다음의 회로(실험회로 2)를 구성하고 정보신호($f(t)$)로 주파수 1.0[kHz], 진폭 5.0[V](DC offset=5.5[V])의 사인파(sine wave)를 인가하고, 반송파($A\cos(\omega_c t)$)로 주파수 107.3[kHz], 진폭 5.0[V](DC offset=0[V])의 사인파를 인가하시오.

(1) 가변저항 R_1, R_2와 반송파의 DC offset을 조정하여 출력파형($v_o(t)$)이 진폭변조 신호가 되도록 하시오.

(2) 정보신호의 진폭을 조정하여 Chopper Modulator 출력파형의 정상변조와 과변조 현상을 관찰하여 각각 그리시오.

(3) 정보신호로 사인파 대신에 삼각파와 구형파를 인가하여 Chopper Modulator 출력파형을 관찰하고 정현파의 경우와 다른 점이 있으면 그 이유에 대해서 설명하시오.

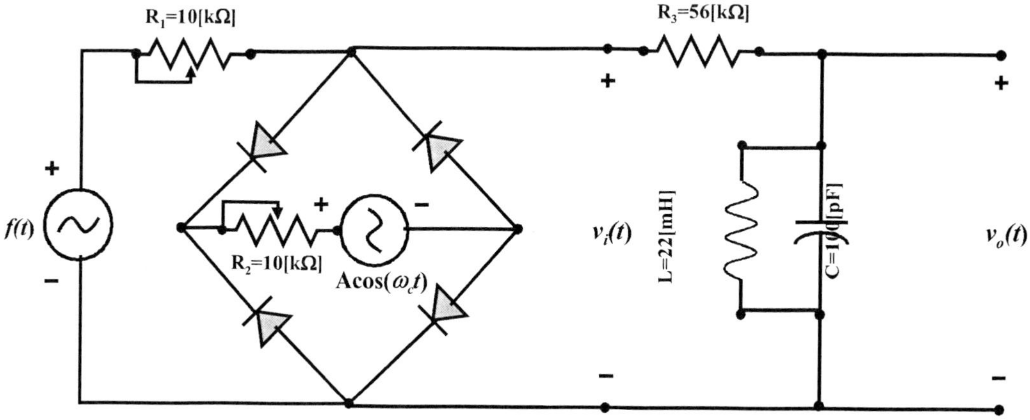

실험회로 2. 다이오드를 이용한 Chopper Modulator 실험회로

실험 3. Envelope Detector에 의한 진폭변조 신호의 복조 실험

다음의 회로(실험회로 3)를 구성하고 정보신호($f(t)$)로 주파수 0.7[kHz], 진폭5.0[V](DC offset=5.5[V])의 사인파(sine wave)를 인가하고, 반송파(Acos($\omega_c t$))로 주파수 107.3[kHz], 진폭 5.0[V](DC offset=0[V])의 사인파를 인가하시오.

(1) 가변저항 R을 조정하여 출력파형($v_o(t)$)이 입력 정보신호($f(t)$)와 같아지도록 하시오.

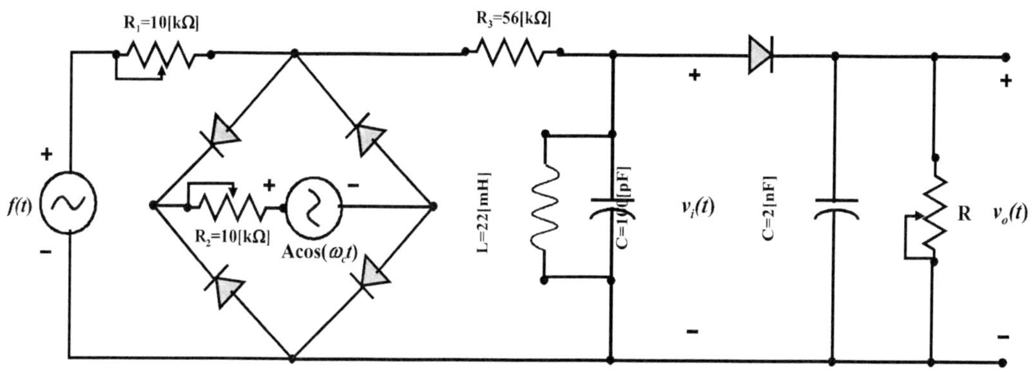

실험회로 3. Envelope Detector 실험회로

V. 실험결과 보고서

실험 제목			
실험 조		성 명 (학 번)	성적 등급
		(　　　　　　)	
	실험 조원	(　　　　　　)	
		(　　　　　　)	

1. 실험결과 보고사항

(1) Fourier Spectrum의 개념 이해

(1) 입력파형이 구형파일 때의 출력파형을 모눈종이에 그리시오.

(2) 입력파형이 삼각파일 때의 출력파형을 모눈종이에 그리시오.

(2) Chopper Modulator에 의한 진폭변조 실험

(1) 출력파형이 진폭변조 신호가 되도록 하는 가변저항 R_1, R_2의 값과 반송파의 DC offset을 측정하시오.

(2) 정보신호의 진폭변화에 따른 정상변조와 과변조의 예를 모눈종이에 각각 그리시오.

(3) Envelope Detector에 의한 진폭변조 신호의 복조 실험

(1) 출력파형이 진폭변조의 복조신호가 되도록 하는 가변저항 R 값을 측정하시오.

2. 실험결과 고찰사항:

(1) 실험 2에서 정보신호로 사인파 대신에 삼각파와 구형파를 인가한 경우 Chopper Modulator 출력파형을 관찰하고 정현파의 경우와 다른 점이 있으면 그 이유에 대해서 설명하시오.

제10장 주파수 변조 및 복조(Frequency Modulation and Demodulation)

I. 실험목적

1. 주파수 변조의 특성과 복조방법을 실험을 통해서 이해한다.

II. 실험 준비물

1. 디지털 오실로스코우프(Digital Oscilloscope): 1대
2. 함수발생기(Function Generator): 1대
3. DC Power Supply: 1대
4. 탄소저항: 600[Ω] 3개, 1[kΩ], 9.09[kΩ], 15[kΩ], 475[kΩ] 각각 1개,
   20[kΩ] 가변저항 2개
5. 커패시터
   (1) ceramic: 1[nF] 1개, 2.7[nF] 2개, 50[nF] 1개
   (2) film: 0.1[μF] 2개
   (3) electrolytic: 1[μF] 2개, 10[μF] 4개

III. 관련 이론

주파수변조(FM, Frequency Modulation)는 1933년 미국의 전기공학자 Edwin Howard Armstrong에 의해 처음으로 라디오 방송에 적용된 변조방식으로 반송파(carrier wave)의 주파수(frequency)에 정보를 싣는 변조방식이다. 주파수변조는 변조된 신호의 대역폭이 원래 정보신호 대역폭의 2배가 되는 협대역 주파수변조(Narrow Band FM)와 2배를 넘는 광대역 수파수변조(Wide Band FM)로 나누어진다.

주파수 변조된 신호는 진폭 변조된 신호와 달리 전송과정에서 변조된 신호의 진폭이 잡음이나 간섭에 의해서 손상이 되더라도 원래의 정보신호를 온전히 복조해낼 수 있다. 이런 점에 있어서 주파수 변조방식은 진폭 변조방식에 비해서 우수하다. 일반적으로 광대역 주파수변조 신호는 진폭변조 신호에 비해서 신호대 잡음비(signal to noise ratio)가 우수하다.

현재 주파수변조는 88[MHz]~108[MHz]의 반송파를 사용하여 상업용 FM 라디오 방송에서 사용되고 있다.

정보신호 $f(t)$로 주파수 변조한 반송파 신호는 다음과 같다.

$$s_{\mathrm{FM}}(t) = \mathrm{A_c}\cos\{\theta(t)\} \tag{1}$$

$$\frac{d\theta(t)}{dt} = \omega_c + kf(t) \tag{2}$$

그래서 주파수 변조신호는 다음과 같이 다시 쓸 수 있다.

$$s_{\mathrm{FM}}(t) = \mathrm{A_c}\cos\left\{\omega_c t + k\int f(t)dt\right\} \tag{3}$$

식 (1)과 (2)로부터 반송파의 진폭은 일정하고 주파수는 정보신호에 비례해서 변한다는 것을 알 수 있다. 구형파와 삼각파의 정보신호에 대해서 주파수 변조된 신호의 예를 그림 1에 보였다.

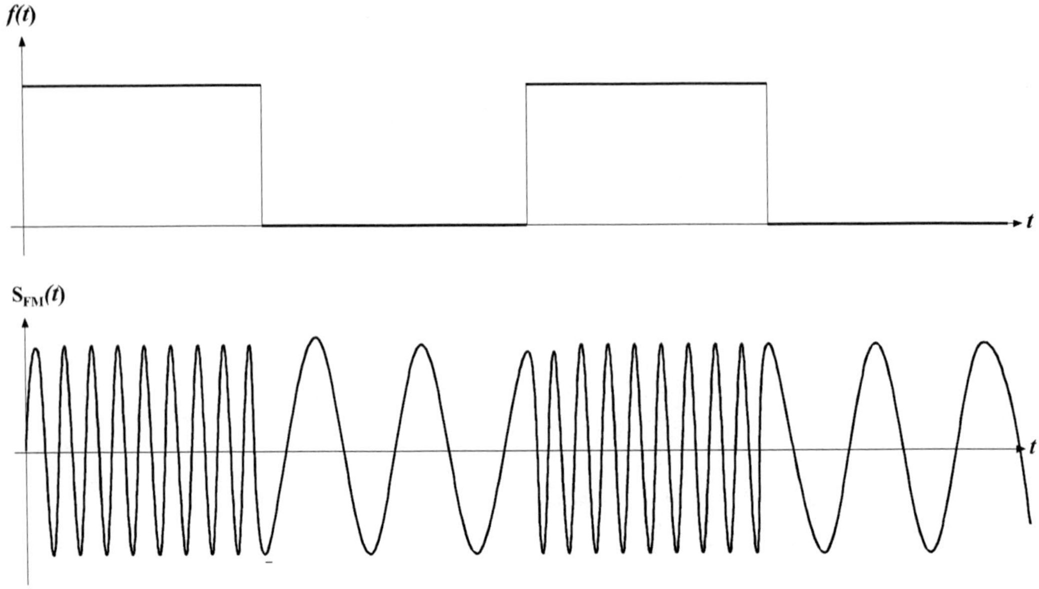

그림 1(a). 주파수 변조신호의 예: 정보신호가 구형파인 경우

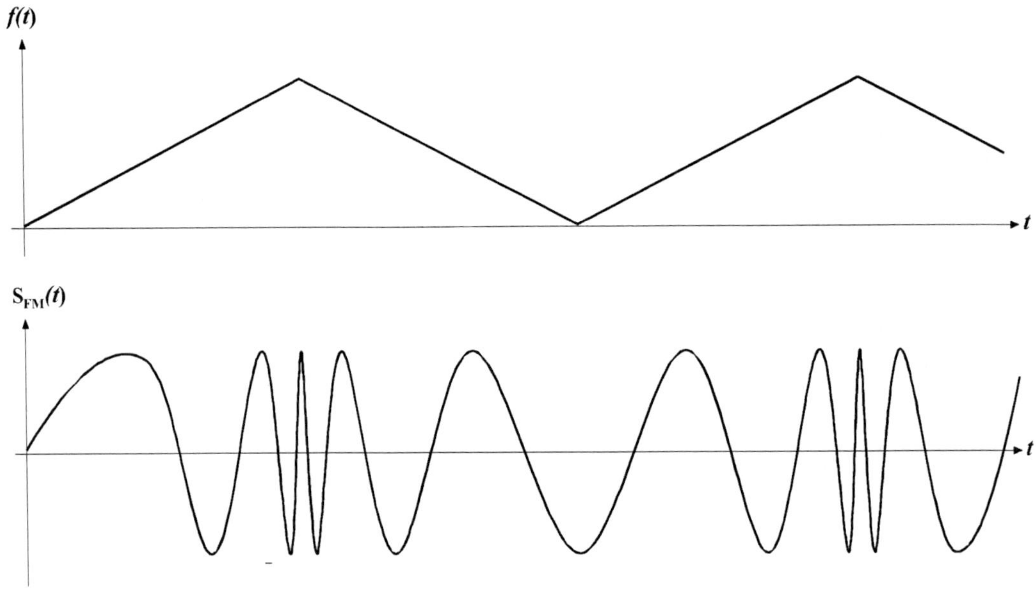

그림 1(b). 주파수 변조신호의 예: 정보신호가 삼각파인 경우

1. 협대역 주파수변조(Narrow Band FM)

주파수변조 식 (3)은 다음과 같이 다시 쓸 수 있다.

$$s_{FM}(t) = A_c \cos(\omega_c t)\cos\left\{k\int f(t)dt\right\} - A_c \sin(\omega_c t)\sin\left\{k\int f(t)dt\right\} \qquad (4)$$

식 (4)에서 항, $k\int f(t)dt$,

이 충분히 작아서 이 항의 cosine 및 sine 함수의 Taylor series에서 두 번째 항 이후를 무시할 수 있으면 즉,

$$\cos\left\{k\int f(t)dt\right\}\cong 1,\quad \sin\left\{k\int f(t)dt\right\}\cong k\int f(t)dt$$

이면, 식 (4)의 주파수 변조 식은 다음과 같이 된다.

$$s_{\mathrm{FM}}(t)\cong \mathrm{A_c}\cos(\omega_c t)-\mathrm{A_c}k\left\{\int f(t)dt\right\}\sin(\omega_c t) \tag{5}$$

이 식을 푸리에 변환(Fourier Transform)해서 스펙트럼(Spectrum)을 구해보면,

$$s_{\mathrm{FM}}(\omega)=\pi\mathrm{A_c}\left[\delta(\omega-\omega_c)+\delta(\omega+\omega_c)\right]+\frac{\mathrm{A}k}{2}\left[\frac{\mathrm{F}(\omega-\omega_c)}{(\omega-\omega_c)}-\frac{\mathrm{F}(\omega+\omega_c)}{(\omega+\omega_c)}\right] \tag{6}$$

이 된다. 이 스펙트럼으로부터 협대역 주파수변조 신호의 대역폭은 표준 진폭변조의 경우와 같이 원래 정보신호 대역폭의 2배를 넘지 않음을 알 수 있다.

협대역 주파수 변조신호를 발생시키는 방법은 식 (5)을 구현하면 되므로, 이의 블록도는 그림 2와 같다. 그리고 이의 복조방법과 복조과정은 그림 3의 블록도와 같다.

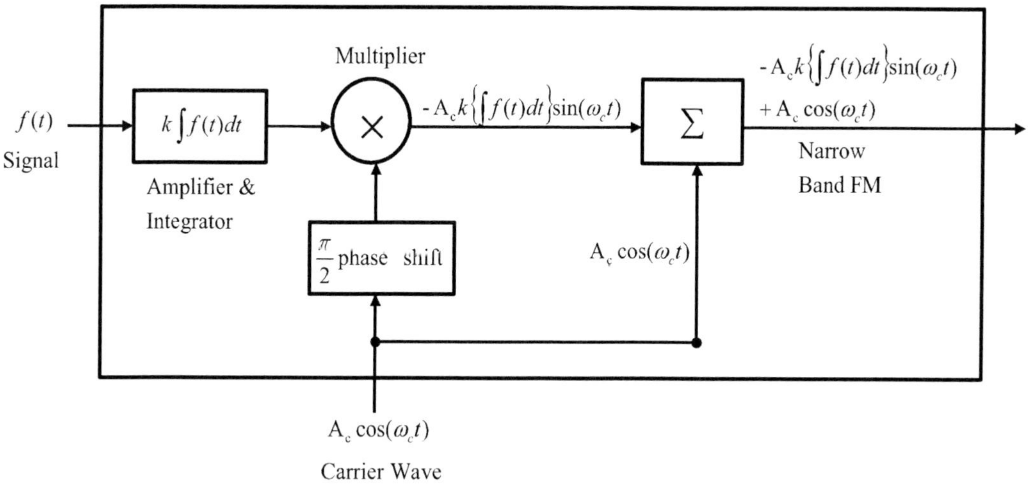

그림 2. 협대역 주파수 변조장치의 블록도

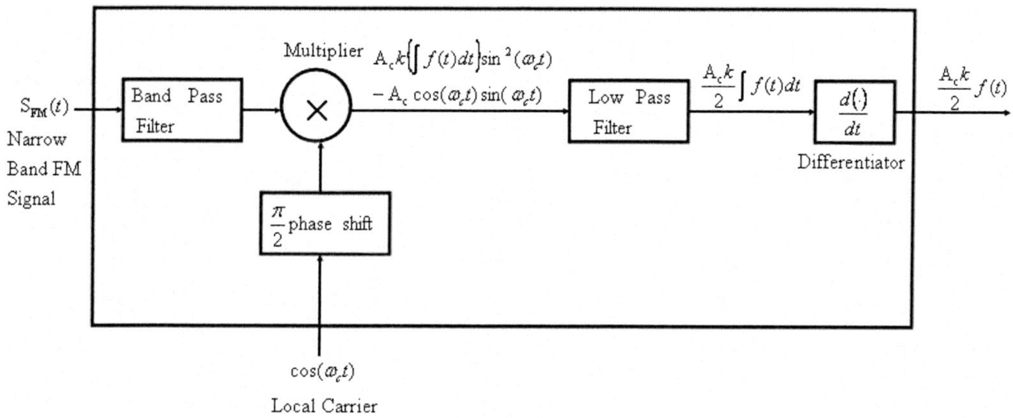

그림 3. 협대역 주파수 복조장치의 블록도

협대역 주파수변조는 변조방법이나 변조된 신호의 스펙트럼이 AM 변조와 많이 유사하지만 AM에 비해서 외부 잡음에 강하기 때문에 원격측정 통신(telemetry communications)이나 아날로그 이동통신(mobile communications)등에 많이 사용된다.

2. 광대역 주파수변조(Wide Band FM)

주파수변조 식 (3)의 스펙트럼을 일반적으로 구하기는 수학적으로 매우 어렵다. 푸리에 정리(Fourier Theorem)에 의하면, 모든 정보신호는 사인파들의 합성으로 분해할 수 있으므로 정보신호가 사인파인 경우에 대해서 주파수 변조신호의 스펙트럼을 구하고, 이로부터 광대역 주파수변조의 중요한 특성들을 알아본다.

정보신호가 사인파인 경우 식 (3)은 다음과 같이 된다. 즉,

$$s_{\mathrm{FM}}(t) = \mathrm{A_c} \cos\left\{ \omega_c t + \frac{\mathrm{A_m} k}{\omega_\mathrm{m}} \sin(\omega_\mathrm{m} t) \right\} \tag{7}$$

여기서 정보신호는

$$f(t) = \mathrm{A_m} \cos(\omega_\mathrm{m} t)$$

로 두었다. 식 (7)의 푸리에 변환은 쉽게 구할 수 있으며 다음과 같이 주어진다.

$$s_{\mathrm{FM}}(\omega) = \pi \mathrm{A_c} \sum_{n=-\infty}^{+\infty} J_n(\beta_{\mathrm{FM}}) [\delta(\omega - \omega_c - n\omega_\mathrm{m}) + \delta(\omega + \omega_c + n\omega_\mathrm{m})] \tag{8}$$

여기서 $J_n(\beta_{\mathrm{FM}})$은 n차 제1종 베셀함수(Bessel Function of the first kind of order n)이고 β_{FM}은 변조지수(FM modulation index)로서 다음과 같이 정의된다.

$$\beta_{\mathrm{FM}} = \frac{\mathrm{A_m} k}{\omega_\mathrm{m}} = \frac{\Delta\omega}{\omega_\mathrm{m}} \tag{9}$$

여기서 $\Delta\omega \equiv \mathrm{A_m} k$이다.

주파수변조 신호 식 (7)의 순시 주파수(instantaneous angular frequency) $\omega(t)$를 구하면

$$\omega(t) = \frac{d}{dt}\left\{ \omega_c t + \frac{\mathrm{A_m} k}{\omega_\mathrm{m}} \sin(\omega_\mathrm{m} t) \right\} = \omega_c + \mathrm{A_m} k \cos(\omega_\mathrm{m} t)$$

이다. 그래서 주파수 변조된 신호의 주파수(angular frequency)는 반송파 주파수(ω_c)로부터 정보신호($\mathrm{A_m}\cos(\omega_\mathrm{m} t)$)에 비례해서 변한다는 것을 알 수 있다. 이 변화량의 최대값은 $\mathrm{A_m} k$ 이므로 $\Delta\omega$는 최대 주파수 편이(maximum frequency deviation)의 의미를 갖고, 그래서 변조지수 β_{FM}는 최대 주파수 편이와 정보신호의 주파수(angular frequency)와의 비(ratio)로 정의되는 양이다.

식 (8)으로부터 이론적인 주파수변조 신호의 대역폭은 무한대(infinite)임을 알 수 있다. 베셀함수 $J_n(\beta_{\mathrm{FM}})$의 크기는 n과 β_{FM}에 의해서 결정된다. β_{FM}이 충분히 클 때 일반적으로 다음의 관계가 성립한다.

$$|J_n(\beta_{\mathrm{FM}})| < 0.01 \text{ for } n > \beta_{\mathrm{FM}} \text{ and very large } \beta_{\mathrm{FM}}$$

그래서 충분히 큰 β_{FM}의 경우, 식 (8)에서 n이 β_{FM}보다 큰 항들을 무시하여 실제적인 주파수 변조신호의 대역폭을 다음과 같이 근사할 수 있다.

$$\mathrm{W_{FM}} \cong 2\omega_\mathrm{m} \beta_{\mathrm{FM}} \text{ for large } \beta_{\mathrm{FM}} \tag{10}$$

그리고 β_{FM}이 매우 작으면 $J_0(\beta_{\mathrm{FM}})$과 $J_1(\beta_{\mathrm{FM}})$이외의 다른 항들은 모두 무시할 수 있을 정도로

매우 작다. 그래서 이 경우 대역폭은 다음과 같이 근사할 수 있다.

$$W_{FM} \cong 2\omega_m \quad \text{for small } \beta_{FM} \tag{11}$$

그리고 1922년 John Renshaw Carson은 정보신호가 정현파인 경우 일반적으로 적용할 수 있는 실제적인 주파수 변조신호의 대역폭을 다음과 같이 제안하였다.

$$W_{FM} \cong 2\omega_m(\beta_{FM}+1) = 2(\Delta\omega+\omega_m) \tag{12}$$

이 식을 Carson's rule이라고 한다. 이 식에서 $\Delta\omega$를 사인파 외에 일반적인 정보신호에 대해서도 최대 주파수 편이로 정의를 확장해서

$$\Delta\omega \equiv k|f(t)|_{max}$$

로 정의하여(여기서 $|f(t)|_{max}$은 정보신호 크기의 최대값을 의미) 식 (12)을 일반적인 정보신호에 대해서도 근사적인 FM 대역폭으로 사용한다. 구형파(square wave)와 같은 불연속점(discontinuity)을 가지는 함수를 제외한 모든 함수의 정보신호에 대해서 Carson's rule로 주어지는 대역폭내의 스펙트럼의 전력은 전체 FM 변조신호 전력의 98% 이상이다. 그래서 Carson's rule을 FM 대역폭으로 일반적으로 사용하고 있다.

상용 FM 라디오 방송은 반송파 주파수(ω_c)의 범위를 88[MHz]~108[MHz], 인접 채널간의 반송파 주파수 간격을 200[kHz](AM 라디오 방송의 경우 10[kHz]), 그리고 최대 주파수 편이($\Delta\omega$)를 75[kHz]로 정하고 있다. 반송파 주파수 간격을 AM 방송의 경우 보다 넓게 정한 것은 FM 방송의 경우 보다 넓은 대역폭을 허용하여 보다 높은 신호대 잡음비의 방송을 하기 위해서이다. 만일 정보신호가 사인파이고 이의 주파수(ω_m)가 15[kHz](일반적인 FM 방송에서 최대 오디오 주파수)라고 하면, Carson's rule에 의한 FM 대역폭은

$$W_{FM} \cong 2(\Delta\omega+\omega_m) = 2(75[kHz]+15[kHz]) = 180[kHz]$$

이다. 이는 허용한 최대 대역폭(200[kHz])을 넘지 않는다.

상용 TV 방송의 오디오 신호도 FM 변조를 하며 최대 주파수 편이($\Delta\omega$)를 25[kHz]로 정하고 있다. 이 경우 FM 방송의 경우와 동일한 정보신호를 가정할 때 Carson's rule에 의한 FM 대역폭은 80[kHz]이다.

FM 변조신호의 경우 대역폭(FM 라디오의 경우 180[kHz], TV 오디오의 경우 80[kHz])은 AM 변조신호의 대역폭(표준 진폭변조의 경우 30[kHz]) 보다 넓기 때문에 FM 신호가 AM 신호 보다 신호대 잡음비가 우수하다.

3. 광대역 주파수 변조방법

광대역 주파수 변조방법에는 VCO(Voltage-Controlled Oscillator)를 이용한 직접변조 방법과 Armstrong(Edwin Howard Armstrong, FM radio의 발명자)의 간접방법이 있는데, 일반적으로 Armstrong의 방법을 많이 사용한다. Armstrong의 간접방법의 블록도는 그림 4와 같다.

이 방법(그림 4)에서는 먼저 정보신호를 협대역 FM 변조를 한다. 이 협대역 FM 변조신호의 반송파 주파수와 최대 주파수 편이를 각각 ω_1, $\Delta\omega_1$라고 둔다. 그 다음에 주파수 체배기(frequency multiplier)를 통해서 협대역 FM 변조신호의 주파수를 n_1배 체배(multiplication)를 한다. 그러면 FM 변조신호의 반송파 주파수와 최대 주파수 편이가 각각 $n_1\omega_1$, $n_1\Delta\omega_1$로 된다. 그리고 국부 발진기(local oscillator)와 주파수 믹서(frequency mixer)를 이용하여 새로운 반송파 주파수($n_1\omega_1-\omega_2$)로 변환하고 다시 n_2배 체배하여 최종적으로 $n_2(n_1\omega_1-\omega_2)$와 $n_2n_1\Delta\omega_1$의 반송파 주파수와 최대 주파수 편이를 갖는 FM 신호를 발생시킨다. n_1, n_2, 그리고 ω_2를 적절히 선택하면 원하는 광대역의 FM 변조신호를 발생시킬 수 있다.

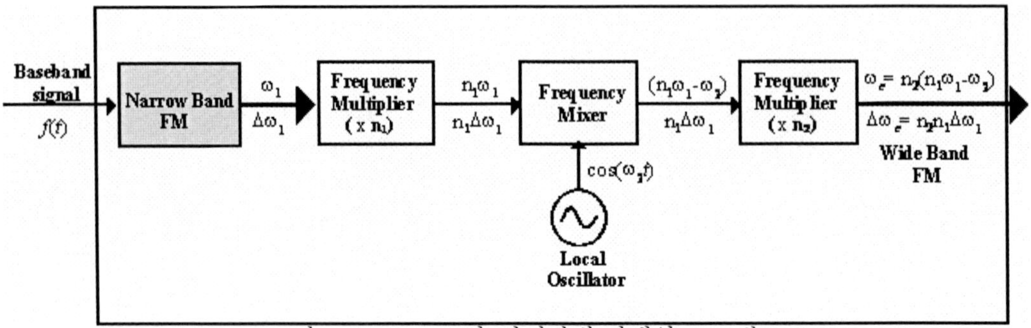

그림 4. Armstrong의 간접방법(광대역 FM 변조)

4. 주파수 변조신호의 복조: 위상고정 루프(PLL, Phase-Locked Loops)

위상고정 루프는 1930년대 초에 RF 통신의 수신장치에서 기존의 superheterodyne 방식(1918년 미국의 Edwin Howard Armstrong이 처음 발명)의 문제점을 개선한 homodyne(or synchrodyne) 방식에서 국부 발진기(local oscillator)의 frequency drift 문제를 해결하는 과정에서 생겨났으며, 1965년 즈음에 반도체 기술에 의해 IC(Integrated Circuit)화 되면서 널리 사용되었다. 초기의 아날로그 형태(linear device)의 PLL IC로 시작하여 1970년대 즈음에 디지털 방식의 PLL IC가 개발되어 널리 사용되기 시작하였다.

PLL은 RF 통신과 원격측정 통신분야에서 잡음(noise) 속에 섞여있는 미약한 신호를 수신해내는 수신장치, AM 및 FM 복조장치, 그리고 BPSK, QPSK, QAM, FSK 신호의 복조에 응용된다. 이 외에도 주파수 합성기와 각종 전자장치에서 안정된 주파수 발진기로 널리 사용된다.

PLL의 기본 구성은 그림 5와 같다.

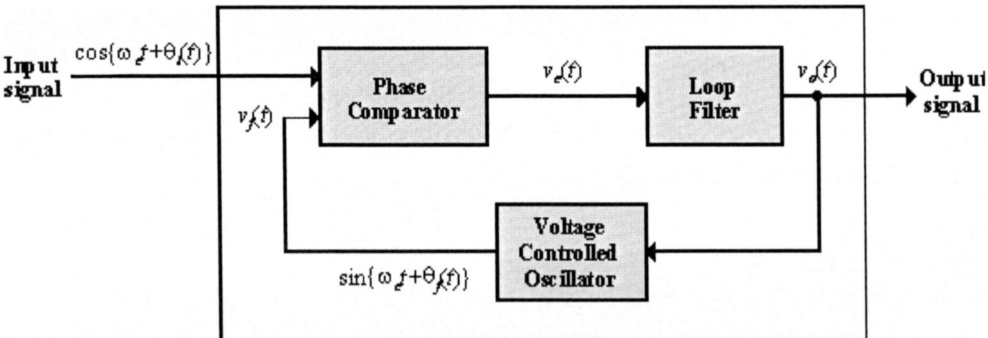

그림 5. 위상고정 루프의 블록도

그림 5의 블록도에서 Phase Comparator의 출력은 두 개의 사인파 입력의 위상차이다. 즉, 출력 $v_c(t)$는 다음과 같이 주어진다.

$$v_c(t)=k_p\sin\{\theta_i(t)-\theta_f(t)\}\cong k_p\{\theta_i(t)-\theta_f(t)\} \tag{13}$$

여기서 k_p는 Phase Comparator의 내부회로에 의해서 결정되는 상수이다. 이 식은 입력신호의 위상($\theta_i(t)$)이 또 다른 입력신호(Voltage Controlled Oscillator의 출력신호)의 위상($\theta_f(t)$)과 거의 같을 때 성립한다.

VCO(Voltage Controlled Oscillator)는 이 PLL의 최종 출력신호에 비례하는 주파수를 갖는

사인파를 발생해서 Phase Comparator 입력에 되돌려(feedback) 주는 역할을 하며, 이의 입력과 출력의 관계식은 다음과 같이 주어진다.

$$v_f(t) = \sin\{\omega_c t + \theta_f(t)\} = \sin\left\{\omega_c t + k_f \int v_o(t)dt\right\} \tag{14}$$

여기서 k_f는 VCO의 내부회로에 의해서 결정되는 상수이다.

Loop Filter는 이 PLL의 동적 동작특성(dynamic response)을 결정하는 필터로서 이의 자세한 역할은 수학적인 해석을 필요로 하므로 여기에서는 생략한다.

이 위상고정 루프의 동작특성에 대한 자세한 정량적인 서술은 이 PLL 시스템을 수학적으로 해석하여야 하므로 여기에서는 생략하고 매우 대략적이고 정성적으로 간략히 설명한다. 초기에 출력신호가 영(zero)이라고 하면 VCO 출력 즉, $v_f(t)$와 입력신호 사이의 위상차가 크므로 Phase Comparator의 출력신호가 크게 되고 최종 출력 $v_o(t)$도 크게 되어서 VCO를 통해서 이전 보다는 큰 위상이 Phase Comparator의 입력신호($v_f(t)$)로 되돌려져서 $v_f(t)$와 입력신호 사이의 위상차를 줄어들게 한다. 이 줄어든 위상차는 다시 Loop Filter와 VCO를 거쳐서 Phase Comparator 입력에 반영되어 $v_f(t)$와 입력신호 사이의 위상차를 더 줄어들게 한다. 이런 방식으로 출력신호가 증가하여 Phase Comparator의 두 입력신호의 위상이 거의 같아지게 된다. 즉,

$$\sin\{\theta_i(t) - \theta_f(t)\} \cong \{\theta_i(t) - \theta_f(t)\} \cong \Delta\varepsilon(t), \quad |\Delta\varepsilon(t)| : \text{very small}$$

이 된다. 이 경우를 PLL이 동기(locked) 되었다고 한다. 이때 출력신호($v_o(t)$)는 식

$$\theta_f(t) = k_f \int v_o(t)dt = \theta_i(t) - \Delta\varepsilon(t)$$

으로부터

$$v_o(t) \cong \frac{1}{k_f}\frac{d\theta_i(t)}{dt}$$

로 주어지고, 입력신호($v_i(t)$)의 주파수에 비례하는 신호가 된다. 그래서 만일 입력신호가 FM 변조신호이면, PLL 출력은 원래의 정보신호가 된다.

PLL이 동기된 상태에서 입력신호의 주파수가 변하여 이 상태로부터 벗어나게 되면, Phase Comparator 출력의 위상차의 크기가 증가되고 이 위상차의 증가는 Loop Filter와 VCO를 통한 궤환(feedback)을 통해서 다시 감소되어 원래의 동기된 상태로 되돌아가게 한다. 이런 과정을 통하여 PLL 출력이 입력신호의 주파수의 변화를 따라가도록 한다.

PLL에서 VCO가 그의 입력전압에 따라 선형적으로 변화할 수 있는 주파수 범위를 lock range라고 하며 PLL이 입력신호의 주파수 변화를 따라갈 수 있는 주파수 변화범위를 의미한다. 그리고 PLL이 한번 locked 되고 난 후에 다시 자동으로 locking을 할 수 있는 주파수 범위를 capture range라고 한다. 대부분의 경우 capture range는 lock range를 의미한다.

IV. 실험 순서

실험 1. PLL을 이용한 FM 변조

실험회로 1을 구성하고 다음의 실험 및 측정을 하시오.

(1) LM565CN IC의 2번 핀에 Baseband signal을 연결하지 않은 상태에서 R_0 가변저항을 조정하여 5번 핀의 VCO 출력(square wave)의 주파수가 10[kHz]가 되도록 조정하시오. 이 주파수는 이 PLL 회로의 VCO free-running frequency(식 (14)의 ω_c)이다. 이 주파수를 이론치,

$$f_c \cong \frac{0.3}{R_0 C_0}[\text{Hz}]$$

와 비교하시오.

(2) 함수발생기의 1[kHz]의 사인파, 삼각파, 그리고 구형파를 각각 Baseband signal 단자에 연결하고 각 파형에 대해서 출력신호를 관찰하시오. 함수발생기의 주파수를 변화시켜가면서 대략적인 lock range를 측정하시오.

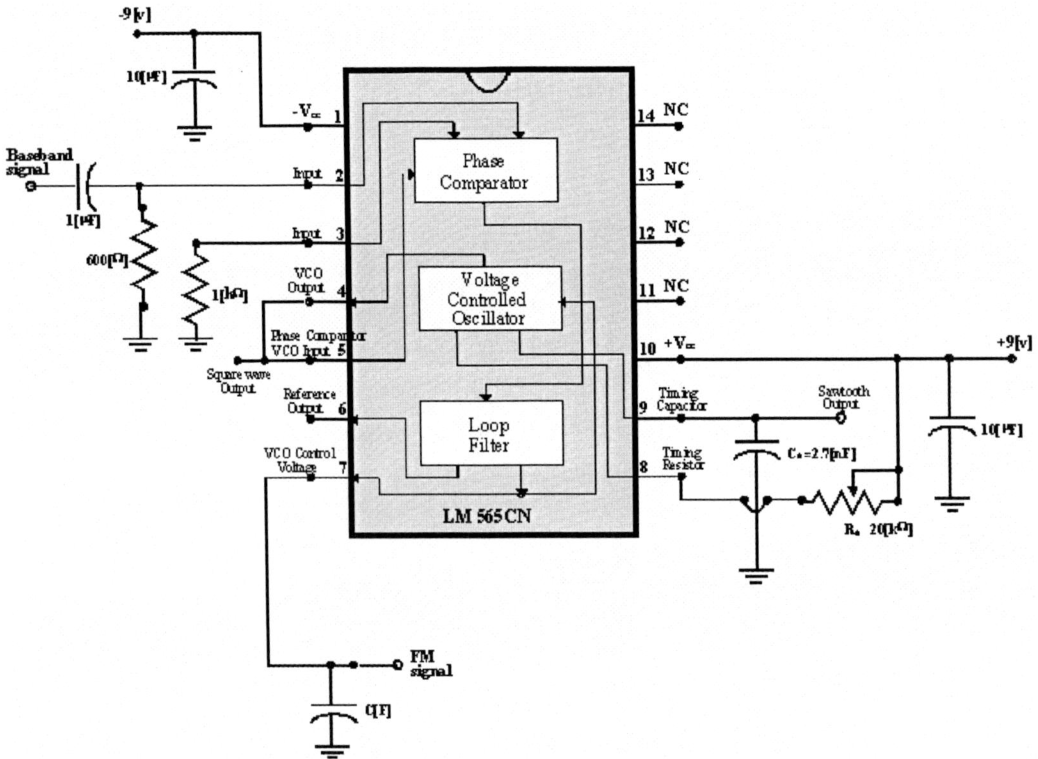

실험회로 1. PLL FM Modulator 실험회로

실험 2. PLL을 이용한 FM 복조

실험회로 2를 구성하고 다음의 실험 및 측정을 하시오.

(1) LM565CN IC의 2번 핀에 FM signal을 연결하지 않은 상태에서 R_0 가변저항을 조정하여 5번 핀의 VCO 출력(square wave)의 주파수가 10[kHz]가 되도록 조정하시오. 이 주파수는 식 (14)의 ω_c에 해당한다.

(2) 실험 1의 FM 변조신호를 FM signal 단자에 연결하고 출력신호를 관찰하여 FM 복조가 되는가를 관찰하시오.

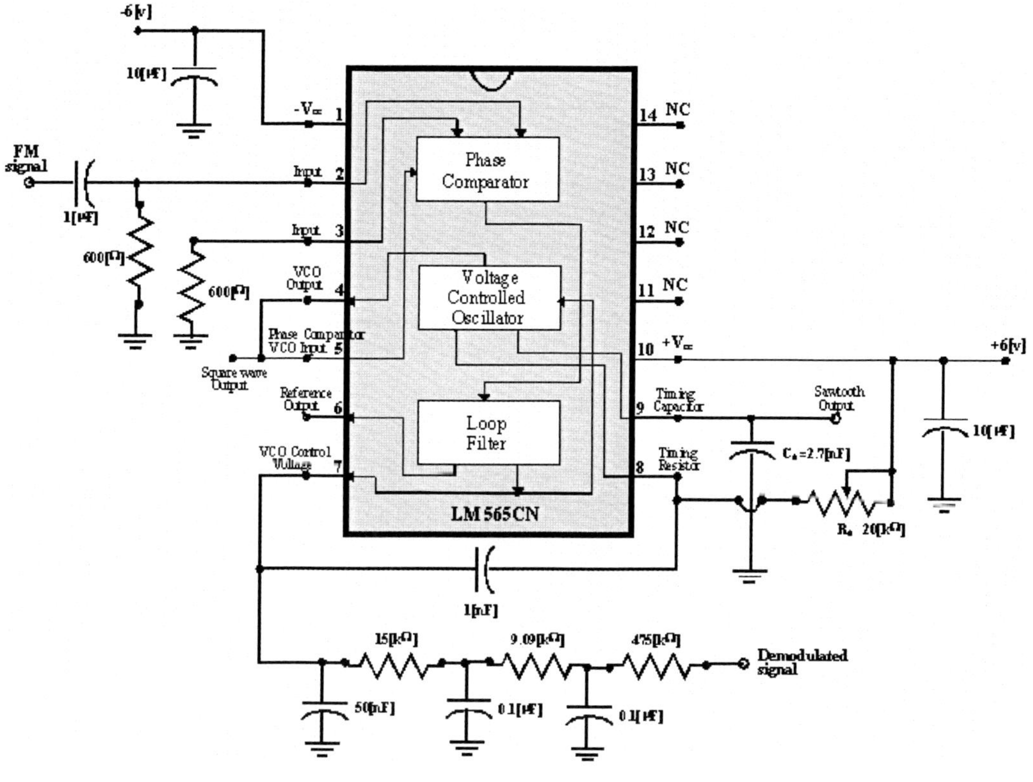

실험회로 2. PLL FM Demodulator 실험회로

V. 실험결과 보고서

<table>
<tr><td>실험 제목</td><td colspan="3"></td></tr>
<tr><td colspan="4"></td></tr>
<tr><td>실험 조</td><td></td><td>성 명
(학 번)</td><td>성적 등급</td></tr>
<tr><td rowspan="3"></td><td rowspan="3">실험 조원</td><td>( )</td><td></td></tr>
<tr><td>( )</td><td></td></tr>
<tr><td>( )</td><td></td></tr>
</table>

1. 실험결과 보고사항

(1) PLL을 이용한 FM 변조

(1) 측정한 VCO free-running frequency를 이론치와 비교하시오.
(2) 실험의 PLL 복조기의 대략적인 lock range를 측정해보시오.
(3) 실험의 FM 변조기가 정보신호를 FM 변조하는지를 확인하시오.

(2) PLL을 이용한 FM 복조

(1) PLL 복조기가 실험 1의 FM 신호로부터 정보신호를 복조하는지를 확인하시오.

2. 실험결과 고찰사항:

제11장 96[MHz] FM Transmitter 회로 제작

I. 실험목적

1. 반송파 주파수 96[MHz]의 FM transmitter를 제작하고 그 특성을 측정한다.

II. 실험 준비물

1. 디지털 오실로스코우프(Digital Oscilloscope): 1대
2. 스펙트럼 분석기(Spectrum Analyzer): 1대
3. DC Power Supply: 1대
4. IC chip: MC2833 1개
5. Crystal: 16.000[MHz] 1개
6. Microphone: cylinder type, diameter=~0.9[cm], length(height)=~0.6[cm]
7. 탄소저항: 150[Ω] 1개, 1[kΩ] 2개, 2.7[kΩ], 4.7[kΩ], 100[kΩ], 120[kΩ], 220[kΩ], 390[kΩ] 각각 1개, 100[kΩ] 가변저항 1개
8. 커패시터
   (1) ceramic: 10[pF], 12[pF], 18[pF], 각각 1개, 33[pF] 2개, 47[pF] 2개, 51[pF], 56[pF] 각각 1개, 470[pF] 2개, 1[nF], 4.7[nF] 각각 2개
   (2) tantalum: 1.0[μF] 2개
9. 인덕터(variable inductor): 0~1.0[μH] 가변 인덕터 3개, 0~10[μH] 가변 인덕터 1개
10. Antenna: Helical type(FM band)

III. 관련 이론

광대역 주파수 변조신호(Wide band FM signals)를 발생시키는 방법에는 두 가지가 있다. 하나는 직접변조 방법(Direct FM)으로 전압제어발진기(VCO, Voltage Controlled Oscillator)를 이용해서 반송파(carrier wave)의 주파수가 정보신호에 직접 비례하도록 하는 방법이다.

또 다른 방법은 간접방법(Indirect FM)으로 먼저 협대역 주파수 변조신호(Narrow band FM signals)를 발생시키고, 이 신호를 주파수 체배(frequency multiplication)를 시켜서 원하는 광대역 주파수 변조신호를 얻는 방법이다.

1. 직접 주파수 변조방법(Direct FM)

발진 반송파(carrier wave)의 주파수를 정보신호에 직접 비례하게 하는 방법으로, 주로 동조 전자발진기(Tuned Electronic Oscillator)의 커패시턴스를 정보신호에 비례하게 가변시켜서 발생시킨다. LC 병렬 동조회로의 동조 주파수는 다음과 같이 주어진다.

$$f = \frac{1}{2\pi\sqrt{LC}}$$

반도체 다이오드(semiconductor diode)의 경우 역 방향 바이어스(reverse bias) 상태일 때 회로적으로 커패시터로 볼 수 있고, 그 커패시턴스는 다음과 같이 주어진다.

$$C = \frac{C_0}{\sqrt{V_r}} = \frac{C_0}{\sqrt{V_0 + v(t)}}$$

여기서 V_r는 다이오드의 역 방향 바이어스 전압이고, C_0, V_0는 상수이며 $v(t)$는 FM 변조의

정보신호에 해당한다.

이와 같이 전압에 따라 변하는 커패시턴스를 voltage-variable capacitance라 하며, 이런 특성을 갖는 커패시터를 varactor(variable reactor)라고 한다.

그리고 이런 용도로 사용하는 역 방향 바이어스 상태의 다이오드를 varactor diode라 한다.

이 커패시턴스를 동조 주파수 식에 대입하여 근사값을 구하면 다음과 같다.

$$f = \frac{1}{2\pi\sqrt{LC}} = \frac{[V_0 + v(t)]^{1/4}}{2\pi\sqrt{LC_0}} \cong f_0 + kv(t)$$

여기서

$$f_0 = \frac{V_0}{2\pi\sqrt{LC_0}},\ k = \frac{f_0}{4V_0},\ |v(t)| << V_0$$

2. 간접 주파수 변조방법(Indirect FM): Armstrong indirect FM transmitter

VCO를 이용한 직접 변조방법의 단점은 FM 대역폭을 광대역화 하는 것이 어렵고 동조 발진 주파수의 안정도(frequency stability)가 떨어진다는 것이다.

이런 부분을 개선한 것이 1936년 Edwin Howard Armstrong에 의해서 고안된 방법으로, 먼저 안정된 수정 발진기(crystal oscillator)로 협대역 FM 신호를 만들고 이를 주파수 체배(frequency multiplication)를 해서 원하는 반송파 주파수와 대역폭의 FM 신호를 발생시키는 방법이다(그림 1).

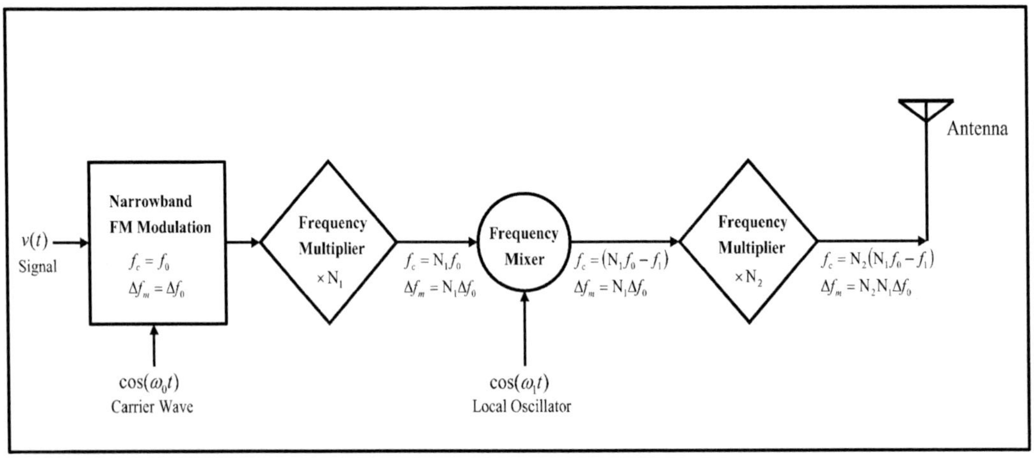

그림 1. Armstrong indirect FM transmitter

그림 1에서 N_1, f_1, 그리고 N_2를 적절히 조정하면 원하는 반송파 주파수와 대역폭의 FM 신호를 발생시킬 수 있다.

3. Motorola IC MC2833을 이용한 FM 변조

Motorola MC2833은 무선 전화기와 FM 통신장비에 사용되는 저전력 FM 송신용 장치의 일부를 단일 칩으로 제작한 것이다.

그 구성은 오디오(audio) 증폭부, VCO(voltage controlled oscillator), 그리고 2개의 트랜지스

터로 구성되어있다. 2개의 트랜지스터 중 하나는 주파수 체배(2배 체배, x2)용이고 다른 하나는 최종 FM 변조신호의 전력증폭용이다.

Motorola MC2833의 내부 블록도는 그림 2와 같고 이를 이용한 FM 변조 방식은 그림3과 같다.

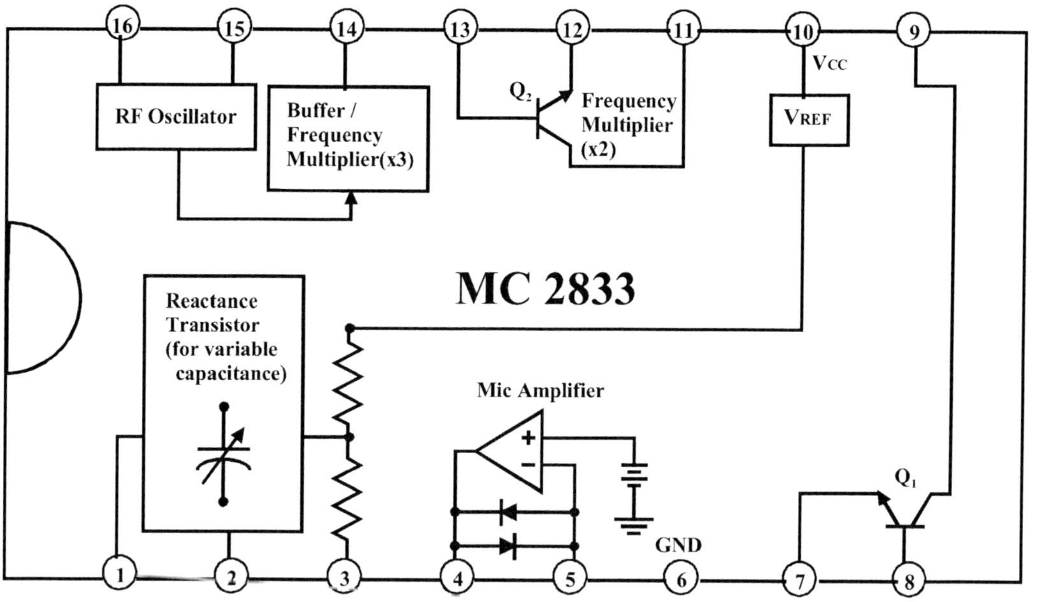

그림 2. MC2833의 내부 블록도

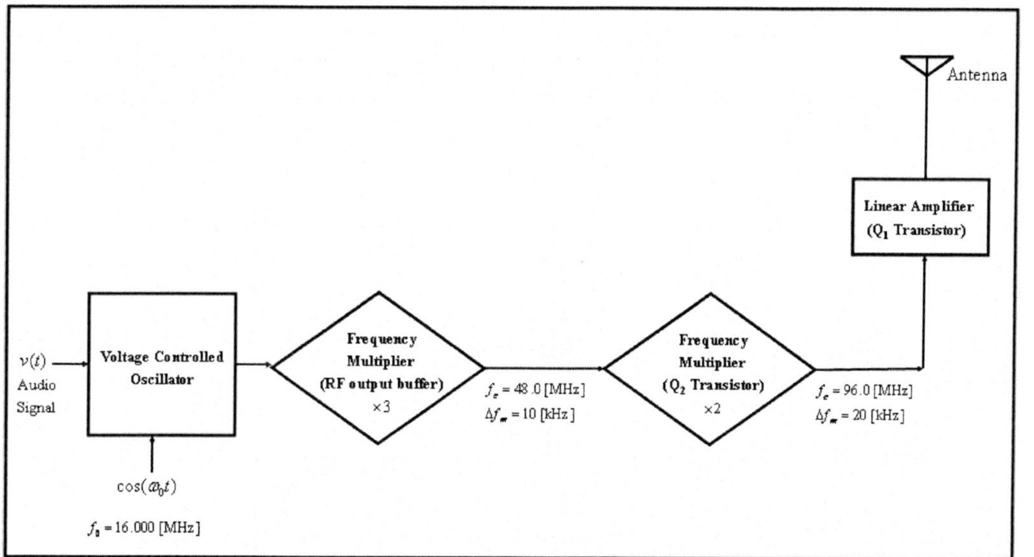

그림 3. MC2833을 이용한 FM 변조 블록도

4. 주파수 변조신호의 대역폭: FM bandwidth, Carson's bandwidth rule

주파수 변조된 신호의 대역폭은 이론적으로 무한대(infinite bandwidth)이다. 그러나 전체 주파수 변조신호 에너지의 98%이상은 Carson's rule에 의해 정해지는 대역폭 내에 집중되어 있다. Carson's rule은 1922년 John Renshaw Carson의 논문에서 유래된 것으로 이에 의하면 FM bandwidth는 다음과 같다.

$$W_{FM} = 2(\Delta f + f_m)[\text{Hz}]$$

여기서

W_{FM}: Bandwidth of FM signal

Δf: Maximum frequency deviation of FM signal

f_m: Bandwidth of baseband signal

(1) 상용 FM 방송의 예

상용 FM 방송의 경우 반송파 주파수는 88~108[MHz]의 영역에서 200[kHz] 간격으로 사용할 수 있게 할당되어 있다. AM 방송의 경우 반송파 주파수의 간격이 10[kHz]인 것과 비교하면 FM의 경우 보다 넓은 대역폭을 차지할 수 있음을 알 수 있다. 그리고 최대 주파수 편이(maximum frequency deviation)은 75[kHz]로 정해져 있으며 정보신호의 대역폭을 15[kHz] (이 값은 일반적인 FM 전송에서 오디오 신호의 최대 주파수에 해당한다)로 두면, Carson's rule에 의한 근사적인 FM 대역폭은 다음과 같다.

$$W_{FM} = 2(\Delta f + f_m) = 2(75[\text{kHz}] + 15[\text{kHz}]) = 180[\text{kHz}]$$

(2) 상용 TV 방송의 예

상용 TV 방송의 경우 오디오 신호를 FM 변조하는데 최대 주파수 편이를 25[kHz]로 하며 정보신호의 대역폭을 15[kHz]로 두면 Carson's rule에 의한 근사적인 FM 대역폭은 다음과 같다.

$$W_{FM} = 2(\Delta f + f_m) = 2(25[\text{kHz}] + 15[\text{kHz}]) = 80[\text{kHz}]$$

(3) 원격측정(Telemetry) 및 아날로그 이동통신(Mobile Communication)의 예

원격측정이나 아날로그 이동통신에서는 협대역 FM 변조를 하는데 이 경우 최대 주파수 편이는 정보신호의 대역폭에 비해서 무시할 수 있을 정도로 적어서 FM 대역폭은 근사적으로 AM 변조의 대역폭과 같다. 그러나 FM 변조는 AM 변조에 비해서 큰 잡음을 없앨 수 있으므로(변조된 신호의 clipping 또는 limiting을 통해서) 이런 분야에서 AM 변조 대신에 FM 변조가 사용된다.

$$W_{FM} = 2(\Delta f + f_m) \cong 2 f_m$$

5. Motorola IC MC2833을 이용한 FM 변조 및 송신 회로

MC2833은 2.8[V]~9.0[V]의 직류 공급전압(V_{cc})에서 동작하며 주요 구성은 오디오 증폭 부분, Voltage Controlled Oscillator 발진 부분, 3배 및 2배 주파수 체배 부분, 그리고 최종 FM 변조신호의 RF 증폭 부분으로 나누어진다.

(1) 오디오(audio) 증폭 부분

그림 4(a)에 오디오 증폭 부분의 회로구성을 보였다. 이 부분은 마이크(Mike, microphone)의 음성신호를 증폭하는 역할을 한다. 마이크를 동작시키기 위해서는 직류 바이어스 전압이 필요한데, 공급전압 V_{cc}를 1.0[kΩ]과 4.7[kΩ] 저항으로 분배한 전압을 이용한다. 이 회로의

증폭기의 전압이득은 다음과 같이 주어진다.

$$A_V = \frac{v_o(t)}{v_i(t)} = -\frac{R_1}{R_2 + R_0}$$

여기서 R_o는 마이크와 바이어스 회로의 출력저항이다.

실제 회로에서 R_1 저항은 고정저항과 가변저항의 조합으로 구성하여 회로가 최적으로 동작하도록 조정할 수 있도록 한다. 그리고 1.0[μF] tantalum 전해 커패시터는 마이크의 바이어스 직류성분을 막는 DC blocking 커패시터이다.

그리고 이 증폭 회로의 주요 동작특성은 표 1과 같다.

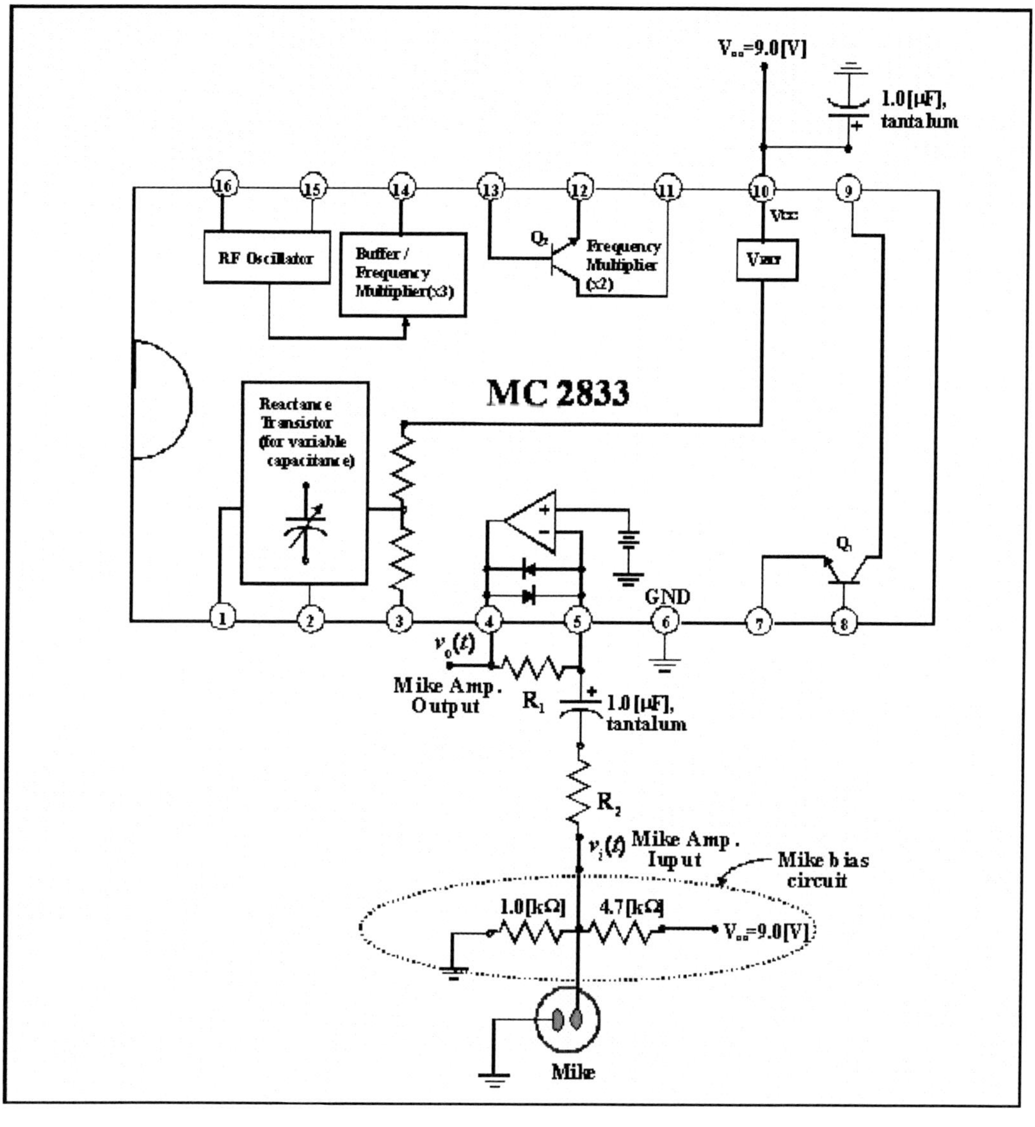

그림 4(a). FM 변조 및 송신 회로의 오디오 증폭 부분

표 1. Mike Amplifier specifications

Parameters	Minimum	Typical	Maximum
Closed Loop Voltage Gain, A_v (V_{in}=3.0[mV], rms value), f_{in}=1.0[kHz]	27[dB]	30[dB]	33[dB]
Output DC Voltage(No input signal)	1.1[V]	1.4[V]	1.7[V]
Output Swing Voltage (V_{in}=30[mV], rms value), f_{in}=1.0[kHz]	0.8[V_{p-p}]	1.2[V_{p-p}]	1.6[V_{p-p}]
Total Harmonic Distortion (V_{in}=3.0[mV], rms value), f_{in}=1.0[kHz]	-	0.15[%]	2.0[%]

(2) Voltage Controlled Oscillator 부분

voltage controlled oscillator 부분은 그림 4(b)와 같이 발진 주파수가 안정된 crystal을 사용하여 구현한다. 기본 주파수로 16.000[MHz]의 crystal을 사용하며 LC 직렬회로에서 C(variable capacitance) 값을 변조신호에 따라 변화시켜서 발진 주파수가 변조되게 한다. variable capacitor로는 트랜지스터를 사용하며 이에 인가되는 변조신호의 크기에 따라 트랜지스터의 transconductance를 변화시켜서 등가적으로 가변 커패시턴스를 가지게 한다.

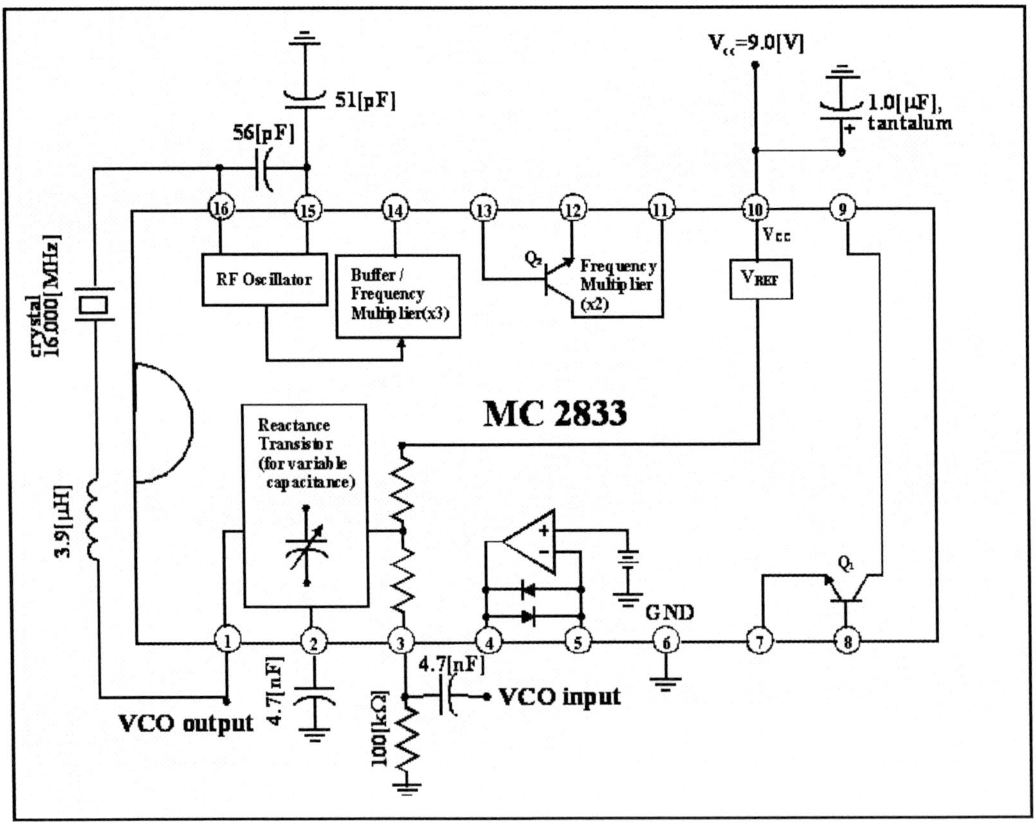

그림 4(b). FM 변조 및 송신 회로의 voltage controlled oscillator 부분

(3) Frequency Multiplication 부분

주파수 체배는 voltage controlled oscillator 출력(RF oscillator output)을 버퍼(buffer)에서 트랜지스터를 이용해서 3배 체배를 한다. 트랜지스터의 비선형 특성을 이용해서 주파수 체배를 하는 경우 원하는 체배의 주파수 성분 외의 harmonics가 발생할 수 있으므로 공진회로를 사용하여 원하는 주파수 성분만 선택하도록 한다.

그림 4(c)의 회로에서는 3배 주파수 성분을 선택하는 회로로 LC 병렬 공진회로를 사용하였다. 이의 공진 주파수를 계산하면,

$$f = \frac{1}{2\pi\sqrt{\mathrm{LC}}} = \frac{1}{2\pi\sqrt{0.22\times10^{-6}\times47\times10^{-12}}} \cong 49.5[\mathrm{MHz}]$$

이다. 그래서 3배 체배 주파수($3f_0$)인 48[MHz] 주위의 신호성분만을 선택한다. 실제 회로에서는 47[pF] 커패시터의 오차를 고려하여 0.22[μH] 인덕터 대신에 이 주위 값의 가변 인덕터를 사용하여 스펙트럼 상에서 48[MHz] 주위의 신호성분이 최대가 되도록 조정한다.

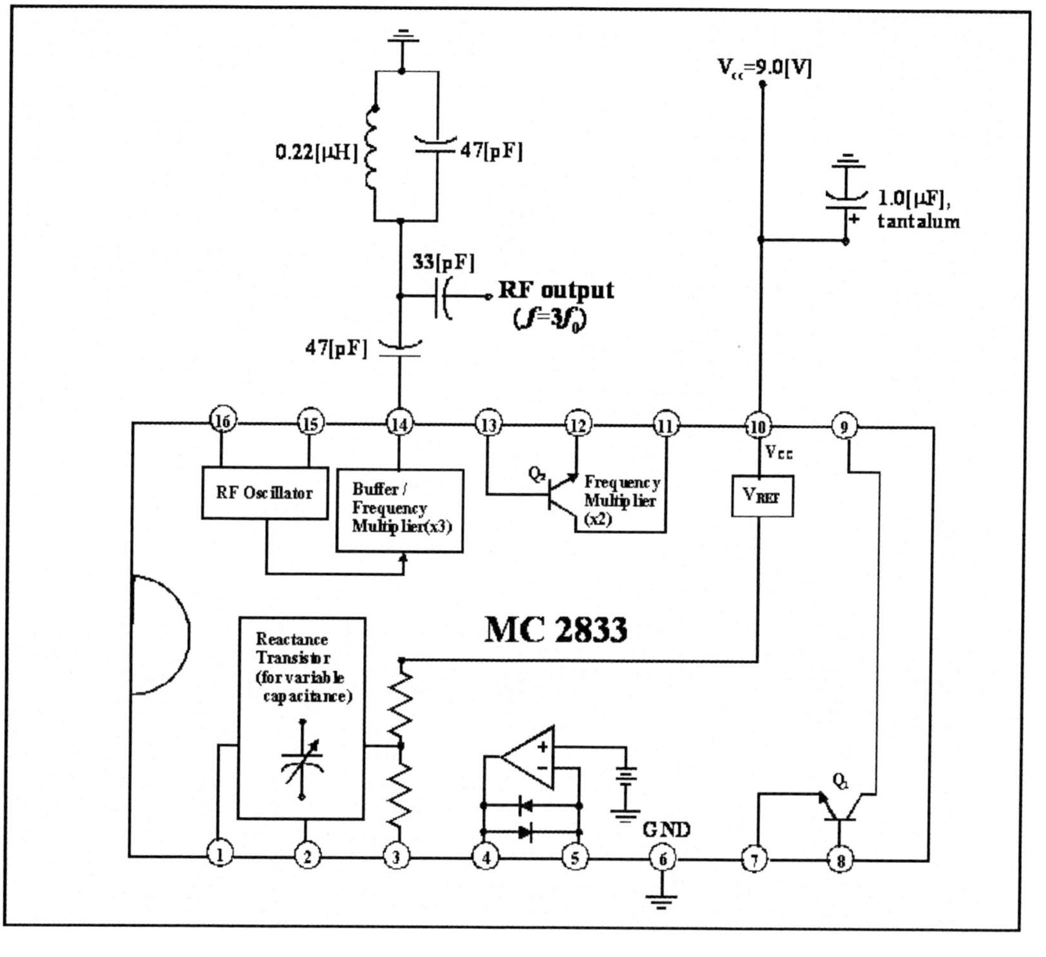

그림 4(c). FM 변조 및 송신 회로의 x3 multiplication 부분

그림 4(d)는 3배 주파수 체배에 이어서 다시 2배 주파수 체배를 하는 회로부분이다. Q_2 트랜지스터의 비선형 특성을 이용하며 harmonics를 억제하기 위해 LC 병렬 공진회로를 사용한다. 이의 공진 주파수는

$$f = \frac{1}{2\pi\sqrt{LC}} = \frac{1}{2\pi\sqrt{0.22\times10^{-6}\times12\times10^{-12}}} \cong 98.0[\text{MHz}]$$

이다. 이 경우에도 실제 회로에서는 12[pF] 커패시터의 오차를 고려하여 0.22[μH] 인덕터 대신에 이 주위 값의 가변 인덕터를 사용하여 스펙트럼 상에서 96[MHz] 주위의 신호성분이 최대가 되도록 조정한다.

그림 4(d)의 2배 주파수 체배 부분의 회로를 다시 그리면 그림 4(e)와 같다.

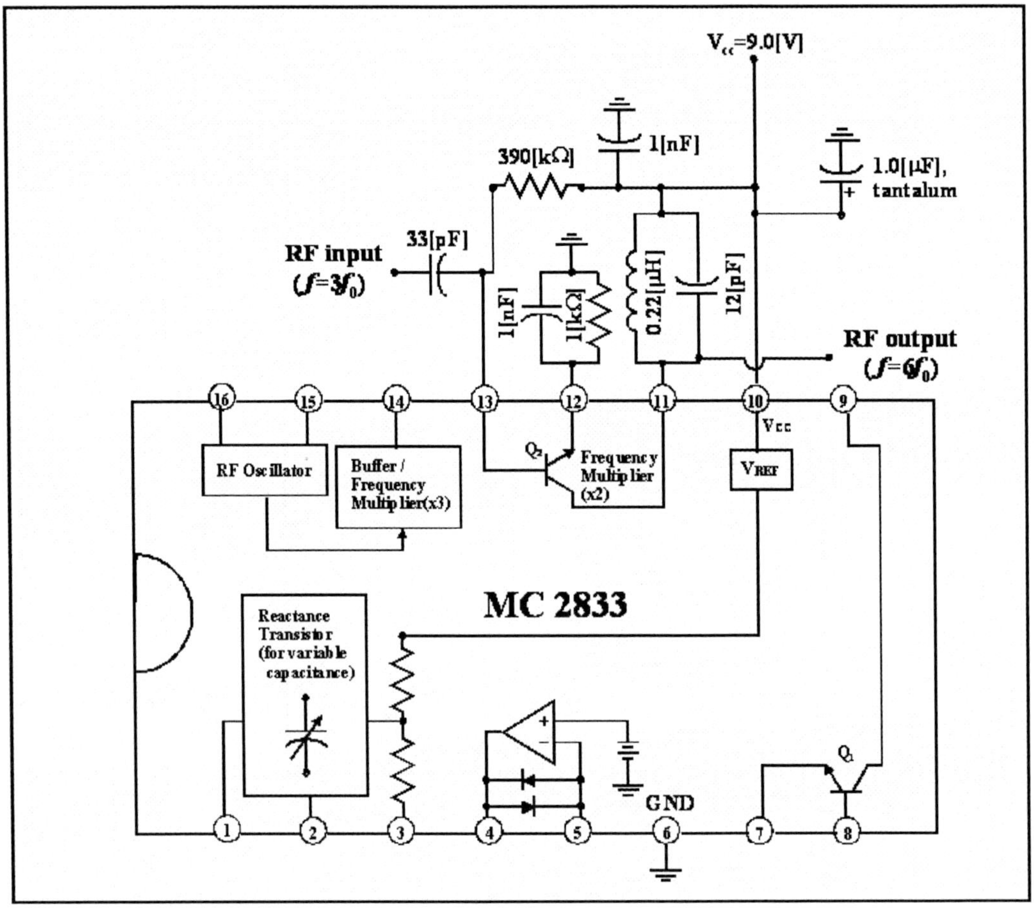

그림 4(d). FM 변조 및 송신 회로의 x2 multiplication 부분

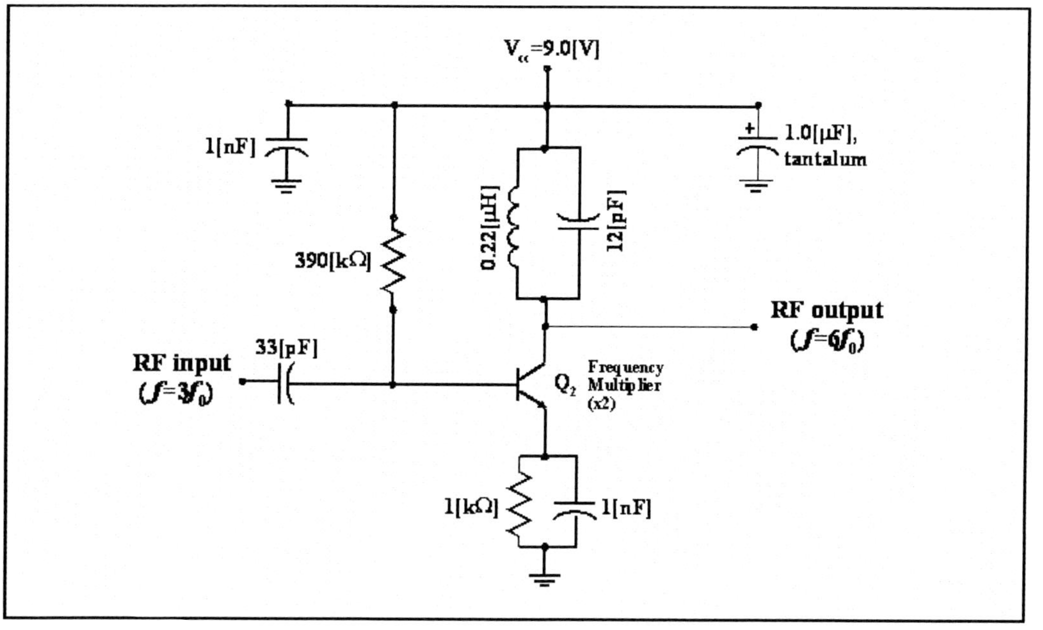

그림 4(e). x2 multiplication 부분의 전자회로 구성

(4) RF Power Amplification 부분

6배 체배된 96[MHz]의 RF FM 변조신호(Pin 11번 출력)는 안테나에 coupling하기 전에 Q1 트랜지스터를 통해서 5.0~10[dBm] power level 되도록 전력증폭을 한다. 그림 5(a)에 96[MHz] RF FM 변조신호의 전력을 증폭하는 부분을 보였다.

그림 5(a)의 96[MHz] RF 증폭회로 부분을 다시 그리면 그림 5(b)와 같다.

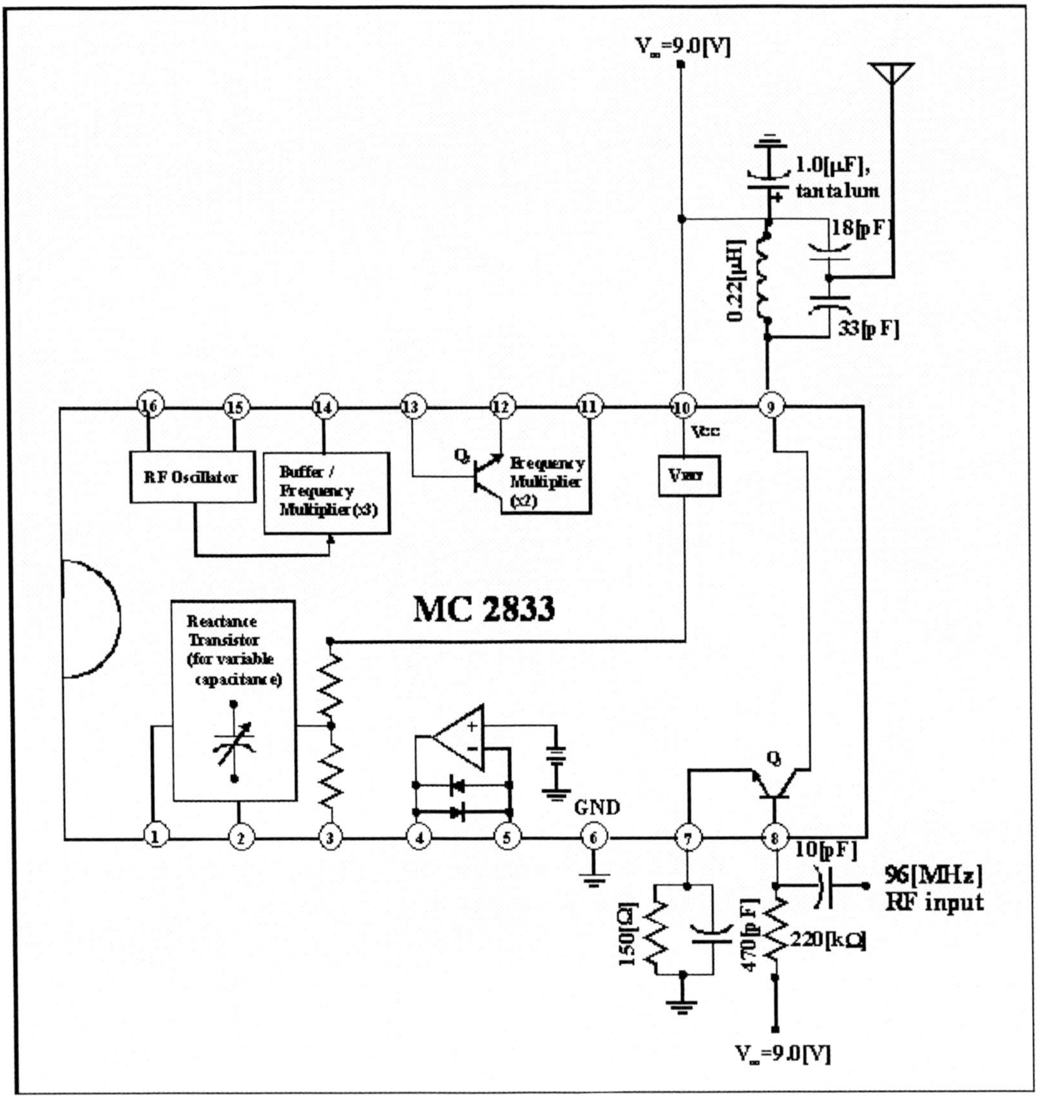

그림 5(a). 96[MHz] RF 증폭회로

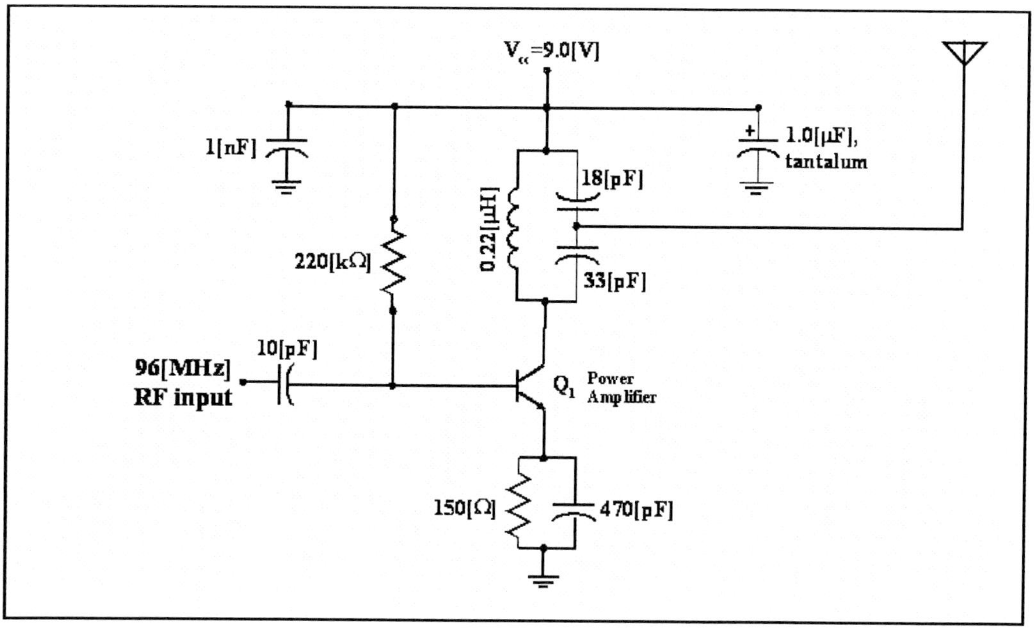

그림 5(b). 96[MHz] RF 증폭 전자회로 구성

제작된 96[MHz] FM Transmitter의 외관을 그림 6에 보였고 주요 check point에서의 측정결과를 그림 7에 보였다.

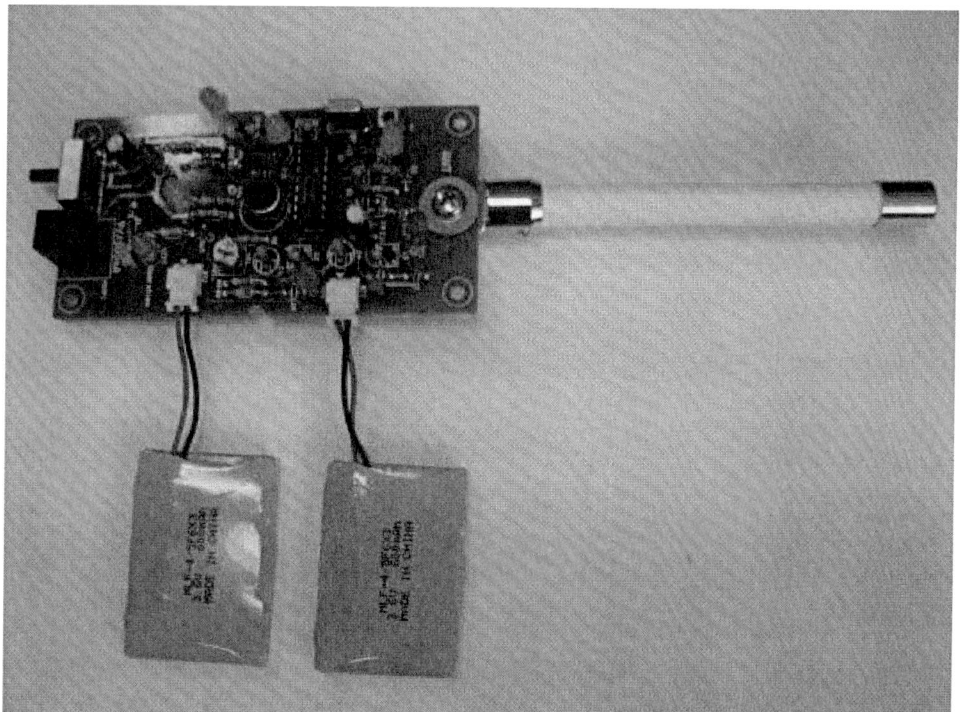

그림 6. 제작된 96[MHz] FM Transmitter 외관

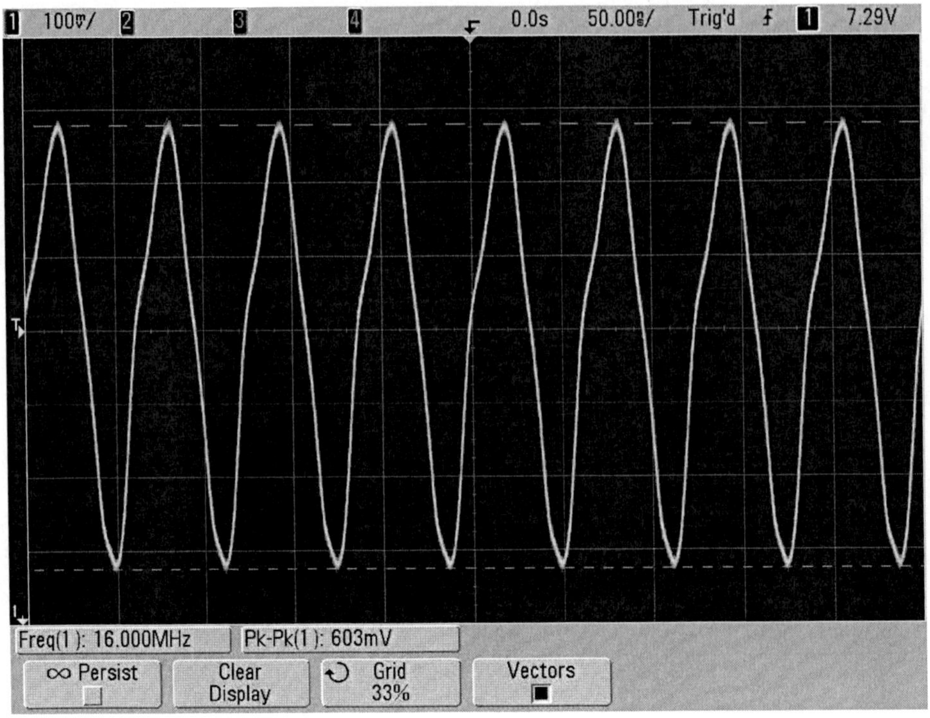

그림 7(a). 16[MHz] 발진 파형(MC2833 Pin 1번 파형)

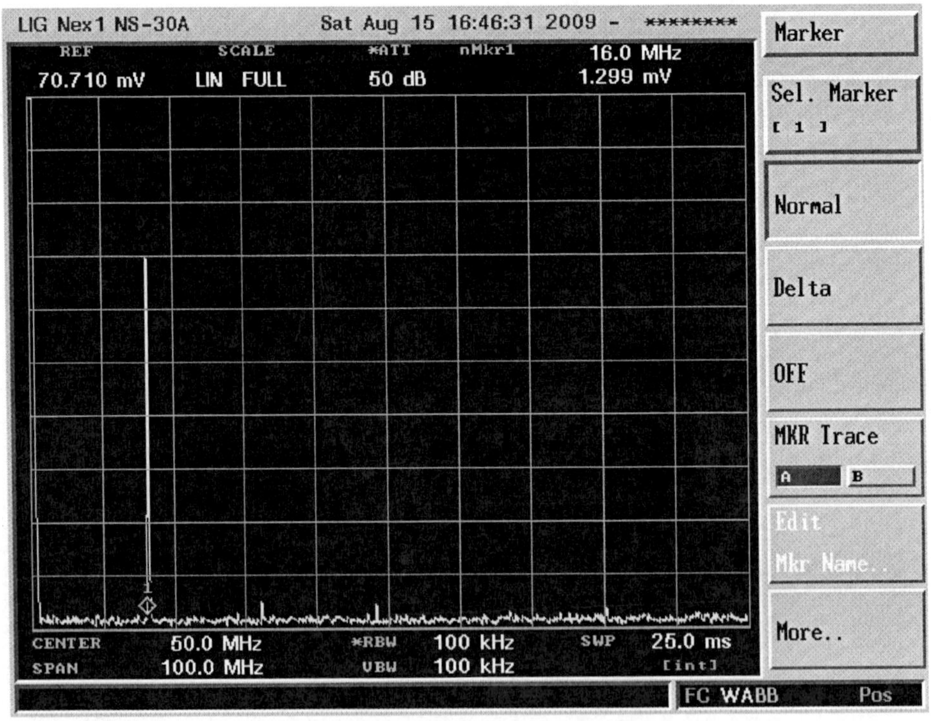

그림 7(b). 16[MHz] 발진 파형의 스펙트럼(MC2833 Pin 1번 신호의 스펙트럼)

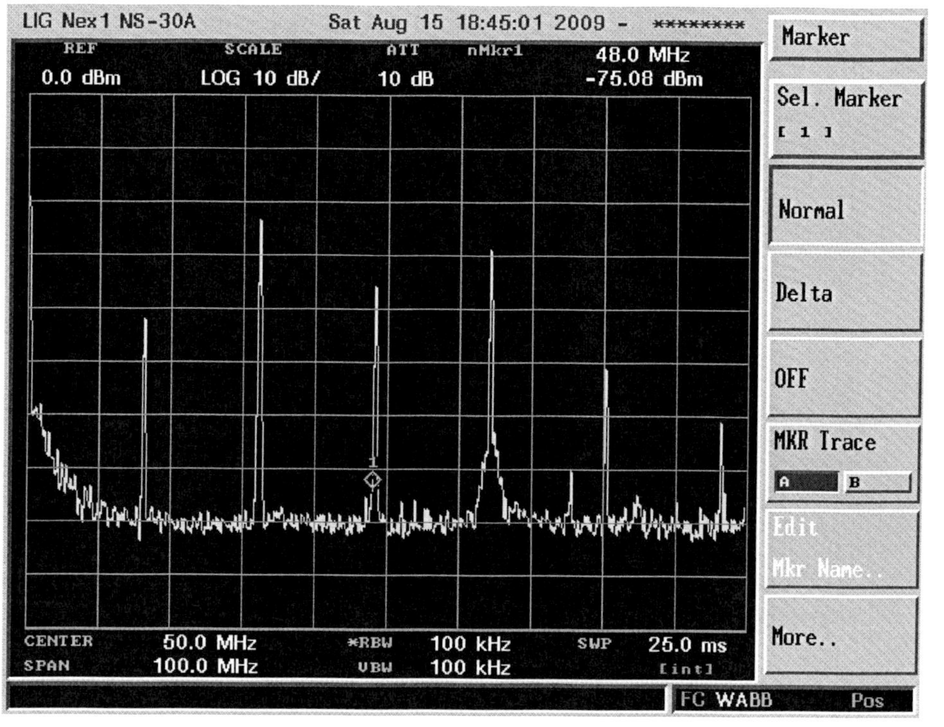

그림 7(c). 3배 주파수(48[MHz]) 체배 신호의 스펙트럼(MC2833 Pin 13번 신호의 스펙트럼)

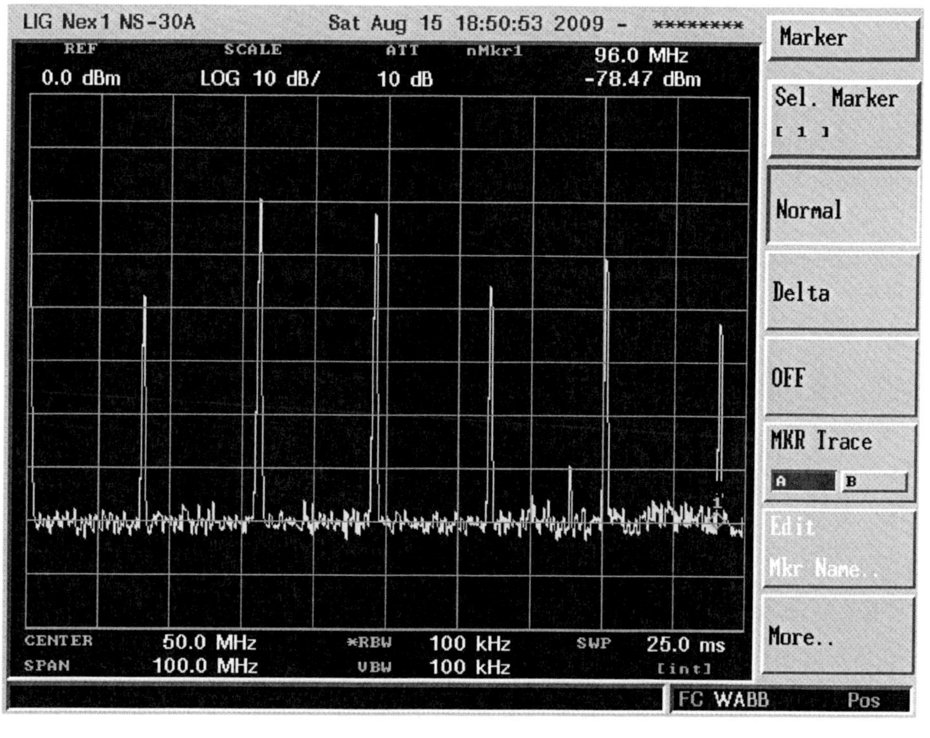

그림 7(d). 6배 주파수(96[MHz]) 체배 신호의 스펙트럼(MC2833 Pin 11번 신호의 스펙트럼)

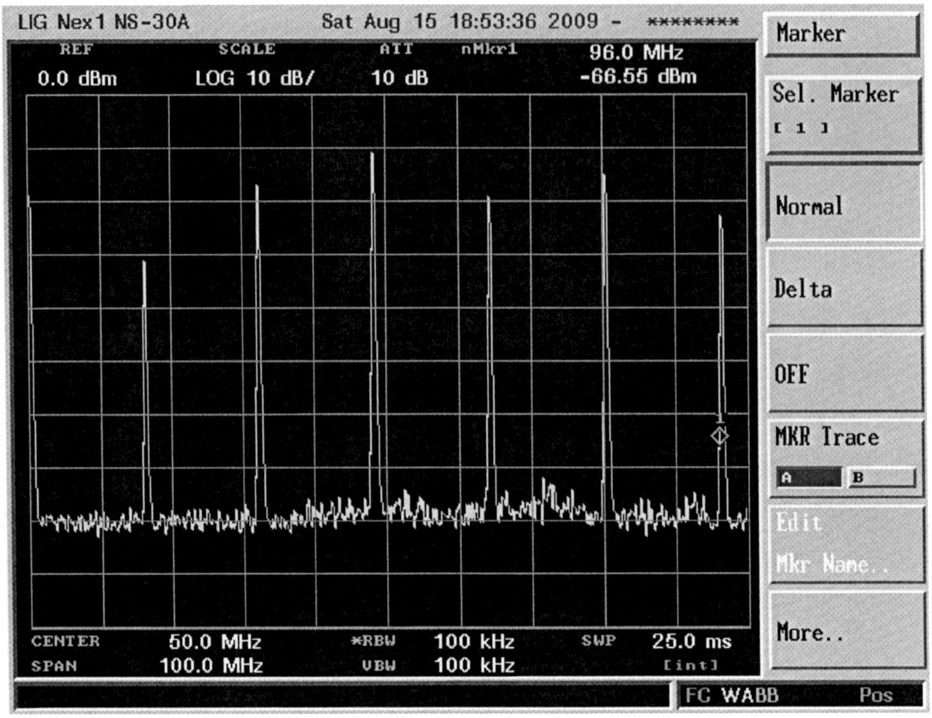

그림 7(e). 96[MHz] 전력증폭 신호의 스펙트럼(MC2833 Pin 9번 신호의 스펙트럼)

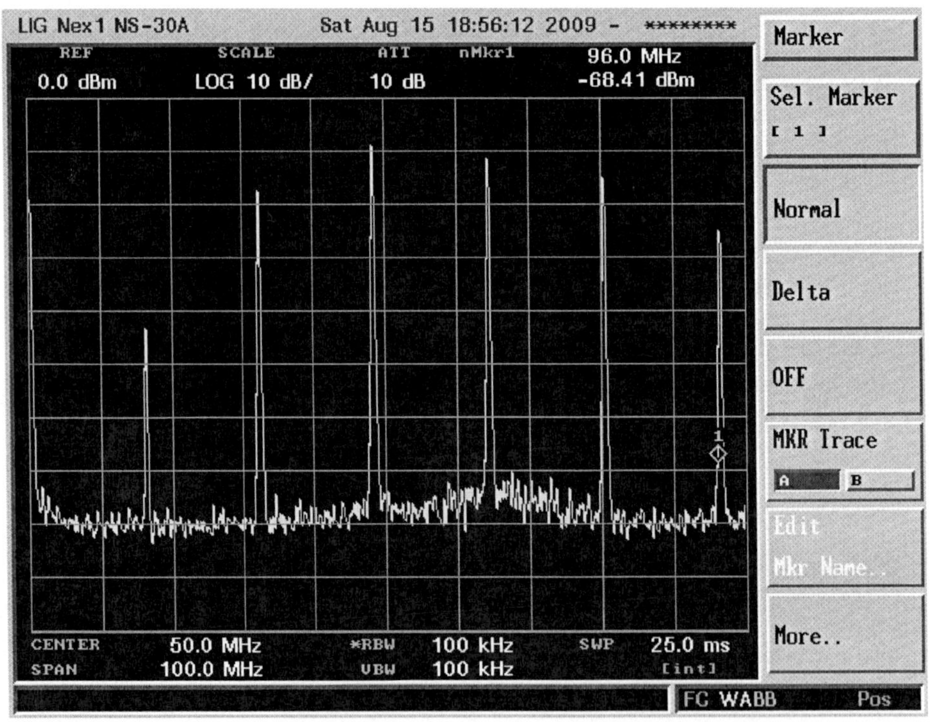

그림 7(f). 안테나 입력신호의 스펙트럼(MC2833 Pin 9번의 18[pF]과 33[pF]의 접점)

IV. 실험 순서

실험 1. 96[MHz] FM Transmitter 제작 및 동작실험

96[MHz] FM Transmitter PCB의 회로를 제작하고 다음의 동작실험을 하시오.

(1) 오디오 증폭기 부분의 100[kΩ] 가변저항을 조정하여 30[dB]의 전압이득이 나오도록 하시오.

(2) 가변 인덕터 L_1을 조정하여 마이크 입력이 없을 때, VCO output(MC2833의 Pin 1번 신호)이 16[MHz]의 기본 반송파(sine wave)가 되도록 하시오.

(3) 가변 인덕터 L_3를 조정하여 마이크 입력이 없을 때, MC2833의 Pin 14번의 3배 체배 주파수(48[MHz])의 성분이 최대가 되도록 하시오.

(4) 가변 인덕터 L_6를 조정하여 마이크 입력이 없을 때, MC2833의 Pin 11번의 6배 체배 주파수(96[MHz])의 성분이 최대가 되도록 하시오.

(5) 가변 인덕터 L_9를 조정하여 마이크 입력이 없을 때, 안테나 입력신호(MC2833의 Pin 9번에 연결된 커패시터 18[pF]와 33[pF]의 연결점의 신호)가 최대가 되도록 하시오.

(6) FM receiver의 tuning frequency를 96[MHz]로 맞춘 후, 마이크에 음성신호를 인가하여 제작한 FM Transmitter가 제대로 동작하는지를 확인하시오.

V. 실험결과 보고서

<table>
<tr><td>실험 제목</td><td colspan="3"></td></tr>
<tr><td colspan="4"></td></tr>
<tr><td>실험 조</td><td></td><td>성 명
(학 번)</td><td>성적 등급</td></tr>
<tr><td rowspan="3"></td><td rowspan="3">실험 조원</td><td>( )</td><td></td></tr>
<tr><td>( )</td><td></td></tr>
<tr><td>( )</td><td></td></tr>
</table>

1. 실험결과 보고사항

(1) 96[MHz] FM Transmitter 제작 및 동작실험

(1) 기본 주파수의 3배 체배 주파수(48[MHz]) 성분이 제대로 나오는지 보이시오.

(2) 기본 주파수의 6배 체배 주파수(96[MHz]) 성분이 제대로 나오는지 보이시오.

(3) 제작한 FM Transmitter가 제대로 동작하는지를 보이시오.

제12장 디지털 논리회로의 이해(Digital Logic Circuits)

I. 실험목적

1. Logic gates를 이용한 디지털 논리회로의 동작원리를 간단한 조합 논리회로(4-bit binary full adder)와 순차 논리회로(BCD counter)의 제작 및 실험을 통해서 이해한다.

II. 실험 준비물

1. 디지털 오실로스코우프(Digital Oscilloscope): 1대
2. 함수발생기(Function Generator): 1대
3. 직류 전원공급기(DC Power Supply): 1대
4. 디지털 멀티미터(Digital Multimeter): 1대
5. TTL IC: 74LS00, 74LS283, 74LS90, 74LS48 각각 1개
6. 7-segment display: TIL321A 1개
7. Transistor: 2N3904 17개
8. LED: Red 17개
9. 저항: 1[kΩ] 1개, 100[kΩ], 330[Ω] 각각 17개

III. 관련 이론

디지털 시스템은 전기적 신호(전압)로 표현된 digit 0과 1의 조합으로 된 자료(디지털 신호)를 처리하는 장치이다. 이 digit 0과 1을 bit라고 하며 각 bit에는 논리값 True와 False을 1:1 대응시킬 수 있다. 전기적 신호로 이 두 bits를 표현하는 방법은 전압 level를 이용하며 디지털 신호를 처리하는 전자회로에 따라 달라지는데, 그 기본 전자회로가 TTL(Transistor-Transistor Logic circuit)인 경우에는 0[v](bit 0)와 5[v](bit 1), ECL(Emitter Coupled Logic circuit)인 경우는 -1.9[v](bit 0)와 -0.7[v](bit 1)의 전압으로 표현되며 그 내용은 표 1과 같다.

표 1. 논리값의 전압 level

IC family type	High level voltage		Low level voltage	
	Range	Typical	Range	Typical
TTL	2.4 ~ 5.0[v]	3.5[v]	0 ~ 0.4[v]	0.2[v]
ECL	-0.95 ~ -0.7[v]	-0.8[v]	-1.9 ~ -1.6[v]	-1.8[v]
CMOS(voltage supply: V_{DD})	V_{DD}	V_{DD}	0 ~ 0.5[v]	0[v]
Positive logic	bit 1		bit 0	
Negative logic	bit 0		bit 1	

2진수의 수학적 연산과 bit 0과 1의 조합으로 된 디지털 자료의 처리는 논리연산(logic operations)과 이에 대한 부울대수(Boolean Algebra)에 의해서 구현될 수 있으며, 이 논리연산의 집합에는 {AND, OR, NOT}, {AND, NOT}, {OR, NOT}, {NAND}, 그리고 {NOR}가 있다. 이들 연산 집합을 complete sets라고 하며 이 집합 중의 하나만으로도 부울대수의 다른 모든 논리연산을 구현할 수 있다.

이 complete sets 중에서 NAND 또는 NOR 연산을 디지털 시스템 설계의 논리연산으로 많이 사용하는데, 이는 이들 연산을 transistors를 이용한 전자회로로 쉽게 구현할 수 있으며 부울대수의 논리연산 함수도 쉽게 구현할 수 있기 때문이다. 특히 NAND와 NOR gate는 반도체 IC(Integrated Circuit)의 형태로 쉽게 제조할 수 있고 조합 논리회로(combinational logic circuits)와 순차 논리회로(sequential logic circuits)를 포함한 어떤 디지털 시스템도 이 gate로 구현될 수 있기 때문에 universal gate라고 한다.

이들 complete sets 논리연산과 Exclusive-OR 및 Exclusive-NOR의 정의는 표 2와 같다.

표 2(a). 2진 논리연산: complete set, {AND, OR, NOT}

Logic operation	Graphic symbol	Algebraic function	Truth Table
AND	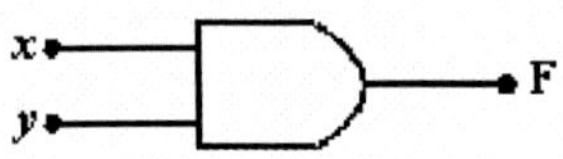	$F = x \cdot y$	x y F 0 0 0 0 1 0 1 0 0 1 1 1
OR		$F = x + y$	x y F 0 0 0 0 1 1 1 0 1 1 1 1
NOT	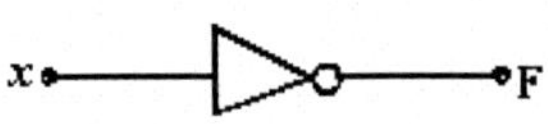	$F = x'$	x F 0 1 1 0

표 2(b). 2진 논리연산: complete set, {NAND}

Logic operation	Graphic symbol	Algebraic function	Truth Table
NAND	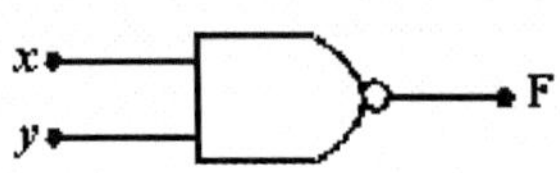	$F = (x \cdot y)'$	x y F 0 0 1 0 1 1 1 0 1 1 1 0

표 2(c). 2진 논리연산: complete set, {NOR}

<table>
<tr><th>Logic operation</th><th>Graphic symbol</th><th>Algebraic function</th><th>Truth Table</th></tr>
<tr><td>NOR</td><td>
</td><td>$F=(x+y)'$</td><td><table><tr><th>x</th><th>y</th><th>F</th></tr><tr><td>0</td><td>0</td><td>1</td></tr><tr><td>0</td><td>1</td><td>0</td></tr><tr><td>1</td><td>0</td><td>0</td></tr><tr><td>1</td><td>1</td><td>0</td></tr></table></td></tr>
</table>

표 2(d). 2진 논리연산: Exclusive OR

<table>
<tr><th>Logic operation</th><th>Graphic symbol</th><th>Algebraic function</th><th>Truth Table</th></tr>
<tr><td>XOR</td><td>
</td><td>$F=x\oplus y$</td><td><table><tr><th>x</th><th>y</th><th>F</th></tr><tr><td>0</td><td>0</td><td>0</td></tr><tr><td>0</td><td>1</td><td>1</td></tr><tr><td>1</td><td>0</td><td>1</td></tr><tr><td>1</td><td>1</td><td>0</td></tr></table></td></tr>
</table>

표 2(e). 2진 논리연산: Exclusive NOR(equivalence)

<table>
<tr><th>Logic operation</th><th>Graphic symbol</th><th>Algebraic function</th><th>Truth Table</th></tr>
<tr><td>Exclusive-NOR</td><td>
</td><td>$F=x\odot y$</td><td><table><tr><th>x</th><th>y</th><th>F</th></tr><tr><td>0</td><td>0</td><td>1</td></tr><tr><td>0</td><td>1</td><td>0</td></tr><tr><td>1</td><td>0</td><td>0</td></tr><tr><td>1</td><td>1</td><td>1</td></tr></table></td></tr>
</table>

bit 0과 1의 조합으로 2진수(binary number)를 직접 표현할 수 있으며, 그 표현방법은 10진수(decimal number)의 경우와 동일하다. 10진수 13을 예를 들면 다음과 같다.

먼저, 10진수 13의 의미는 첫째 자리 digit(digit '1')의 값의 비중(weight)은 10^1이고, 둘째 자리 digit(digit '3')의 값의 비중은 10^0이다. 즉, 개개 10진수 digit의 위치에 따라 그 digit의 값의 비중이 10의 그 위치에 해당하는 지수 승으로 주어진다. 그래서 10진수 13은 다음과 같이 표현할 수 있다.

$$13 = 1\times 10^1 + 3\times 10^0$$

여기서 10을 이 진수의 밑(base)라고 한다.

동일한 방법으로 13을 2진수로 표현하면 다음과 같다.

$$1101_2 = 1\times 2^3 + 1\times 2^2 + 0\times 2^1 + 1\times 2^0 = 13_{10}$$

여기서 2진수 또는 10진수의 아래첨자의 수 2 또는 10은 그 수의 진수 또는 밑을 의미한다.

이런 방식으로 10진수 또는 2진수를 표현할 수 있기 때문에 10진수를 2진수로 변환하려면, 10진수(이 예에서는 13)를 연속적으로 2로 나눌 때 그 나머지가 2진수의 개개 bit가 된다. 즉, 13을 2로 나누면 몫(quotient)이 6이고 나머지(remainder)가 1이다. 이 1은 2진수의 가장 마지막 bit 1이 된다. 다시 몫 6을 2로 나누면, 몫이 3이고 나머지가 0이 되고, 이 0은 2진수의 오른쪽에서 두 번째 bit 0이 된다. 같은 방식으로 계속하면 13의 2진수 4개의 bits가 얻어진다.

2진수의 왼쪽에서 첫 번째 bit(이 예에서는 bit 1)를 MSB(Most Significant Bit)라 하고 이 bit의 값의 비중이 가장 크다(이 경우 2^3). 그리고 가장 오른쪽의 bit를 LSB(Least Significant Bit)라고 하며 그 bit의 값의 비중이 가장 낮다(2^0).

어떤 특별한 목적(산술적 연산의 편리, 오류검출 기능, 등등)을 위해서 2진수를 어떤 규칙에 의하여 코드화(coding)해서 사용하기도 한다. 10진수 digits에 대해서 많이 사용되는 2진 코드(binary codes)들은 표 3과 같다. 이 표에서 BCD code는 두 자리 수 이상의 10진수를 2진수로 표현하는데 가장 많이 사용되는 2진 코드이고, Excess-3, 82-2-1, 2421 코드는 self-complementary codes로서 산술연산이 편리한 2진 코드이며, 5043210 코드는 에러검출(error-detection) 특성을 가진 2진 코드이다.

2진 코드로 두 자리 수 이상의 10진수를 표시하는 방법은 개개 자리의 10진수 digit 대신에 2진 코드를 사용하면 된다. 예를 들면, 10진수 13의 경우 BCD 코드로 표현하면 00010011이 된다.

표 3. Binary codes for decimal digits

Decimal digit	BCD (Binary-Coded Decimal) 8421	Excess-3	82-2-1	2421	5043210 (Biquinary)
0	0000	0011	0000	0000	0100001
1	0001	0100	0111	0001	0100010
2	0010	0101	0110	0010	0100100
3	0011	0110	0101	0011	0101000
4	0100	0111	0100	0100	0110000
5	0101	1000	1011	1011	1000001
6	0110	1001	1010	1100	1000010
7	0111	1010	1001	1101	1000100
8	1000	1011	1000	1110	1001000
9	1001	1100	1111	1111	1010000

디지털 신호처리 시스템을 설계하는 과정은 먼저 그 시스템의 입력과 출력을 정의하고, 부울대수에 근거해서 출력을 입력의 논리식(Boolean function)으로 표현하고 gates들을 이용해서 그 논리식을 구현하면 된다. gates들로 구성된 디지털 신호를 처리하는 회로를 논리회로(logic circuits)라고 하며, 조합 논리회로와 순차 논리회로로 나누어진다.

조합 논리회로는 그 회로의 출력이 과거의 입력과는 무관하게 오로지 현재의 입력과 논리회로의 상태에 의해서만 결정되는 논리회로이다.

한편, 순차 논리회로는 현재의 입력과 논리회로의 상태 외에 과거의 입력과 논리회로의 상태도 현재의 출력에 영향을 주는 논리회로이다. 순차 논리회로에서는 과거의 입력과 상태를 기억하여야 하므로 항상 기억소자를 가진다. 대부분의 경우 일정한 주파수의 clock이라고 불리는 binary pulse train에 동기되어서 순차적으로 기억소자의 data와 함께 디지털 신호를 처리한다. 이 경우에 사용되는 기억소자는 flip-flops으로 그 논리회로를 구성하는 방법과 기억하는 방식에 따라 RS flip-flop, D flip-flop, JK flip-flop, T flip-flop등이 있다.

순차 논리회로에서 clock에 동기되어 디지털 신호가 처리되는 시기는 보통 clock의 edges(rising edge 또는 falling edge)에서 이루어진다. 이때 디지털 신호는 edge가 발생하기 전에 미리 일정시간 안정된 상태에 도달해 있어야 하고, edge가 발생한 후에도 일정시간 안정된 상태를 유지해야지만 정상적으로 신호의 처리가 이루어진다. clock edge 발생 전에 미리 안정된 상태에 도달해 있어야 하는 최소 시간간격을 setup time, clock edge가 발생한 후 안정된 상태를 유지해야하는 최소 시간간격을 hold time이라고 한다(그림 1(a)). 여기서 setup time과 hold time의 기준 시간의 위치는 clock의 edge level이 0[v](logic level 'Low')에서 5[v](logic level 'High') 사이의 50%의 level에 도달했을 때이다(그림 1(b)).

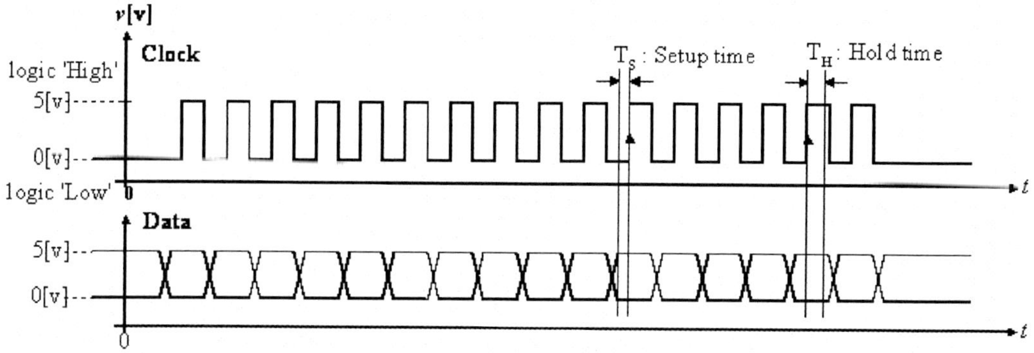

그림 1(a). clock edge triggering: Setup time과 Hold time(rising edge triggering의 경우)

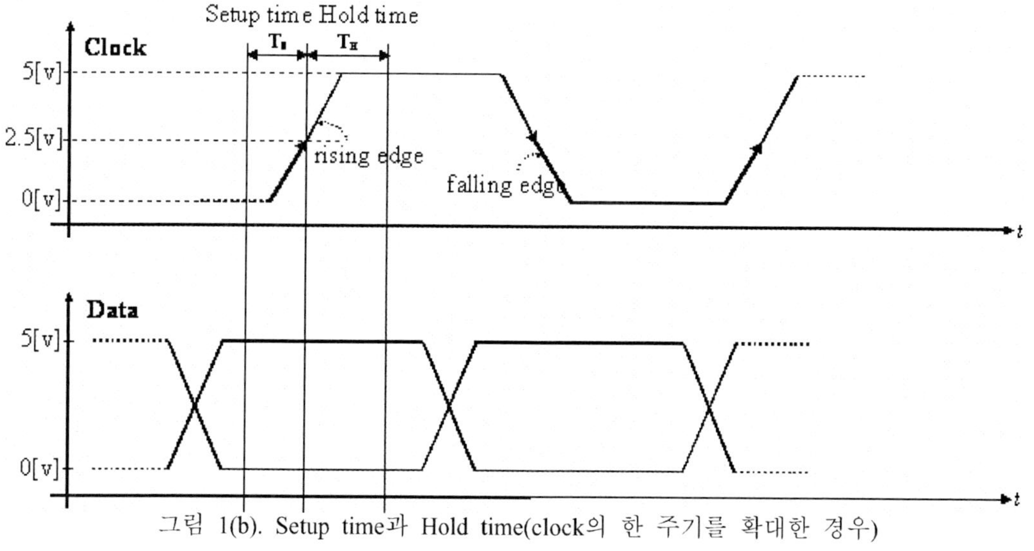

그림 1(b). Setup time과 Hold time(clock의 한 주기를 확대한 경우)

이 실험에서는 조합 논리회로의 예로서 가산기(4-bit binary adder)를 실험하고, 순차 논리회로의 예로서 계수기(BCD counter)실험한다.

1. 가산기(Adders)

두개의 1-bit의 2진수를 더하는 가산기를 반가산기(half-adder)라고 한다. 반가산기에서 더하는 두 bit가 모두 1인 경우 그 결과는 2-bit가 되며 이의 MSB를 carry라고 한다. 그래서 반가산기의 출력은 더한 값의 bit와 carry bit로 표현된다. 이의 truth table은 표 4와 같다. 표 4에서 x, y는 이 가산기의 입력이고 S는 출력이며 C는 carry이다.

표 4. Truth table for the Half-Adder

x	y	**C (carry)**	**S (sum)**
0	0	0	0
0	1	0	1
1	0	0	1
1	1	1	0

그리고 주어지는 입력 x, y에 대해서 이 truth table의 S와 C를 부울대수를 이용해서 구할 수 있다. 즉,

$$S = x' \cdot y + x \cdot y' = x \oplus y$$

$$C = x \cdot y$$

이 부울 대수식을 gates를 이용해서 구현하면 그림 2와 같다.

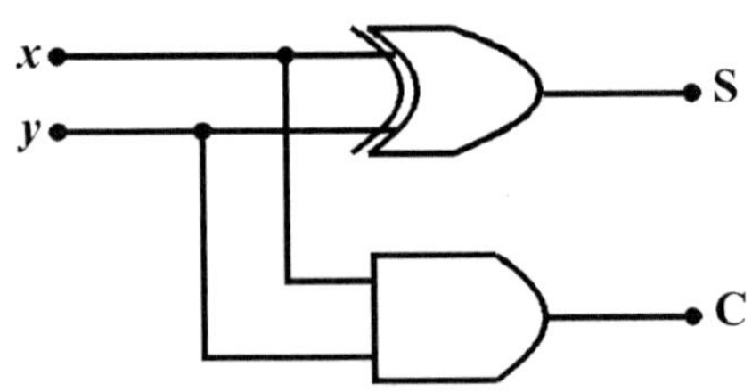

그림 2. 반가산기(half-adder)의 논리회로

전가산기(full-adder)는 3개의 1-bit 입력의 합을 구한다. 이는 2-bit 이상의 두 수를 더할 때, 현재 자리수의 두 bit(x, y)와 아래 자리수의 두 bit의 덧셈 결과 발생한 carry bit(z)를 함께 더하는 경우에 필요하다. 3개 입력 bits x, y, z에 대한 전가산기의 truth table은 표 5와 같다.

주어진 입력 x, y, z에 대해서 이 truth table의 S와 C를 부울대수를 이용해서 구하면 다음과 같다.

$$S = x \cdot y' \cdot z' + x' \cdot y \cdot z' + x \cdot y \cdot z + x' \cdot y' \cdot z = z \oplus (x \oplus y)$$

$$C = z(x \cdot y' + x' \cdot y) + x \cdot y$$

이 부울 대수식을 gates를 이용해서 구현하면 그림 3과 같다.

표 5. Truth table for the Full-Adder

x	y	z	C (carry)	S (sum)
0	0	0	0	0
0	0	1	0	1
0	1	0	0	1
0	1	1	1	0
1	0	0	0	1
1	0	1	1	0
1	1	0	1	0
1	1	1	1	1

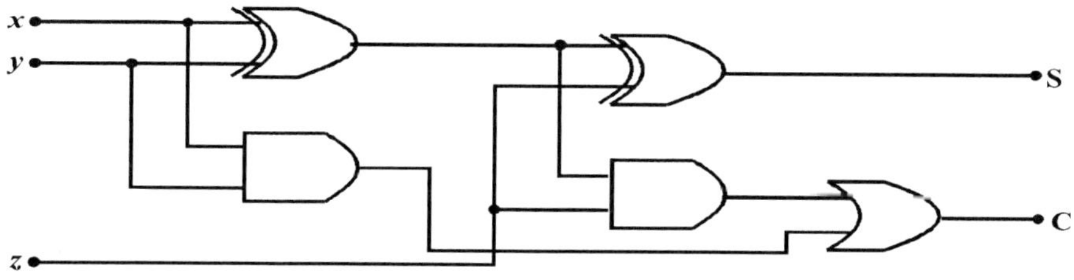

그림 3. 전가산기(Full-Adder)의 논리회로

임의의 n-bit의 두 수의 더하기는 전가산기를 n개 종속(cascade)으로 연결해서 구현할 수 있다. 두 개의 4-bit 입력 $A_4A_3A_2A_1$과 $B_4B_3B_2B_1$의 합을 구하는 4-bit binary parallel adder의 블록도는 그림 4와 같다.

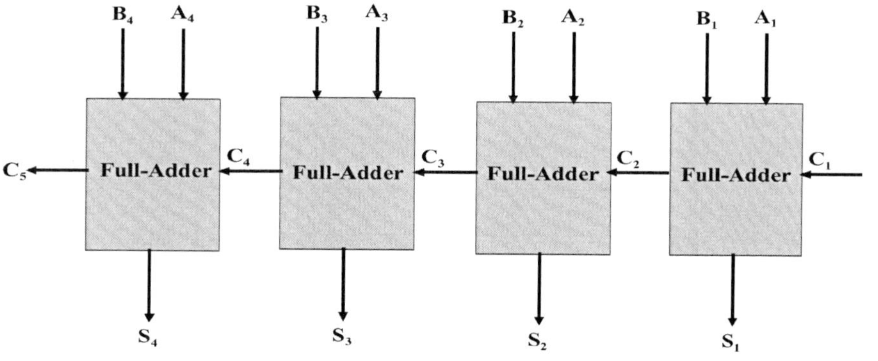

그림 4. 4-bit binary adder의 블록도

2. 계수기(Counters)

계수기(counters)는 현재의 상태가 이전의 상태에 따라 결정되므로(예를 들어, 이전의 수가 101이면 현재의 수는 110이어야 함), 조합 논리회로로는 구현할 수 없고 flip-flops를 이용한 순차 논리회로로 구성된다.

순차 논리회로를 설계하기 위해서는 인가되는 clock과 현재 flip-flops의 상태에 따라 다음의 flip-flops의 상태와 출력이 어떻게 되는가를 보여주는 state table 또는 state diagram이 필요하다. 예로서 3-bit binary counter의 state diagram은 그림 5와 같다. 이 diagram에서 원안의 2진수는 counter의 출력상태를 의미하고 화살표는 다음 상태로 넘어가는 방향을 의미한다.

state diagram이 주어지면 이를 구현하기 위해서 사용하는 flip-flops에 따라 flip-flop input에 대한 Excitation table을 구해야 한다. 이 table은 앞서 정의된 state diagram을 flip-flops로 구현하기 위해서 이들 flip-flops에 어떤 입력이 인가되어야 하는지를 보여주는 table이다. T flip-flops를 이용하는 경우 3-bit binary counter의 Excitation table은 표 6과 같다(그림 6에 T flip-flop의 characteristics도 함께 보였다).

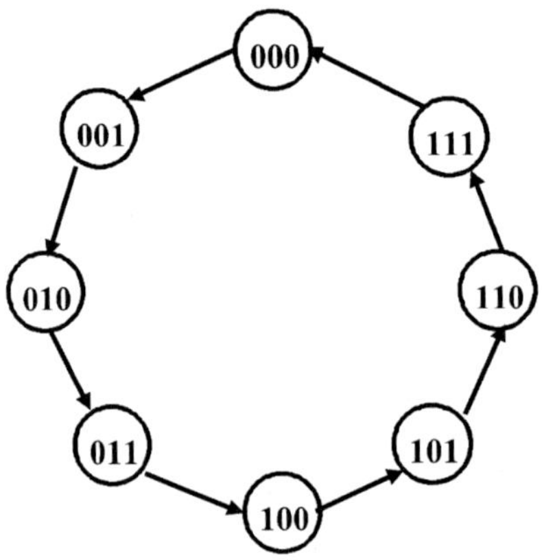

그림 5. 3-bit binary counter의 state diagram

표 6. Excitation table for 3-bit binary counter

Count sequence ($A_2 A_1 A_0$)	Flip-flop inputs ($T_2\ T_1\ T_0$)
0 0 0	0 0 1
0 0 1	0 1 1
0 1 0	0 0 1
0 1 1	1 1 1
1 0 0	0 0 1
1 0 1	0 1 1
1 1 0	0 0 1
1 1 1	1 1 1

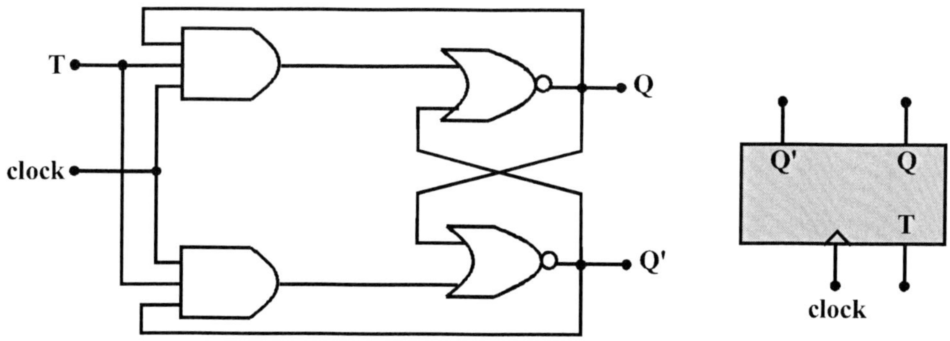

그림 6(a). T flip-flop의 내부 논리회로(왼쪽)와 논리회로 기호(오른쪽)

Q(*t*)	T	Q(*t*+1)
0	0	0
0	1	1
1	0	1
1	1	0

$$Q(t+1) = T \cdot Q'(t) + T' \cdot Q(t)$$

그림 6(b). T flip-flop의 characteristic table(왼쪽)과 characteristic equation(오른쪽)

표 6의 Excitation table로부터 T flip-flops의 input function(Boolean function)을 구할 수 있으며 다음과 같다.

$$T_2 = A_1 \cdot A_0, \quad T_1 = A_0, \quad T_0 = 1$$

이 function을 논리회로로 구현하여 3-bit binary counter를 설계하면 그림 7과 같다.

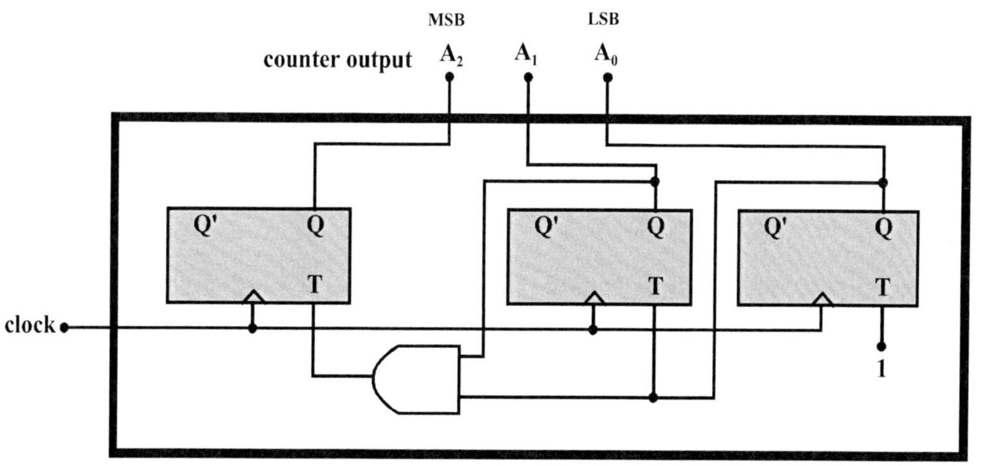

그림 7. 설계된 3-bit binary counter

IV. 실험 순서

실험 1. Bit 0와 1의 전기적 신호 표현

디지털 논리회로에서 bit 0과 1은 전압 level의 차이로 표현하는데, 그 level 값은 그 회로를 구성하는 gates의 전자회로를 구성하는 방식인 TTL circuits, ECL circuits, 또는 CMOS(Complementary Metal-Oxide Semiconductor) circuits 등에 따라 다르다. 일반적으로 간단한 디지털 논리회로는 보통 TTL gates들로 구성되는데, 이 경우 bit 0은 0[v], bit 1은 2.4~5[v]의 전압으로 표현된다.

실험회로 1(a)에서 스위치가 A의 위치에 연결되면 5[v]로 bit 1(logic 'High')을 나타내고, B의 위치에 연결되면 0[v]로 bit 0(logic 'Low')을 나타낸다. 이 회로를 구성하여 bit 0과 1의 전압 level을 측정하여 표 1을 완성하시오.

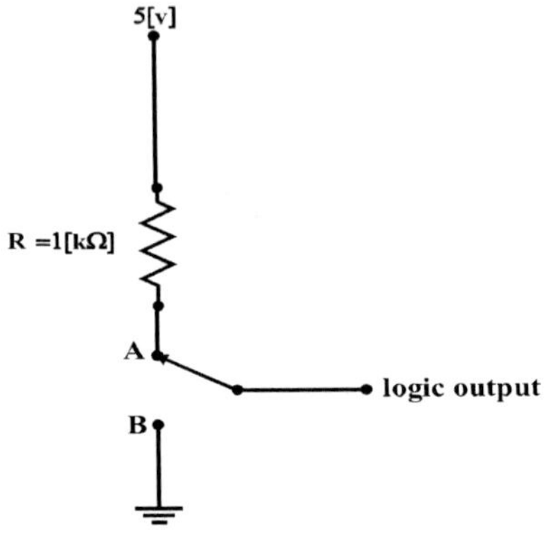

실험회로 1(a). TTL voltage level 측정 회로

실험회로 1(b)을 구성하고 logic output 단자가 'High'(bit 1)일 때 LED에 불이 켜지고, 'Low'(bit 0)일 때는 불이 꺼지는 것을 확인하시오. 이 회로를 이용하면 LED의 점멸여부로 bit 1 또는 0을 표현할 수 있다.

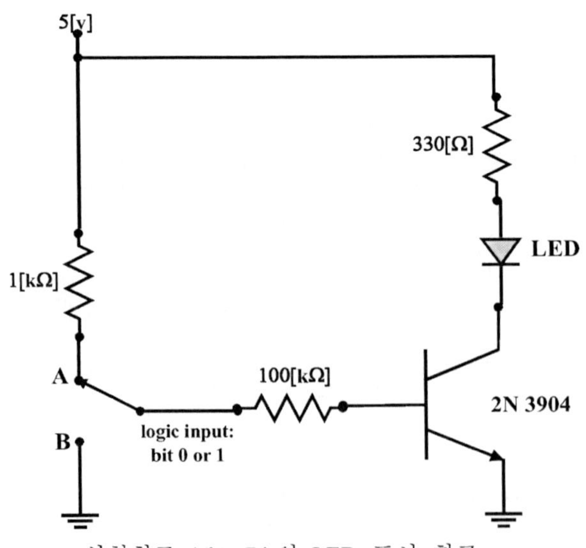

실험회로 1(b). Bit의 LED 표시 회로

실험 2. NAND logic operation 실험

TTL IC 74LS00은 2개 입력의 NAND gate 4개가 들어있는 Quad 2-input NAND gate이다. 이 NAND gates중 하나를 이용하여 실험회로 2(a)의 회로를 구성하여 NAND 논리연산의 진리표(truth table) 표 2를 완성하시오.

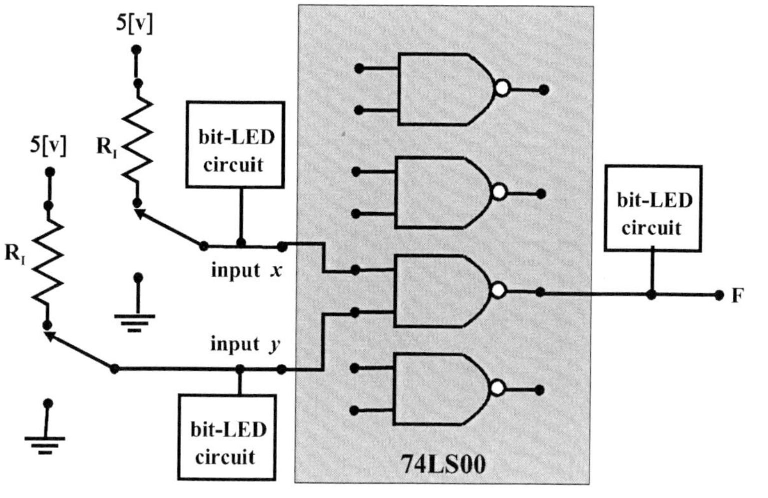

실험회로 2(a). NAND gate 동작실험 논리회로 블록도

실험회로 2(a)의 블록도에서 bit-LED circuit의 내부 회로는 다음과 같다.

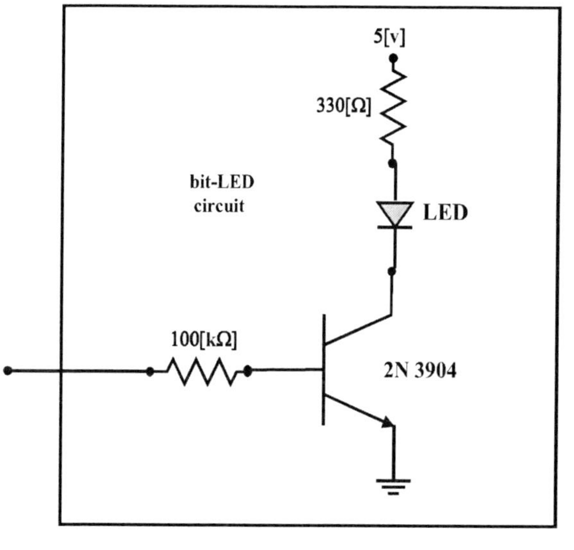

실험회로 2(b). bit-LED circuit의 내부 회로도

실험 3. 4-bit binary Full-Adder 실험

TTL IC 74LS283은 2개 4-bit 2진수를 더하는 4-bit binary Full-Adder이다. 실험회로 3의 블록도의 논리회로를 구성하여 4-bit binary adder를 만드시오.

실험회로 3에서 개개 bit input 회로로는 실험회로 1의 logic output을 bit 입력으로 사용하고, 개개 bit의 LED display는 실험회로 2(b)의 회로를 이용하시오.

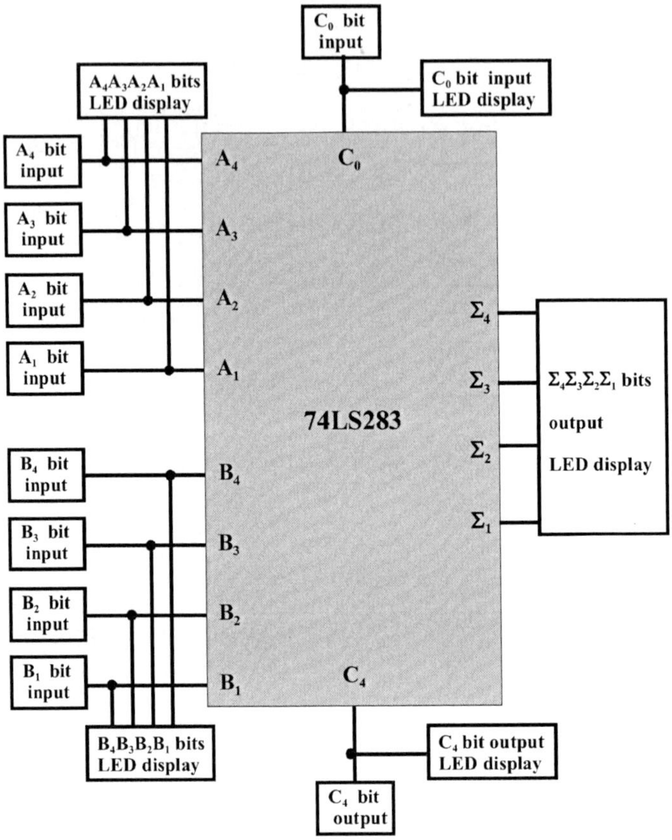

실험회로 3. 4-bit binary Full-Adder 논리회로 블록도

실험 4. BCD counter(decade counter) 실험

TTL IC 74LS90은 4-bit 2진수로 0(0000)부터 9(1001)까지 셀 수 있는 십진 계수기(decade counter)이고, 74LS48은 BCD code를 7-segment로 변환해주는 decoder이다. 그래서 74LS90, 74LS48, 그리고 7-segment를 이용하면 0부터 9까지 십진수가 표시되는 계수기를 만들 수 있다.

실험회로 4의 블록도의 논리회로를 구성하여 0부터 9까지 십진수가 표시되는 계수기를 만드시오. clock 신호로는 함수발생기의 구형파(square wave) 출력(주파수 1[Hz])을 이용하시오.

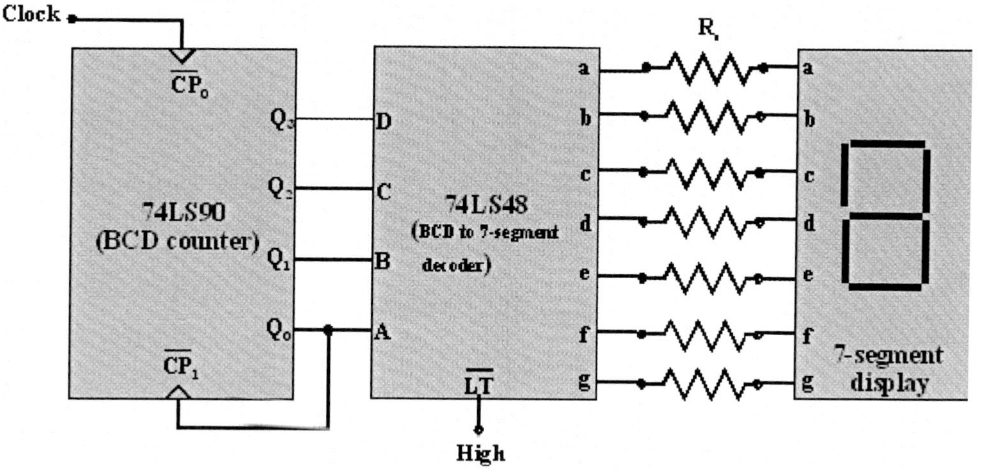

실험회로 4. BCD counter 논리회로 블록도

7-segment LED display

7-segment LED display는 2 종류, Common Anode와 Common Cathode가 있으며, 이의 내부 구조는 그림 1과 같다.

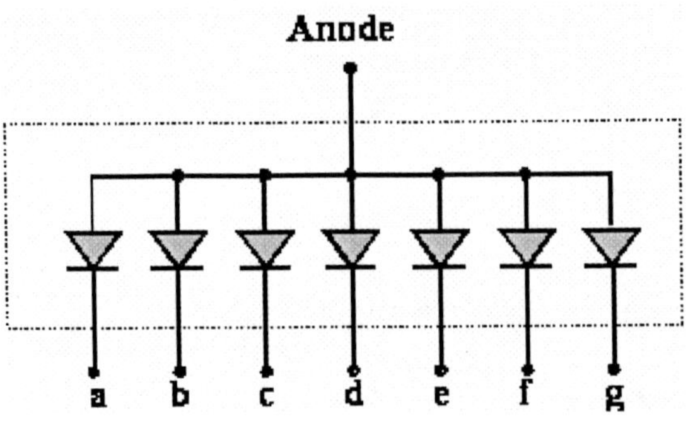

그림 1(a). 7-segment LED display의 내부구조(Common Anode type)

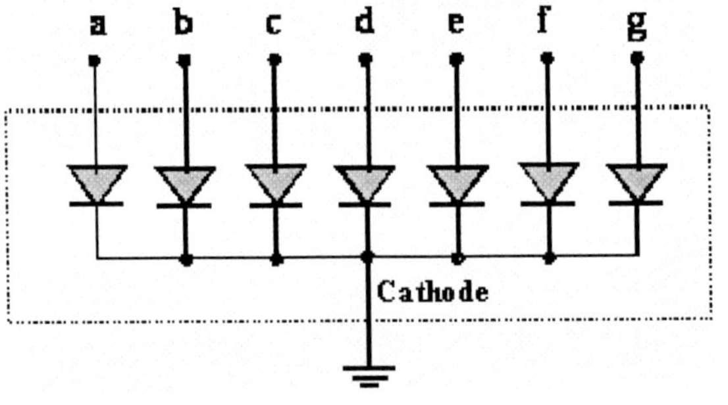

그림 1(b). 7-segment LED display의 내부구조(Common Cathode type)

이들은 기본적으로 내부에 7개의 LED가 있는 것으로 볼 수 있으며, Common Anode는 이 7개의 LED의 Anode가 공통으로 연결되어 있고(그림 1(a)), Common Cathode는 Cathode가 공통으로 연결되어 있다(그림 1(b)).

LED는 그 전기적 특성이 기본적으로 다이오드이므로 그 양단의 전위차가 순방향 바이어스일 때 전류가 흐르고 빛이 복사된다. 그래서 Common Anode 구조인 경우에는 공통단자 Anode에 V_{cc}가 인가되어야 하고 a~g 단자에서 High level이 인가되는 단자는 그 다이오드가 순방향 바이어스가 아니므로 그 단자에 해당하는 LED 조각(segment)은 빛이 복사되지 않고, Low level이 인가되는 단자는 순방향 바이어스이어서 그 조각은 빛을 복사한다.

Common Cathode 구조에서는 a~g 단자에서 High level이 인가되는 단자에 해당하는 LED 조각은 빛을 복사하고, Low level이 인가되는 단자에 해당하는 조각은 빛을 복사하지 않는다.

BCD to 7-segment decoder와 결합하여 4-bit BCD를 십진수로 표시하는 블록도는 그림2와 같다.

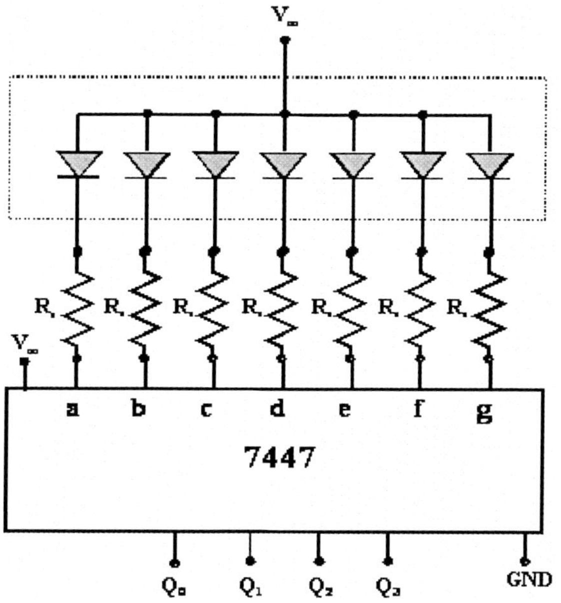

그림 2(a). 4-bit BCD 7-segment display(Common Anode type)

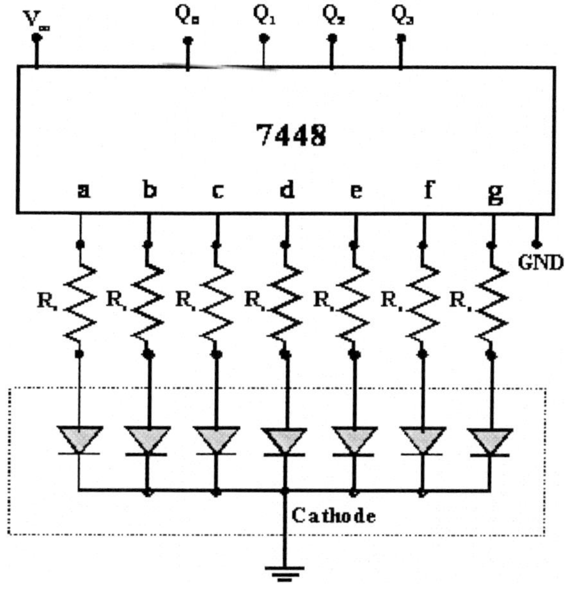

그림 2(b). 4-bit BCD 7-segment display(Common Cathode type)

이 그림에서 $Q_3Q_2Q_1Q_0$는 4-bit BCD이고 R_s는 다음과 같이 주어진다.

$$R_s = \frac{V_{cc} - V_F}{I_F}, \quad \text{or} \quad R_s = \frac{V_H - V_F}{I_F}$$

여기서 V_F, I_F는 각각 다이오드 양단의 전압과 전류이고 V_H는 High level의 전압이다.

V. 실험결과 보고서

<table>
<tr><td>실험 제목</td><td colspan="3"></td></tr>
<tr><td colspan="4"></td></tr>
<tr><td>실험 조</td><td></td><td>성 명
(학 번)</td><td>성적 등급</td></tr>
<tr><td rowspan="3"></td><td rowspan="3">실험 조원</td><td>( )</td><td></td></tr>
<tr><td>( )</td><td></td></tr>
<tr><td>( )</td><td></td></tr>
</table>

1. 실험결과 보고사항

(1) TTL 전압 level 측정

표 1. TTL logic level 측정

	A에 위치했을 때 (bit 1, logic ‘High’)	B에 위치했을 때 (bit 0, logic ‘Low’)
logic output[v]		

(2) NAND gate truth table 측정

표 2. NAND gate truth table 측정

x	y	**F**

(3) 4-bit binary Full-Adder 실험

두개의 4-bit binary 입력과 carry에 대해서 adder가 제대로 동작하는지를 보이시오.

(4) BCD Counter(decade counter) 실험

10진수로 0부터 9까지 counting하는 것을 보이시오.

2. 실험결과 고찰사항:

제13장 디지털 신호의 반송파 변조 (Carrier Modulation by Digital Signals)

I. 실험목적

1. 디지털 신호의 반송파 변조 중에서 ASK와 FSK의 변조특성과 복조방법을 실험을 통해서 이해한다.

II. 실험 준비물

1. 디지털 오실로스코우프(Digital Oscilloscope): 1대
2. 함수발생기(Function Generator): 1대
3. DC Power Supply: 1대
4. IC: LM565CN 2개
5. 탄소저항: 600[Ω], 700[Ω] 각각 1개, 1[kΩ], 2[kΩ] 각각 1개, 4.7[kΩ] 2개, 10[kΩ] 4개, 15[kΩ] 2개, 10[kΩ] 가변저항 1개, 20[kΩ] 가변저항 1개
6. 커패시터: 1[nF], 2.7[nF], 10[nF] 각각 1개, 0.02[μF] 2개, 0.1[μF] 1개, 1.0[μF], 2.2[μF], 5.0[μF] 각각 1개(electrolyte), 10[μF] 3개(tantalum)

III. 관련 이론

디지털 신호를 전화선을 통해서 전송하고자 하는 경우, 기존의 음성 전화신호와 스펙트럼 상에서 겹침이 없이 동시에 전송하기 위해서는 이 디지털 신호의 스펙트럼을 높은 영역으로(1[MHz] 근처) 이동시켜야 한다. 안테나를 통해서 무선으로 전송하고자하는 경우에도 효율적으로 전자기파로 변환하여 복사하기 위해서는 사용하는 안테나의 주파수 대역으로 이 신호의 스펙트럼을 이동시켜야 한다. 이렇게 원래의 디지털 신호를 높은 주파수 대역으로 이동시키기 위해서 디지털 신호를 반송파로 변조한다.

일반 가정에서의 인터넷 통신에 필요한 모뎀(MODEM, Modulator/Demodulator)이 디지털 신호의 반송파 변조장치의 예이다. 모뎀은 컴퓨터의 인터넷 디지털 신호를 반송파로 변조하여 스펙트럼을 1[MHz] 근처로 이동시켜서 전화선(copper wire)에 싣는다. 일반 전화선에 흐르는 음성신호의 스펙트럼 대역폭이 4[kHz]이므로 1[MHz] 근처를 점유하고 있는 인터넷 디지털 신호와 서로 겹치지 않고 동시에 통신을 할 수 있다.

무선 네트워킹에서도 디지털 정보신호를 무선 안테나로 전송하기 위해서는 사용하는 안테나의 복사 주파수 대역까지 스펙트럼을 이동시켜야하므로 반송파로 디지털 정보신호를 변조한다.

디지털 신호의 반송파 변조방식에는 디지털 신호에 따라 반송파의 진폭을 변조하는 ASK(Amplitude Shift Keying), 반송파의 위상을 변조하는 PSK(Phase Shift Keying), 반송파의 주파수를 변조하는 FSK(Frequency Shift Keying)이 있다. 그리고 PSK에서 발전된 DPSK (Differential Phase Shift Keying)와 QPSK(Quadrature Phase Shift Keying)이 있고, ASK와 PSK의 특성을 혼합하여 전송속도를 높일 수 있는 QASK(Quadrature Amplitude Shift Keying)등의 변조방식이 널리 사용된다.

1. Amplitude Shift Keying(ASK) 변조방식

이 변조방식은 아날로그 변조에서의 AM 변조방식에 대응되는 변조방식으로 디지털 신호가 비트 0일 때는 반송파의 진폭을 0으로 하고(반송파 신호가 없고), 비트 1일 때는 일정한 진폭의 반송파를 발생하는 변조방식이다(그림 1)

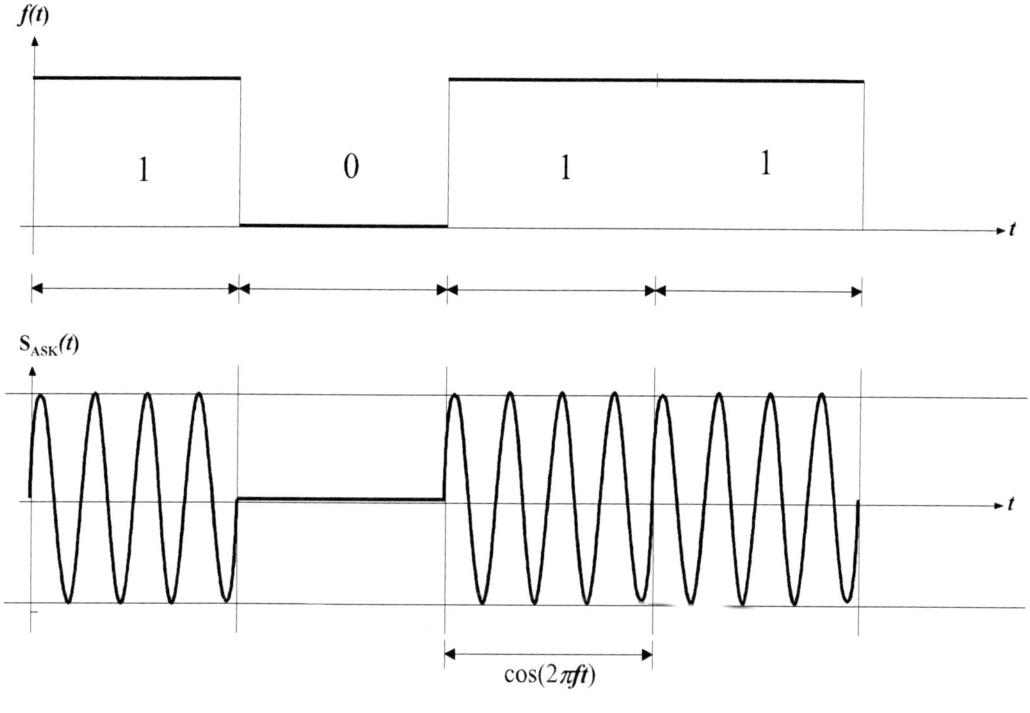

그림 1. ASK 변조신호 예: 디지털 정보신호(위, $f(t)$), ASK 변조신호(아래, $S_{ASK}(t)$)

이 변조방식은 변조 및 복조 장치는 간단하지만, 신호대 잡음비(S/N 비)가 좋지 않는 경우 비트 1에 해당하는 반송파 신호를 검파하는 것이 어려운 단점이 있다. 그래서 일반적으로 디지털 신호의 변조에 잘 사용되지 않는다.

2. Frequency Shift Keying(FSK) 변조방식

이 변조방식은 아날로그 변조에서의 FM 변조방식에 대응되는 변조방식으로 디지털 신호가 비트 0과 1일 때 반송파의 주파수를 서로 다르게 하는 변조방식이다(그림 2). 이 방식은 ASK 변조방식에 비해서 상대적으로 잡음의 영향을 덜 받는다. 그런데 변조하고자 하는 디지털 신호의 전송률이 높아지면 그 만큼 높은 주파수의 반송파를 사용해야하는 단점을 가진다. 만약 전송률이 높아지는데 그에 대응하여 주파수가 높아지지 않으면 비트 0과 1의 반송파 신호를 구별하는 것이 어려워진다.

FSK 변조방식은 비교적 낮은 전송률(<~1.2[kbps])의 모뎀이나 무선 디지털 전송에 널리 사용된다.

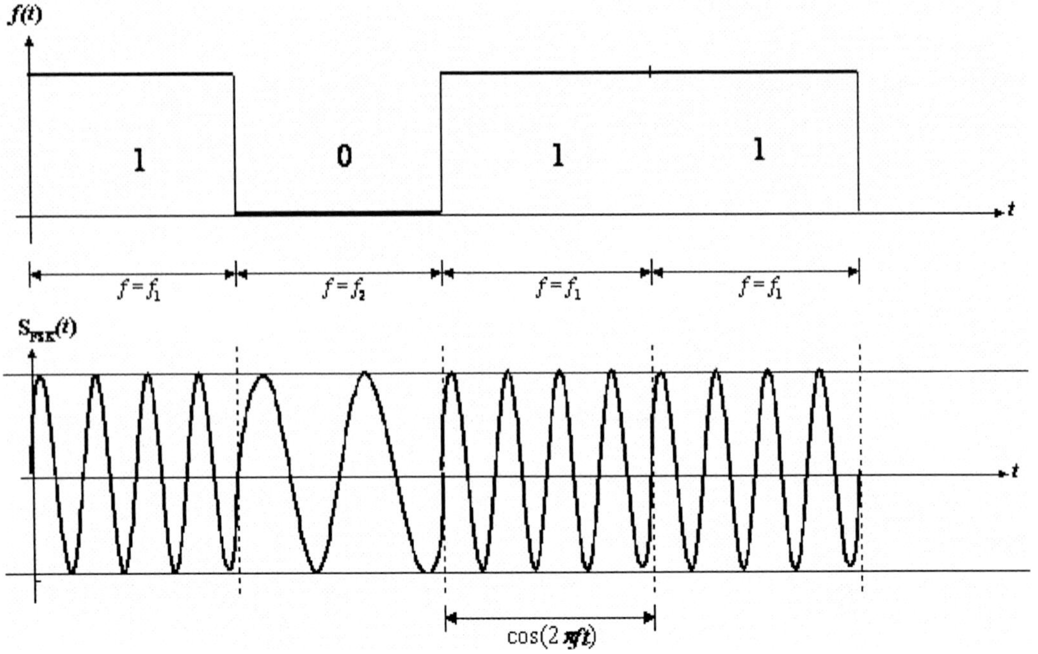

그림 2. FSK 변조신호 예: $f(t)$: 디지털 정보신호, $S_{FSK}(t)$: FSK 변조신호

3. Phase Shift Keying(PSK) 변조방식

FSK 변조방식 보다 높은 전송률(600[bps]~2.4[kbps])의 디지털 신호의 변조에는 반송파의 위상에 디지털 신호 비트의 정보를 싣는 Phase Shift Keying(PSK) 방식이 사용된다. 이 방식은 동일한 주파수의 반송파의 위상 차이에 디지털 비트 정보를 싣기 때문에 FSK 보다 높은 전송률의 디지털 신호를 변조할 수 있고, 반송파의 주파수의 차이를 구별하는 것 보다는 위상차를 구별하는 것이 기술적으로 쉽기 때문에 보다 높은 전송률의 디지털 신호 변조에 이 방식이 많이 사용된다. 이 변조방식에는 크게 Binary Phase Shift Keying(BPSK)과 Quadrature Phase Shift Keying(QPSK) 방식이 있다.

BPSK 방식은 위상차가 π(반송파 신호의 한 주기 2π의 1/2)인 두개의 서로 다른 위상에 디지털 비트 0과 1의 정보를 싣는다. 예를 들면, 비트 0일 때는 반송파의 위상을 π/2, 비트 1일 때는 위상을 –π/2로 변조하는 방식이다(그림 3).

QPSK 방식은 서로의 위상차가 π/2(반송파 신호의 한 주기 2π의 1/4)인 4개의 서로 다른 위상에 2 비트의 디지털 신호를 싣는다. 예를 들면, 반송파의 위상 -π/2에는 비트 00, 위상 0에는 비트 01, 위상 π/2에는 비트 10, 위상 π에는 비트 11의 2 비트의 신호를 싣는 변조방식이다(그림 4). 그래서 동일한 주파수의 반송파를 사용하는 경우 QPSK는 BPSK 보다 2배 높은 전송률의 디지털 신호를 변조할 할 수 있다.

동일한 원리로 반송파 신호의 한 주기 2π의 $1/(2^n)$의 위상차를 갖는 서로 다른 2^n개의 위상을 사용하면, 한 위상의 반송파로 n 비트의 디지털 신호를 변조할 수 있으며, 고속(전송률 4.8[kbps]) 이상) 모뎀에서는 이러한 변조방식(QAM 변조)을 이용한다.

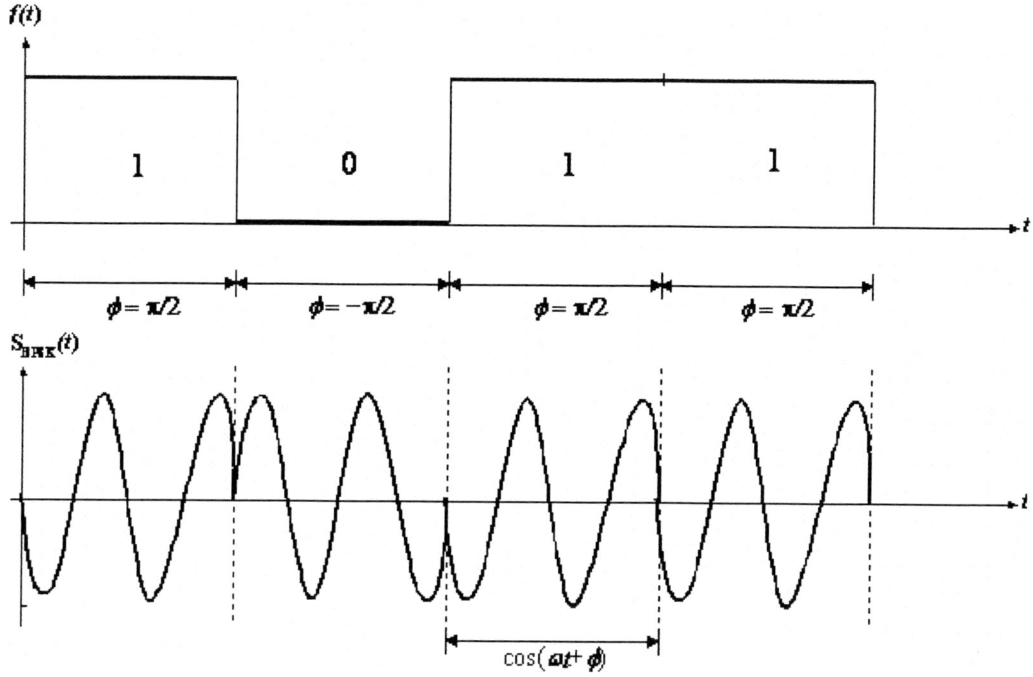

그림 3. BPSK 변조신호 예: 디지털 정보신호(위, $f(t)$), BPSK 변조신호(아래, $S_{BPSK}(t)$)

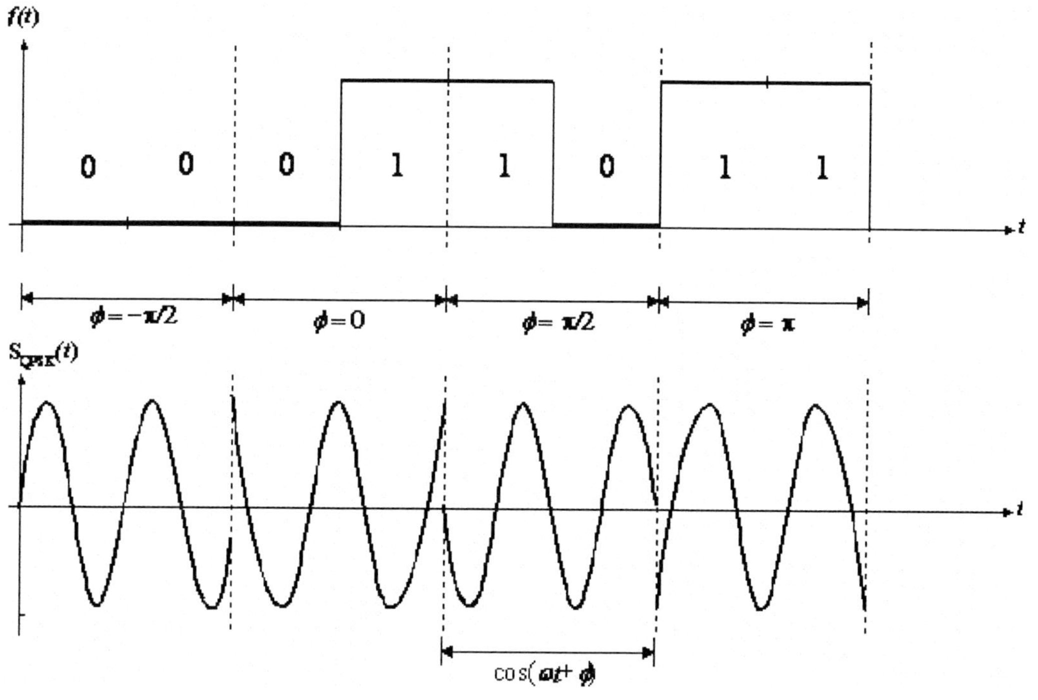

그림 4. QPSK 변조신호 예: 디지털 정보신호(위, $f(t)$), QPSK 변조신호(아래, $S_{QPSK}(t)$)

PSK 변조신호를 복조하기 위해서는 변조할 때 사용했던 반송파 신호와 위상이 동기된(phase-locked) 국부 반송파(local oscillator)가 필요하다.

4. Differential Phase Shift Keying(DPSK) 변조방식

이 변조방식은 인접한 바로 직전의 디지털 변조된 반송파와의 상대적인 위상 차이에 비트 정보를 싣는 방식이다. 바로 직전의 반송파 위상에 대해서 현재의 위상이 π만큼 천이(shift)되었으면 비트 1이고 동일하면 비트 0이다. 즉, 반송파의 절대적인 위상에 디지털 정보신호를 싣는 대신에 인접한 바로 직전의 반송파와의 상대적인 위상의 변화에 비트 정보를 싣는 방식이다(그림 5).

DPSK 신호의 복조는 바로 직전의 반송파와 위상의 변화만 비교하면 디지털 비트 정보를 복원할 수 있으므로 PSK 복조의 경우와 다르게 변조할 때의 반송파와 위상이 동기된 국부 반송파를 필요로 하지 않는다.

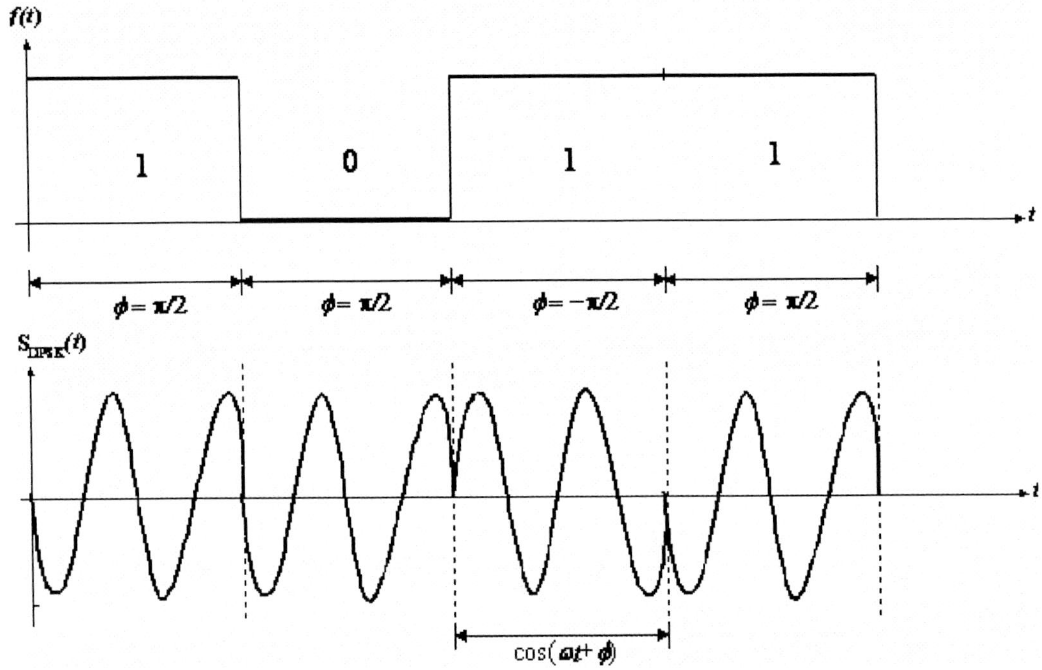

그림 5. DPSK 변조신호 예: 디지털 정보신호(위, $f(t)$), DPSK 변조신호(아래, $S_{DPSK}(t)$)

IV. 실험 순서

실험 1. Chopper Modulator를 이용한 ASK 변조 및 복조

다음의 실험회로 1과 2를 구성하고 디지털 정보신호($f(t)$)로 주파수 1.0[kHz], 진폭 5.0[V] (DC offset=2.5[V])의 구형파(square wave)를 인가하고, 반송파($A\cos(\omega_c t)$)로 주파수 107.3[kHz], 진폭5.0[V](DC offset =0[V])의 사인파를 인가하시오.

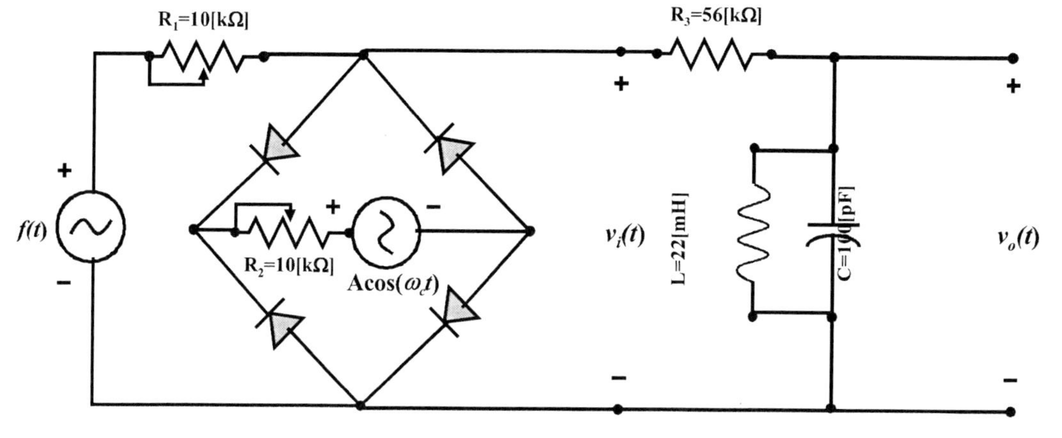

실험회로 1. Chopper Modulator에 의한 ASK 변조 실험회로

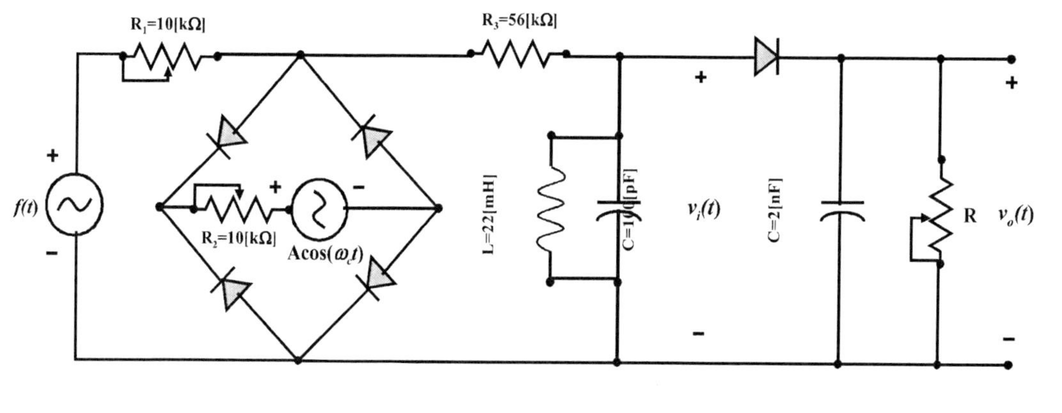

실험회로 2. ASK 복조 실험회로

(1) 실험회로 1에서 R_1, R_2 가변저항과 반송파의 DC offset을 조정하여 Chopper Modulator 출력파형이 입력 디지털 신호의 ASK 변조신호가 되도록 하시오.

(2) 실험회로 2에서 가변저항 R을 조정하여 출력파형($v_o(t)$)이 입력 디지털 신호가 되도록 하시오.

실험 2. PLL을 이용한 FSK 변조

실험회로 3을 구성하고 다음의 실험 및 측정을 하시오.

(1) LM565CN IC의 2번 핀에 연결되는 Baseband signal 단자에 신호를 연결하지 않은 상태에서 R_0 가변저항을 조정하여 5번 핀의 VCO 출력(square wave)의 주파수가 10[kHz]가 되도록 조정하시오. 이 주파수는 이 PLL 회로의 VCO free-running frequency이다. 이 주파수를 이론치,

$$f_c \cong \frac{0.3}{R_0 C_0} [\text{Hz}]$$

와 비교하시오.

(2) 함수발생기의 1[kHz]의 구형파를 TTL level 신호로 조정하여 Baseband signal 단자에 연결하고 출력신호를 관찰하여 FSK 변조가 되는가를 관찰하시오.

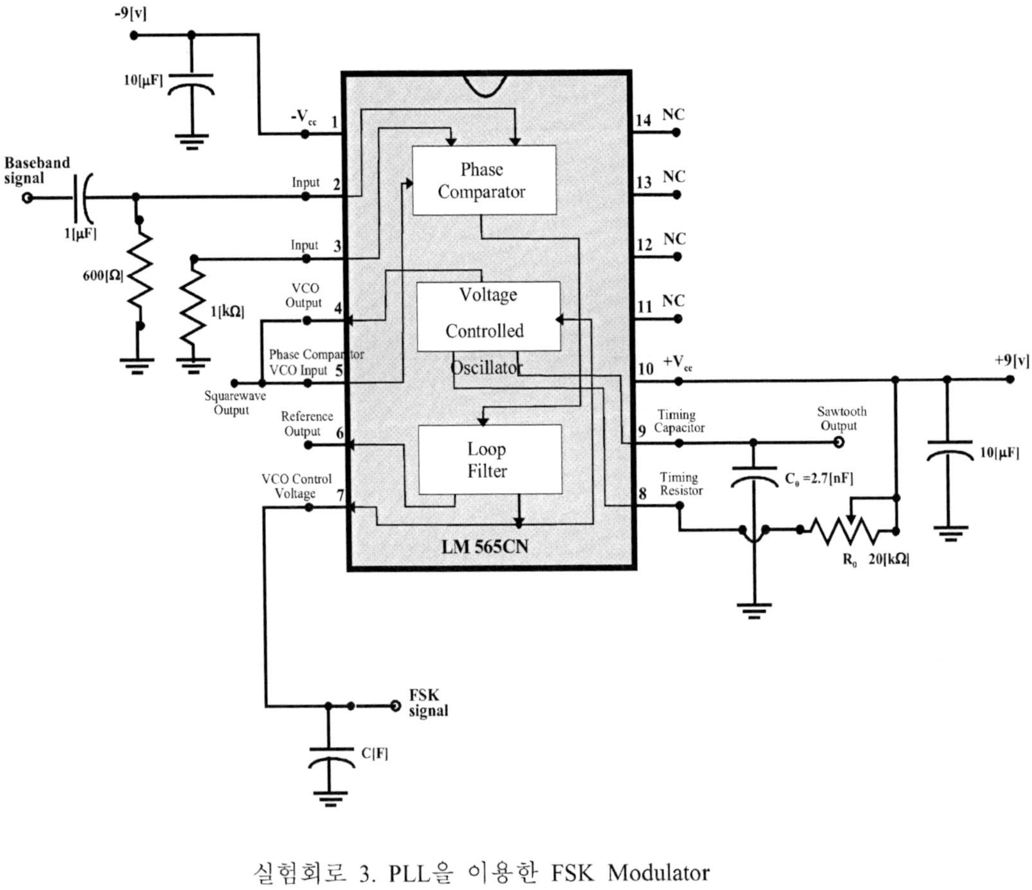

실험회로 3. PLL을 이용한 FSK Modulator

실험 3. PLL을 이용한 FSK 복조

실험회로 4를 구성하고 다음의 실험 및 측정을 하시오.

(1) FSK 변조신호를 FSK signal 단자에 연결하고 출력신호를 관찰하여 FSK 복조가 되는가를 관찰하시오.

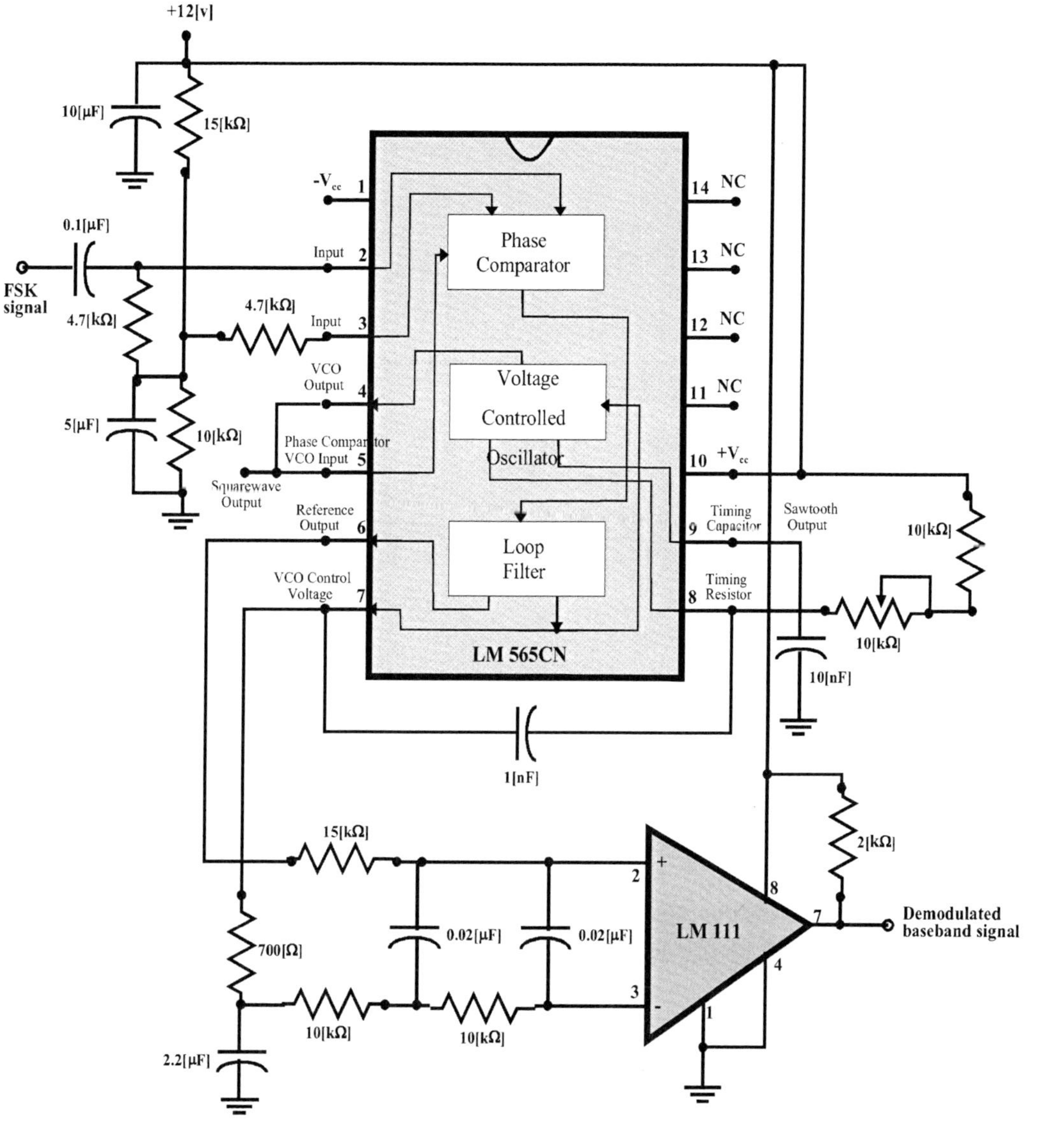

실험회로 4. PLL을 이용한 FSK Demodulator

V. 실험결과 보고서

<table>
<tr><td>실험 제목</td><td colspan="3"></td></tr>
<tr><td colspan="4"></td></tr>
<tr><td>실험 조</td><td></td><td>성 명
(학 번)</td><td>성적 등급</td></tr>
<tr><td rowspan="3"></td><td rowspan="3">실험 조원</td><td>( )</td><td></td></tr>
<tr><td>( )</td><td></td></tr>
<tr><td>( )</td><td></td></tr>
</table>

1. 실험결과 보고사항

(1) Chopper Modulator를 이용한 ASK 변조 및 복조

(1) 실험회로 1의 출력이 ASK 변조신호가 되게 하는 R_1, R_2 가변저항 값과 반송파의 DC offset 전압을 측정하시오.

(2) 실험회로 2의 출력이 ASK 복조신호가 되게 하는 R 가변저항 값을 측정하시오.

(2) PLL을 이용한 FSK 변조

(1) 측정한 VCO free-running frequency를 이론치와 비교하시오.

(2) 실험의 FSK 변조회로의 출력신호를 관찰하여 FSK 변조가 되는가를 확인하시오.

(3) PLL을 이용한 FSK 복조

(1) 실험의 FSK 복조회로의 출력신호를 관찰하여 baseband 신호가 복조되는가를 확인하고 FSK 변조회로의 입력신호와 일치하는지를 확인하시오.

2. 실험결과 고찰사항:

Appendices

A. 단위계(Unit System)

1. 기본 단위계(SI basic unit)

자연계의 모든 물리적인 현상들을 정량적으로 서술하기 위해서는 기본적인 물리량에 대한 단위가 필요하다. 국제적으로 표준화된 단위시스템은 1960년에 채택이 되었으며 International System of Units(줄여서 SI)로서 6개의 기본단위, meter, kilogram, second, ampere, kelvin, 그리고 candela를 기반으로 만들어졌다.

전기 및 전자공학에서는 길이의 단위로 meter, 질량의 단위로 kilogram, 시간의 단위로 second, 그리고 전류의 단위로 ampere를 사용하는 MKSA 단위계를 널리 사용한다. 이런 기본단위를 기초로 전기 및 전자공학에서 많이 사용되는 물리량에 대한 단위를 정리하면 표 1과 같다.

표 1. 전기 및 전자 기본 물리량 및 단위

물리량	단위	표시 기호
전하(charge)	Coulomb	[C], [coulomb]
전압(voltage) 또는 전위차(potential difference)	Volt	[V], [volt]
전류(current)	Ampere	[A], [ampere]
저항(resistor)	Ohm	[Ω], [ohm]
정전용량(capacitance)	Farad	[F]
인덕턴스(inductance)	Henry	[H]
주파수(frequency)	Hertz	[Hz]
전력(power)	Watt	[W]
에너지(energy)	Joule	[J]

2. 단위계에서의 접두사(prefix)의 사용

기본단위계로 표현하기에는 너무 큰 값이거나 작은 값인 경우에 10의 지수 승으로 표현되는 접두사를 이용하여 그 값을 사용하기에 편리한 값으로 나타낸다. 예를 들면, 커패시턴스가 0.0000000000012[F]인 경우, 이 값이나 $1.2x10^{-12}$[F]를 사용하는 것보다는 1.2[pF]를 사용하는 것이 훨씬 편리하다. 여기서 p는 10^{-12}를 의미하는 접두사이다. 일반적으로 널리 사용되는 접두사를 정리하면 표 2와 같다.

표 2. 기본 단위계의 접두사

접두사	사용 예
a-(atto): 10^{-18}	0.14[attosecond]: 0.14×10^{-18}[s], 구리(copper) 도체 내에서 자유전하(free charge)를 놓으면 이 전하가 이동하여 도체 표면으로 이동하는데, 이때 걸리는 시간
f-(femto): 10^{-15}	7[fs]: 7×10^{-15}[s], 원자 내에서 전자 붕괴시간
p-(pico): 10^{-12}	8[pF]: 8×10^{-12}[F], 전자회로에서 stray capacitance
n-(nano): 10^{-9}	5[nA]: 10×10^{-9}[A], 온도 25°C에서의 silicon Diode의 reverse saturation current
μ–(micro): 10^{-6}	1.06[μm]: 1.06×10^{-6}[m], Nd:YAG Laser 출력파장
m–(milli): 10^{-3}	3.0[mH]: 3.0×10^{-3}[H]
c-(centi): 10^{-2}	5.0[cm]: 5.0×10^{-2}[m]
d-(deci): 10^{-1}	10.0[d*l*]: 10.0×10^{-1}[liter] = 1.0[liter]

접두사	사용 예
E-(exa): 10^{18}	100[EHz]: 100×10^{18}[Hz], 감마선의 주파수
P-(peta): 10^{15}	100[PHz]: 100×10^{15}[Hz], soft X-rays의 주파수
T-(tera): 10^{12}	60[TW]: 60×10^{12}[W], 무기급 레이저의 출력
G-(giga): 10^{9}	2.1[GHz]: 2.1×10^{9}[Hz], 휴대폰 복사전파의 주파수
M–(mega): 10^{6}	1[MΩ]: 1×10^{6}[Ω]
k–(kilo): 10^{3}	1[kΩ]: 1×10^{3}[Ω]
h-(hecto): 10^{2}	980[hPa]: 980×10^{2}[Pa], 여름철의 태풍의 중심기압, [Pa]는 기상학에서 기압의 단위
da-(deka): 10^{1}	

B. 전압과 전류의 개념(The potential difference and current)

1. 전하(electric charge)

기원전 600여년 고대 그리스 철학자 Thales가 호박(amber)을 마찰하면 머리카락 같은 가벼운 물체를 끌어당긴다는 사실을 관찰한 이래로 이에 대한 별다른 관심이 없다가 1600년 영국의 과학자 William Gilbert가 그의 저서 'De Magnete'에서 이 현상을 언급하고 그리스어의 호박(amber)을 의미하는 단어로부터 새로운 라틴어 단어 electricus를 만들어 내면서 다시 관심을 갖기 시작했다. 이 라틴어 단어는 영어 단어 electric과 electricity의 어원이다.

이후 Otto von Guericke, Robert Boyle, Stephen Gray, C. F. du Fay, 그리고 Benjamin Franklin 등의 과학자들에 의해서 이에 대한 많은 실험과 설명 및 이론이 있었으나, 1839년 Michael Faraday에 의해서 이 현상를 일으키는 것은 서로 반대 극성을 가지는 한 종류의 전기(electricity)에 의한 것이라는 사실이 밝혀진다. 이 한 종류의 전기를 전하(electric charge)라고 하며 그 극성을 관례적으로 + 극성과 - 극성으로 하고 그 극성의 전하를 각각 양전하와 음전하라고 한다.

이들 전하사이에 작용하는 힘의 특성은 1780년대에 프랑스의 과학자 Charles-Augustin. de Coulomb에 의해 밝혀졌는데, 그 당시 Coulomb은 이 힘이 두개의 서로 다른 전기유체(electric fluid)에 의한 것이라고 생각했다. 이 힘의 특성을 쿨롱의 법칙(Coulomb's law)이라고 하며 자연계에 존재하는 4개의 기본 힘 중의 하나이다.

전하의 단위는 전하사이에 작용하는 힘의 법칙(Coulomb's law)을 발견한 Coulomb의 이름을 따서 쿨롱(Coulomb)으로 하며, 전자 $6.25 x 10^{18}$개의 전하량을 -1[C]로 정의한다. 그리고 동일한 양의 양성자(proton)의 전하를 +1[C]로 정의한다.

전하사이의 상호작용은 동일한 전하끼리는 서로 반발하고 서로 다른 전하끼리는 끌어당긴다(그림 1).

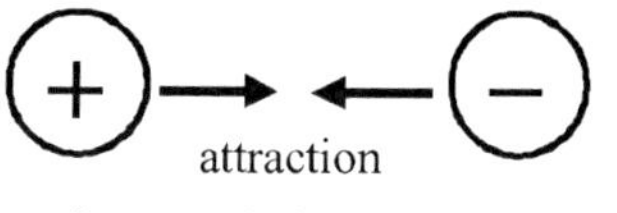

그림 1(a). 서로 다른 극성의 전하사이의 상호작용(인력)

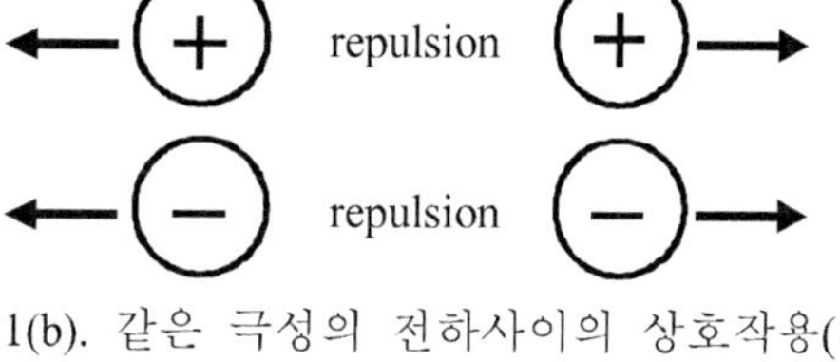

그림 1(b). 같은 극성의 전하사이의 상호작용(척력)

전자의 전하량의 실험적 측정은 Robert Andrews Millikan(1868-1953)의 유적실험(oil-drop experiment, 1908-1917)에 의해서 측정되었으며, 모든 전하는 Michael Faraday가 추측한 것처럼 불연속적(discrete)이며, 전자의 전하량 $1.602 x 10^{-19}$[C]의 정수배로만 존재한다는 실험결과를 발표하였는데, 그 이후 1968년 전자 전하량의 -1/3와 2/3의 값을 갖는 입자인 quarks 입자가 미국의 Stanford Linear Accelerator Center에서 발견되었다.

2. 원자가설(the atomic hypothesis)

현재까지의 연구결과에 의하면 모든 물질은 원자로 구성되어 있으며, 이 원자의 구조는 대략적으로 보면 원자 핵(nucleus)과 이 주위의 전자(electron)로 구성되어 있다.

원자(atom)는 더 이상 나눌 수 없는 최소의 입자를 의미하는 그리스어 단어에서 유래되었으며 원자가설(hypothetical concept of atoms)을 정량적으로 다룬 최초의 사람은 오스트리아의 볼츠만(Ludwig Eduard Boltzmann, 1844-1906)이다. 그의 이론이 처음 발표될 당시에는 에른스트 마하(Ernst Mach, 1838-1916)와 빌헬름 오스트발트(Wilhelm Ostwald, 1853-1932)를 비롯한 많은 과학자들의 반대비판이 있었지만, 그의 사후 얼마 뒤 페랑(Jean Baptiste Perrin, 1870-1942)의 브라운 운동(Brownian motion)에 대한 실험(1908년)과 밀리칸(Robert Andrews Millikan, 1868-1953)의 유적실험(oil-drop experiment, 1909-1913)으로 증명되었다.

가장 간단한 원자인 수소원자(hydrogen atom)의 고전적인 원자모델은 1914년 Niels Bohr에 의해서 제시되었으며 대략적인 구조는 그림 2와 같다.

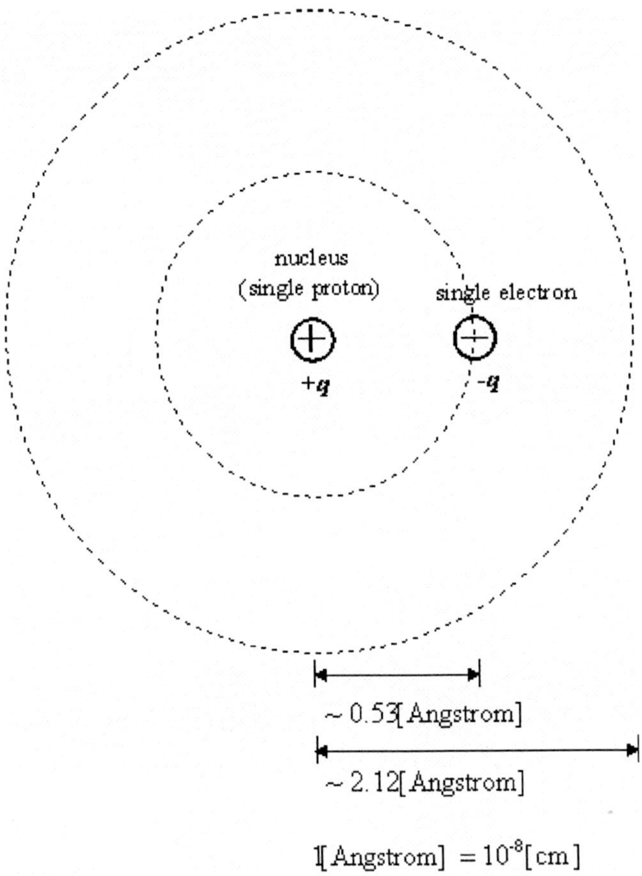

그림 2. 수소원자의 고전적인 구조('Bohr model' by Niels Bohr, 1914),
Bohr model의 첫 번째 궤도와 두 번째 궤도만 예로 보였다.

이 모델에 의하면, 수소원자는 중앙의 원자핵(nucleus)에 하나의 양전하를 띠는 양성자(proton)가 있고, 이 주위를 궤도 원운동을 하는 음전하를 띠는 하나의 전자(electron)로 구성되어 있으며, 양성자의 전하량과 전자의 전하량은 같다.

그런데, 전자기학 이론에 의하면, 그림 2의 Bohr model에서 음전하를 띠는 원운동을 하는 전자는 전자기파 에너지를 복사하게 되어 안정된 자기 궤도를 유지하지 못하고, 원의 궤도가 점점 축소되어 결국에는 원자핵에 붕괴되기 때문에 안정된 상태의 구조로 존재할 수 없다. 이는 매우 안정된 상태의 수소원자가 자연계에 존재하고 있다는 사실과 모순된다. 그러나 몇 가지 중요한 실험적 결과들이 이 모델에 의한 계산치와 잘 일치하기 때문에 제한적으로 원자의 구조를 이해하는데 이 모델이 의미를 가진다.

현재 미시적인 물질의 세계에서 일어나는 물리적인 현상을 가장 잘 설명하고 있는 양자역학(Quantum Mechanics)의 설명은 다음과 같다.

먼저, 전자는 원자 내에서 어떤 궤도 원운동이나 진동을 하지 않는다. 현재의 관측장치로는 전자가 어느 위치에 있는지 정확히 알 수 없으나 어떤 위치에 존재할 확률은 알 수 있다. 이 전자의 존재할 확률로부터 원자내의 전자의 시간평균 전하분포를 구할 수 있고, 그 모양은 원자핵 주위의 전하구름(charge cloud)으로 볼 수 있으며 전체 전하량은 전자 하나의 전하량과 같다.

고무를 종이에 문지르면 원자내의 전자(electrons)와 양성자(protons)가 원자의 구속으로부터 분리되어, 고무 표면에는 전자가 축적되고 종이 표면에는 양성자가 축적되어 서로 대전(charged) 되고 서로 끌어당긴다. 이때 고무에 대전된 전하는 음전하(negative charge)이고 종이에 대전된 전하는 양전하(positive charge)이다. 고무와 종이는 유전체(dielectric)이므로 전하를 저장할 수 있다.

3. 쿨롱의 법칙(Coulomb's law)

두 전하사이에 작용하는 힘의 크기는 두 전하의 전하량의 크기에 비례하고 두 전하사이의 거리의 제곱에 반비례한다. 그리고 힘의 방향은 두 전하사이를 잇는 직선의 방향으로 동일한 극성의 전하사이에는 척력, 서로 다른 극성의 전하사이에는 인력으로 작용한다(그림 3). 이를 MKSA 단위계에서 수식으로 표현하면 다음과 같다(Coulomb's law).

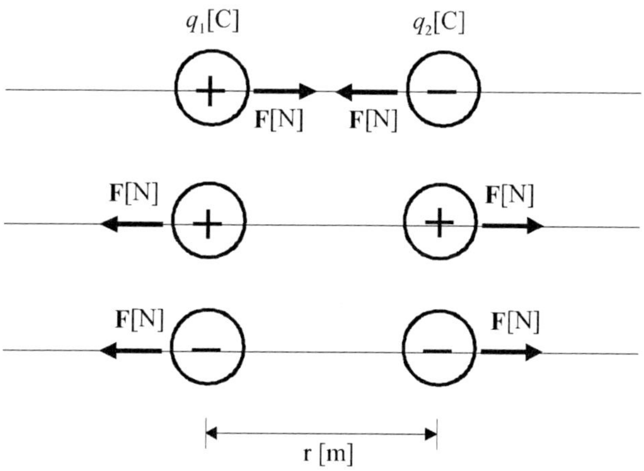

$$F = \frac{1}{4\pi\varepsilon_0}\frac{q_1 q_2}{r^2}[N], \quad \frac{1}{4\pi\varepsilon_0} \cong 9.0\times 10^9 [N\cdot m^2/C^2]$$

그림 3. 쿨롱의 법칙

4. 전장(electric field)

어떤 전하분포(charge distribution or charge system)의 한 점에서의 단위 전하 당 받는 힘을 그 점에서의 전장으로 정의한다(그림 4(a)). 힘의 양을 사용하는 대신 전장의 개념을 도입하면 정지 또는 움직이는 전하에 의해서 발생하는 여러 가지 물리적인 현상을 효과적으로 해석할 수 있다. 어떤 전하분포에서 발생하는 힘은 실제적인 물리 양 이지만 전장은 해석의 편리를 위해서 도입한 추상적인 물리양이다. 하지만, 어떤 전하분포에서 한 점에서의 전장을 알면 그로부터 그 점에서의 힘을 계산할 수 있으므로 전장은 물리적으로 의미 있는 양이다. 힘이 벡터(vector)양이므로 전장도 벡터적인 양이다. 일반적으로 어떤 전하분포에 의해서 일어나는 전기적인 현상을 서술할 때 전장으로 서술한다.

어떤 전하분포에 대해서 실제 전하가 없는 공간에도 그곳에 어떤 전하를 가져오면(이때 다른 전하분포가 변화하지 않는다고 가정), 그 전하가 힘을 받으므로 그때 단위전하 당 받는 힘을 그 점에서의 전장으로 정의하여 전하분포가 없는 공간에 대해서도 전장의 개념을 도입할 수 있다.

그림 4(b)에서 r_3 지점에 실제로 전하가 없어서 힘(Coulomb force)도 존재하지 않지만, 그 지점에 임의의 전하 q를 가져오면(이때 전하 q_1과 q_2는 크기와 위치가 변하지 않는다고 가정), 이 전하는 힘을 받으며 이때 단위전하 당 받는 힘을 그 점에서의 전장으로 정의한다.

실제 r_3 지점(그림 4(b))에 물리적인 힘은 존재하지 않지만 만일 전하를 그 지점에 가져오면 실제적인 힘이 작용하므로 마치도 그 점에도 물리적인 힘을 일으킬 수 있는 능력이 잠재되어 있고 그 잠재된 능력을 전장으로 표현한다고 해석할 수 있다.

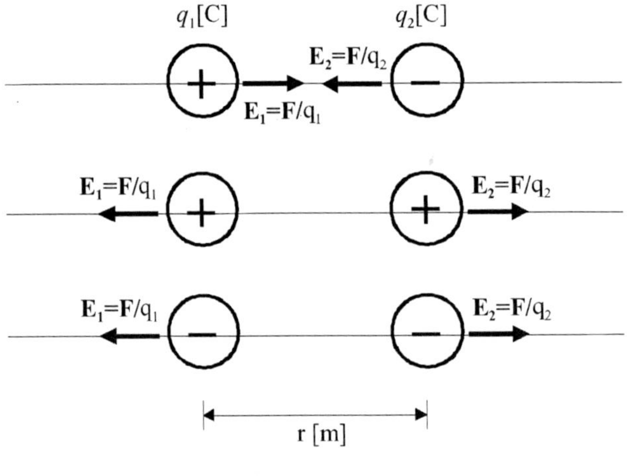

그림 4(a). 전장의 정의: 전하가 존재하는 지점에서의 전장의 정의

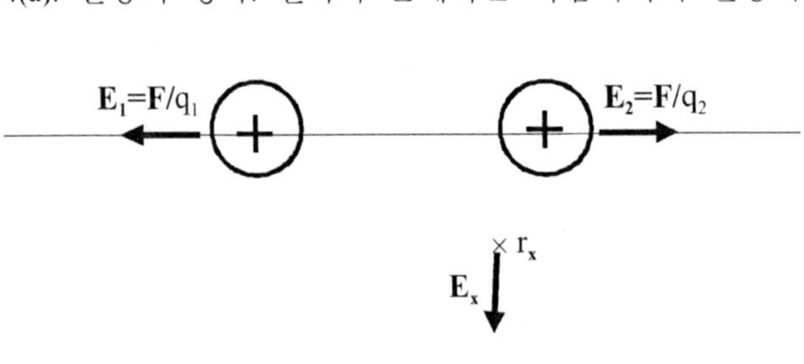

그림 4(b). 전장의 정의: 전하가 존재하지 않는 공간에서의 전장

5. 전압(Voltage) 또는 전위차(Potential Difference)

위치에너지(Potential Energy)는 물체가 어느 위치에 존재하는지 또는 어떤 시스템의 구조가 어떻게 구성되어 있는가에 따라 결정되는 에너지로서, 그런 위치나 구조를 만드는데 소요된 일(work)을 그 물체나 그 시스템이 갖는 위치에너지 또는 potential energy 라고 한다.

전기적 포텐셜 에너지(electric potential energy)는 어떤 전하분포가 갖는 포텐셜 에너지로 그 전하분포 시스템을 만드는데 소요된 일을 그 전하분포가 갖는 포텐셜 에너지(potential energy)라고 한다. 전하분포가 주어지면 전 공간에 대해서 전장이 정의되므로 그 공간의 전장에 그 에너지가 저장되는 것으로 해석할 수도 있다.

어떤 전하분포 구조가 갖는 위치에너지의 예를 들면 다음과 같다.

그림 5(a)의 맨 위의 그림에서, $-\infty$ 지점으로부터 q_1[C] 전하를 가져오는데 드는 일은 0[Joule]이다. 왜냐하면 q_1[C] 전하에 어떤 전기적인 힘(Coulomb force)도 존재하지 않기 때문이다. 다음, 가운데 그림에서, q_2[C] 전하를 $-\infty$ 지점으로부터 q_1[C] 전하로부터 r[m] 떨어진 지점까지 가져오는데 드는 일이 1[Joule] 이라고 가정하면, 서로 r[m] 떨어진 q_1[C]와 q_2[C] 전하구조가 가지는 위치에너지는 이 구조를 만드는데 들었던 일의 양인 1[Joule] 이다.

단위전하(1[C])를 한 지점에서 다른 한 지점으로 이동시키는데 드는 일을 그 두 지점사이의 전위차 또는 전압으로 정의하며, 이는 단위전하 당 그 두 지점사이의 위치에너지의 차이에 해당한다.

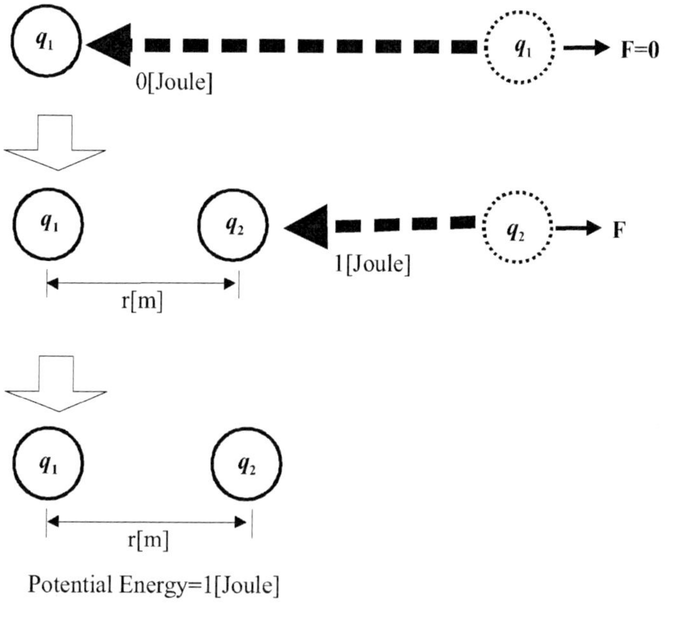

그림 5(a). 전기적 위치에너지의 정의: 두 개 전하구조의 위치에너지

그림 5(b)의 위 그림에서 1[C] 전하를 r_2 지점에서 r_1 지점까지 가져오는데 드는 일이 1[Joule]이라고 가정하면, 이 두 지점간의 전위차를 1[volt]라고 한다. 그리고 아래 그림에서 Q[C] 전하를 r_2 지점에서 r_1 지점까지 가져오는데 드는 일이 W[Joule]이라고 가정하면, 이 두 지점간의 전위차를 W/Q[volt]라고 한다.

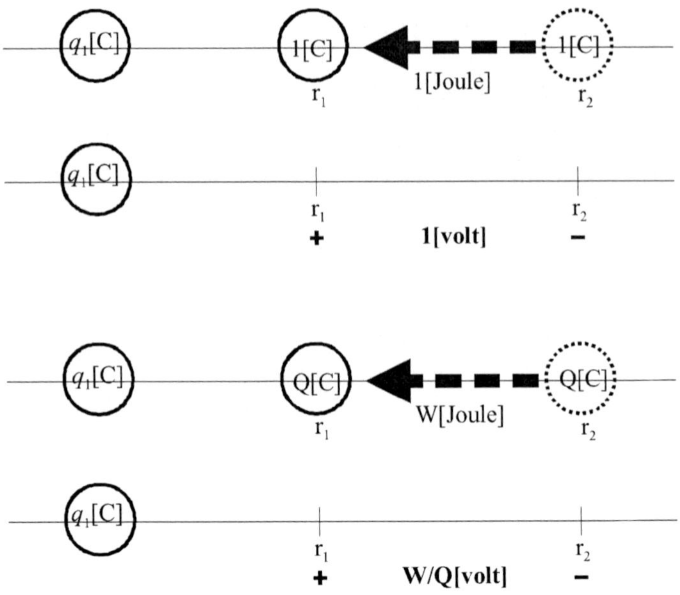

그림 5(b). 전위차의 정의: 1[volt](위), W/Q[volt](아래)

6. 전류(Current)

전하가 움직이는 현상을 전류라고 한다. 전류의 크기는 어떤 도선의 단면을 dt[s] 시간동안에 dq[C]의 전하가 지나가면 다음과 같이 정의된다.

$$i = \frac{dq}{dt}[\mathrm{A}]$$

전류의 방향은 관례적으로 음전하의 경우는 흐르는 방향의 반대방향으로, 양전하의 경우는 흐르는 방향과 동일한 방향으로 정의한다.

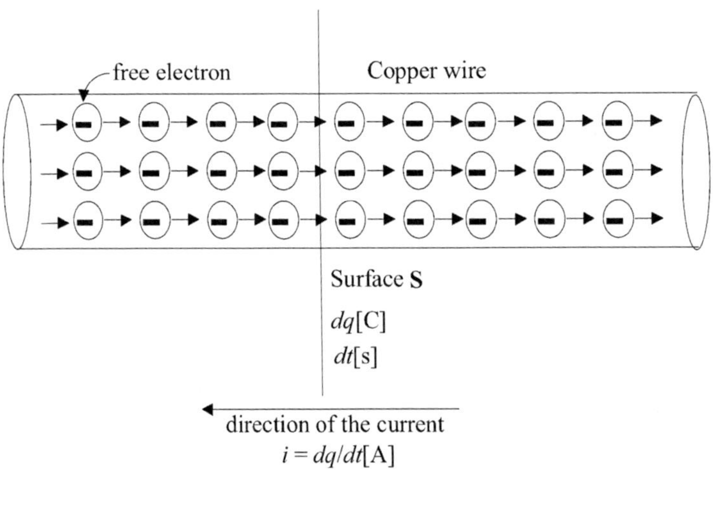

그림 6. 전류의 정의(구리도선에 흐르는 전류의 경우)

7. 전압원(Voltage Source)

자기 스스로 일정한 전위차를 발생시켜서 외부에 전기적 에너지를 공급할 수 있는 장치를 전압원이라고 한다. 전압원으로는 일반적으로 화학전지(electrochemical battery)가 많이 사용되는데, 이는 내부화학 반응이 일어날 때 발생하는 화학에너지(chemical potential energy)를 전기적 위치에너지로 변환한다. 전압원이 외부에 공급할 수 있는 전위차를 기전력(EMF, electromotive force)이라고 하며 전지(battery)가 회로에 연결되지 않은 개방된 상태에서의 전위차이다. 대표적인 화학전지로. 납 축전지(lead-acid battery)과 건전지(dry cell)가 있다.

EMF(electromotive force)는 battery를 발명한 Alessandro Volta(1745-1827)에 의해서 양전하와 음전하를 분리시켜서 이동하게(electromotive)하는 전기적인 힘(force)을 의미하는 것에서 유래되었는데, 이는 힘(force)이 아니고 battery가 외부에 제공할 수 있는 단위 전하당 전기적 포텐셜에너지의 차이 즉, 전위차이다.

8. 납 축전지의 원리(lead-acid battery)

납 축전지는 부분적으로 이온화 되어있는 묽은 황산에 금속 납(metallic lead, Pb, negative electrode)과 산화 납(reddish-brown lead, PbO2, positive electrode)이 담겨져 있다.

양극과 음극에서 일어나는 화학반응은 다음과 같다:

음극: $Pb + SO_4^{--} \rightarrow PbSO_4 + 2e^-$(이때 금속 납(Pb)내에 전자 2개 발생)

양극: $PbO_2 + 2H^+ + H_2SO_4 + 2e^- \rightarrow PbSO_4 + 2H_2O$

(이때 산화 납(PbO2)내의 전자 2개 고갈, 양전하 2개 발생)

그리고 양극과 음극사이에 연결이 없으면 각각에 양전하와 음전하가 축적되어 전위차가 형성된다. 이때 전위차(EMF)는 2.0[volt]이다(그림 7).

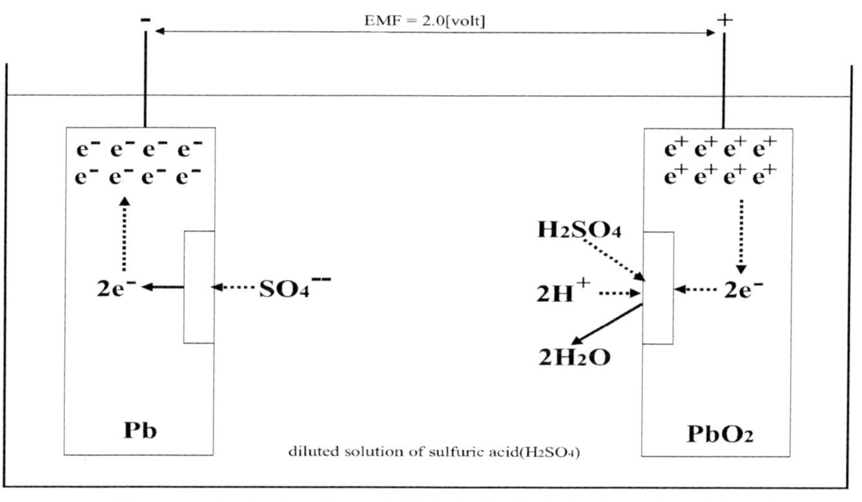

그림 7(a). 납 축전지의 동작원리(양극과 음극이 개방되었을 때)

양극과 음극사이가 연결되면 음극의 축적된 전자들이 흘러서 양극의 양전하(실제로는 전자가 고갈된 상태)와 결합하여 중성으로 된다. 양극과 음극의 소비되는 전자와 양전하는 양극에서의 화학반응에 의해서 계속해서 보충되어 일정한 전위차를 유지시켜 연속적으로 전류가 흐르게 된다(그림 7(b)).

실제로 사용되는 경우는 이 구조를 3개 직렬연결(2.0[volt] x 3 = 6.0[volt]) 하거나 6개를 직렬연결(2.0[volt] x 6 = 12.0[volt])하며 큰 부하전류가 필요한 경우에 일반적으로 널리 사용된다. 예를 들면, 자동차 엔진을 시동하는 모터의 전원(starter motor의 시동 시 순간 부하전류는 200 ~ 400[A] 정도이다)

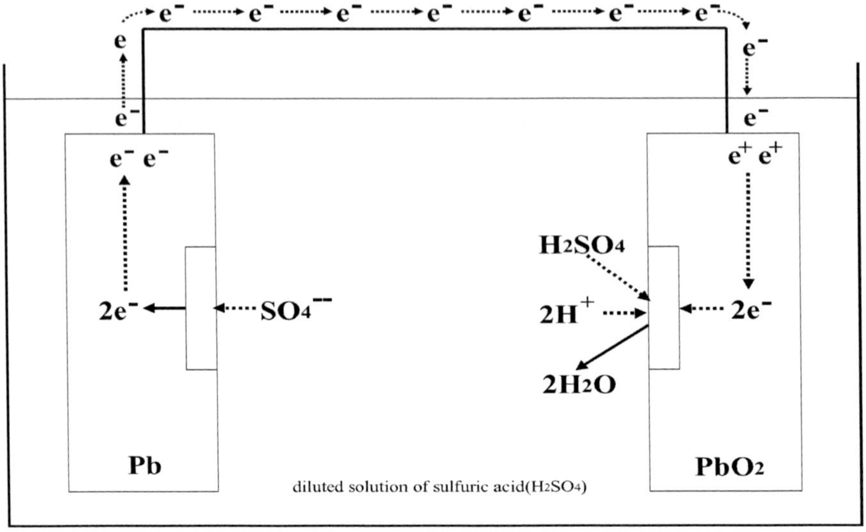

그림 7(b). 납 축전지의 동작원리(양극과 음극이 연결되었을 때)

9. 실제 전압원(Practical Voltage Source)

이상적인 전압원은 부하저항에 상관없이 항상 일정한 전위차를 부하에 공급하는 장치이다. 이런 이상적인 전압원의 등가회로는 그림 8과 같다. 이 등가회로에서 부하저항이 무한히 적은 값이면 이상적인 전압원은 이 부하에 무한히 큰 전류를 공급하며 따라서 무한대의 전력을 부하에 공급하는 것이 되는데, 이는 물리적으로 불가능하다. 그림 8의 이상적인 전압원의 경우 부하저항이 영(zero)[Ω]이 되면 다음과 같이 이 전압원이 부하에 공급하는 전력은 무한대이다.

$$\lim_{R_L \to 0} P = \lim_{R_L \to 0} V_s \cdot \frac{V_s}{R_L} = \infty[W]$$

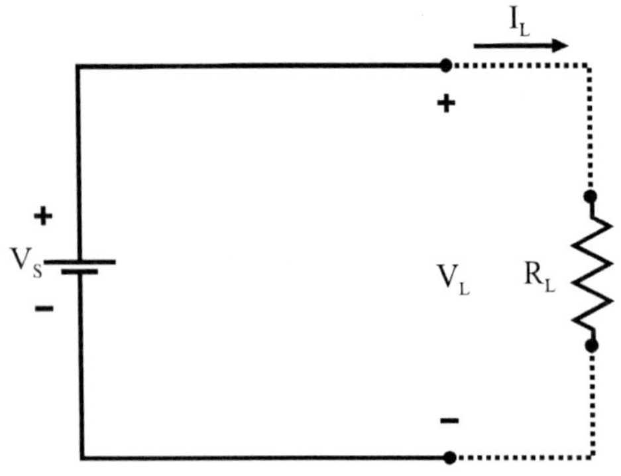

그림 8(a). 이상적인 전압원(직류)

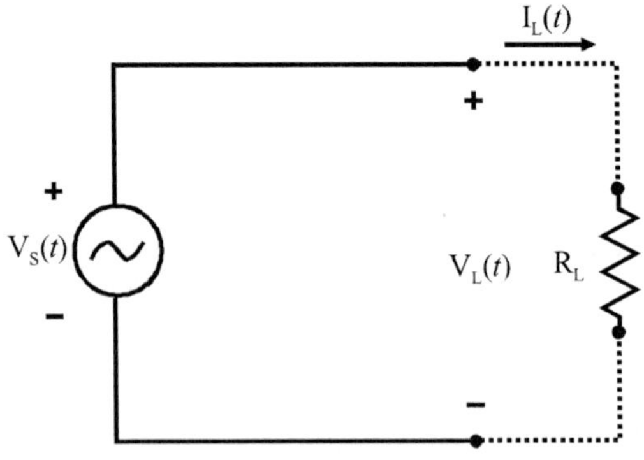

그림 8(b). 이상적인 전압원(교류)

실제적인 전압원은 부하에 공급할 수 있는 전기적 에너지가 제한되어 있으므로 부하저항이 적어서 공급하는 전류가 증가하여 자신이 공급할 수 있는 전력을 초과하게 되면 기전력(EMF, electromotive force)이 떨어지게 된다. 그래서 부하전류에 따른 특성곡선이 그림 9와 같이 된다.

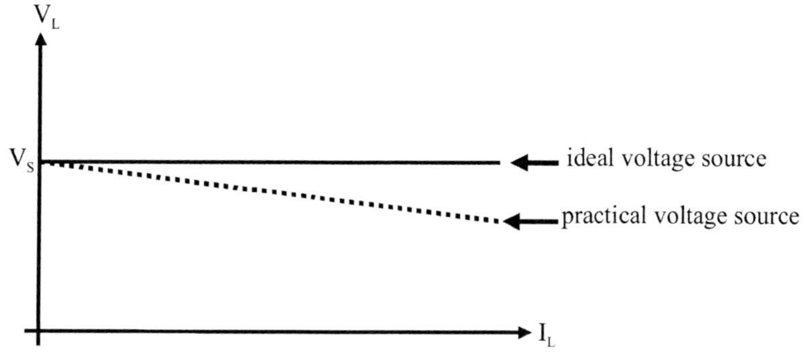

그림 9. 이상적인 전압원과 실제적인 전압원의 특성

실제적인 전압원의 이런 특성은 회로적으로 전압원 내부에 저항성분이 있는 것으로 해석할 수 있다. 이 저항을 전압원의 내부저항 또는 출력저항(교류 전압원의 경우)이라고 한다. 이 내부지항 또는 출력저항을 고려한 전압원의 Thevenin 등가회로는 그림 10과 같다.

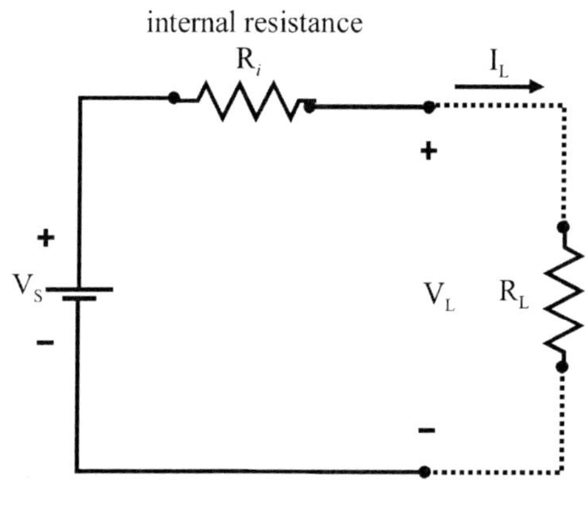

그림 10(a). 실제적인 전압원(직류)

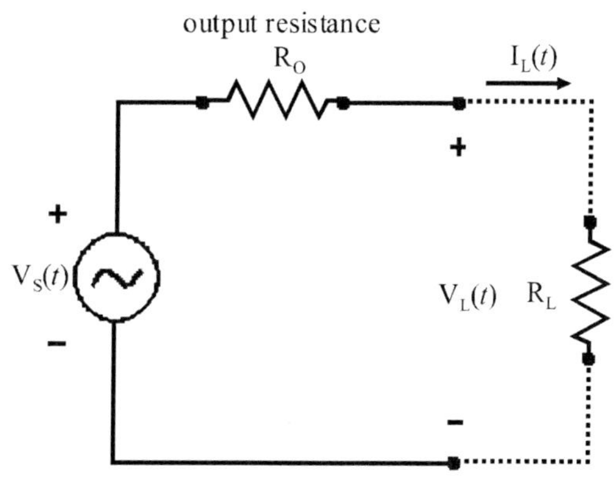

그림 10(b). 실제적인 전압원(교류)

내부저항을 고려한 실제적인 전압원에 부하가 연결된 그림 3 (a)의 회로에 대해서 키르히호프의 전압법칙(KVL)을 적용하여 전압원이 부하에 공급하는 전압이 부하전류에 따라 어떻게 변화되는지 알 수 있다.

$$V_L = -R_i \cdot I_L + V_s$$

이 식을 그려보면 그림 11과 같다.

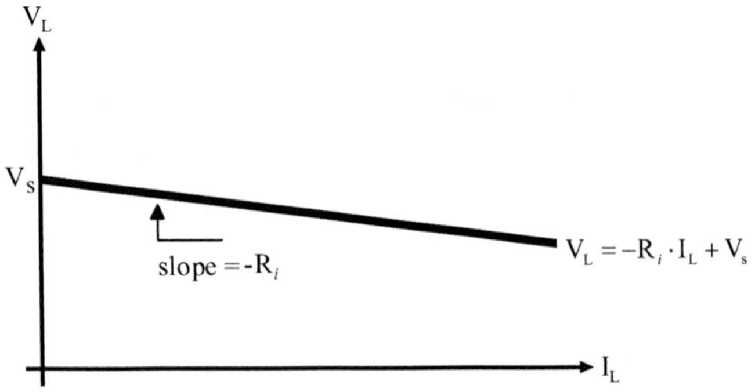

그림 11. 실제적인 전압원의 출력특성

각종 전자장치의 전원으로 널리 사용되는 1.5[V] 건전지(dry cell)는 대략 0.1[Ω] 정도의 내부저항을 갖고, 자동차의 전원으로 사용되는 12[V] 납축전지(lead-acid battery)는 대략 0.01[Ω] 정도의 내부저항을 갖는다. 오래된 건전지의 경우에는 수백[Ω]의 내부저항을 가질 수도 있다.

C. 사인함수(The sinusoidal function)

사인함수(sinusoidal function)는 통신이론뿐만 아니라 공학의 전 분야에 걸쳐서 매우 중요한 초월함수(transcendental function)이다.

임의의 모든 함수는 사인함수로 분해해서 해석할 수 있다. 통신공학에서 모든 정보신호는 사인함수를 이용해서 그 신호의 특성을 분석해낼 수 있으며 이를 알아야지만 그에 적절한 신호처리 장치를 만들 수 있다.

그리고 통신이론의 많은 중요한 원리들은 사인함수를 이용해 분석한 신호(스펙트럼, Spectrum)로서 보다 더 깊이 있게 잘 이해할 수 있다. 지금 이 시각에도 우리 주위를 가득 채우고 있는 전파(electromagnetic waves)의 전파특성도 사인함수를 이용해서 서술할 수 있으며, 우리가 언제나 접하고 살아가는 소리나 음성신호도 역시 사인함수를 이용해서 기술할 수 있고, 가끔씩 아름다운 해변에 느닷없이 밀려와서 많은 사람들의 목숨을 앗아가곤 하는 해일(surge)도 사인함수를 이용해서 분석할 수 있다.

1. 사인함수의 기하적인 이해(The geometrical basis for the sinusoidal function)

각도(angle)를 나타내는 단위에는 도(degree, °)와 라디안(radian, [rad])이 있다. 도(degree)는 원(circle)에서 반경이 1번 회전하는 각의 1/360을 1도(1°)로 정의하고, 라디안은 반경이 1번 회전하는 각의 1/(2π)을 1 라디안(1[rad])으로 정의한다.

어떤 각도의 사인(sine) 및 코사인(cosine) 값은 직각삼각형에 대해서 정의되며, 다음의 직각삼각형에서 각 θ의 사인(sine) 및 코사인(cosine) 값은 다음과 같이 정의된다.

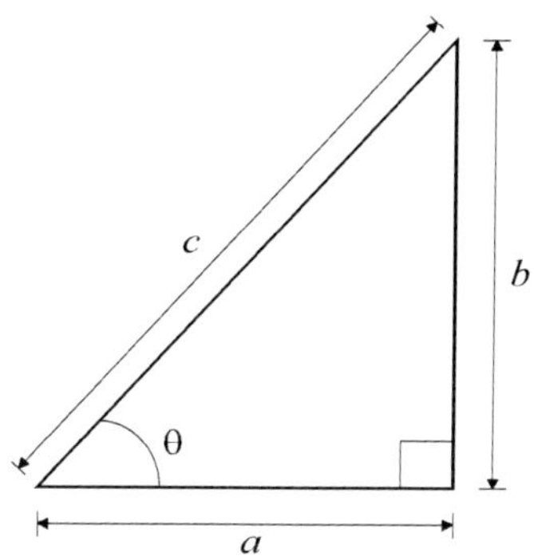

그림 1. 직각삼각형(right-angle triangle)

$$\sin(\theta) \equiv \frac{\text{높이}}{\text{빗변}} = \frac{b}{c}$$

$$\cos(\theta) \equiv \frac{\text{밑변}}{\text{빗변}} = \frac{a}{c}$$

이 경우 직각삼각형이므로 각 θ는 다음 범위의 값만 가질 수 있다. 즉,

$$0^0 < \theta < 90^0$$

그리고 a, b, c는 각각 밑변, 높이, 그리고 빗변의 길이로서 모두 0보다 큰 값이고, $c > a, b$ 이므로 $\sin(\theta)$, $\cos(\theta)$는 다음 범위의 값만을 가진다.

$$0 < \sin(\theta), \cos(\theta) < 1$$

2. 사인의 기하적인 정의로부터 산술적인 정의로의 확장

(The arithmetical basis for the sinusoidal function)

앞서의 사인(sine)에 대한 기하적인 정의를 일반 각, $-\infty < \theta < +\infty$에 대해서 확장한다.

아래 그림과 같은 (x, y) 좌표 평면상에 반경이 c인 원에 대해서 반경이 양(positive)의 x 축 상에 있을 때의 각도를 0°로 하고, 반경이 반시계 방향(counterclockwise)으로 회전한 각을 양(+, positive)의 각, 그 반대를 음(-, negative)의 각으로 정의한다. 만약, 반경이 θ만큼 회전하여 좌표평면 상에 그림 2와 같이 위치하여 그 각이 90°보다 큰 경우 사인 및 코사인은 다음과 같이 정의한다.

먼저, 반경의 끝 점에서 x축에 수선을 내린다. 그 수선과 반경이 이루는 직각삼각형에 대해서 앞서의 기하적인 사인 및 코사인의 정의를 그대로 적용하는데, 다른 점은 높이와 밑변의 단순한 길이에 대수적인 부호를 부여한다. 즉, 높이가 음의 y값을 갖는 좌표 평면상에 위치하면 음(-)의 부호를, 양의 y값을 갖는 좌표 평면상에 위치하면 양(+)의 부호를 부여한다. 밑변의 경우도 대해서도 동일하게 대수적 부호를 부여한다. 이렇게 정의하면,

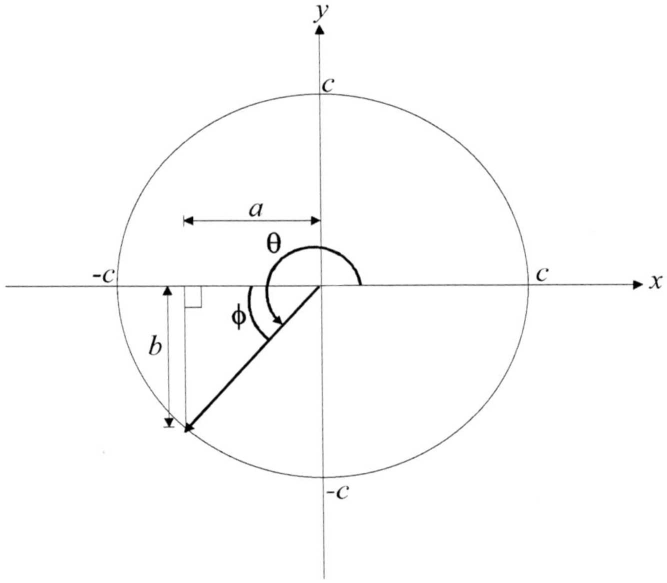

그림 2. 사인 및 코사인 정의의 확장

$$\sin(\theta) \equiv \frac{\text{부호를 부여한 높이}}{\text{빗변}} = \frac{(-b)}{c} = -\frac{b}{c}$$

$$\cos(\theta) \equiv \frac{\text{부호를 부여한 밑변}}{\text{빗변}} = \frac{(-a)}{c} = -\frac{a}{c}$$

이와 같이 정의하면 앞서의 각 θ의 범위를 다음과 같이 확장할 수 있다.

$$-\infty < \theta < +\infty$$

그리고 sin(*θ*), cos(*θ*)의 범위는 다음의 같이 확장된다. 즉,

$$-1 < \sin(\theta), \cos(\theta) < 1$$

3. 사인함수의 수학적 이해(The mathematical basis for the sinusoidal function)

그림 2에서 원의 반경이 회전함에 따라 변하는 각 *θ*의 사인 값(sin(*θ*))을 *x*축을 *θ*로 하고 *y*축을 sin(*θ*)하여 그리면, 이는 *θ*가 변함에 따라 최대값 +1, 최소값 -1 사이를 진동하는 주기함수가 된다(그림 3(a)). 이 주기함수의 주기는 360°(2π)이다.

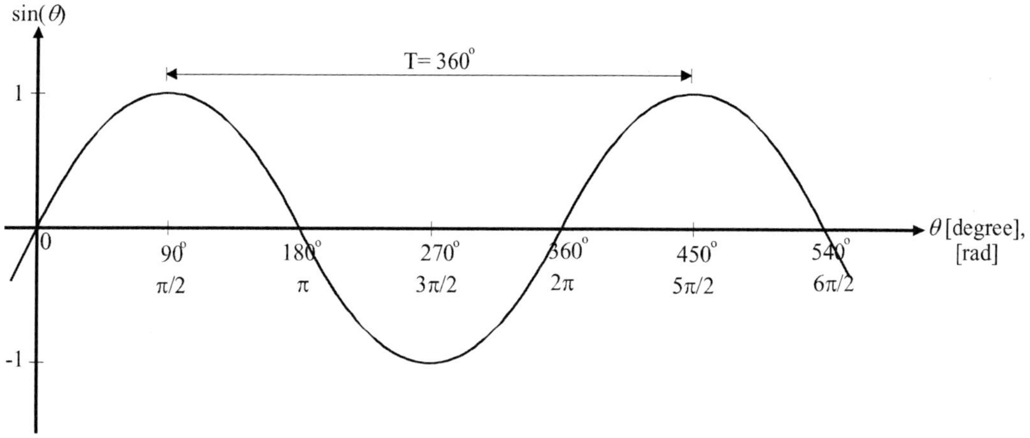

그림 3(a). sin(*θ*)의 그래프

반경이 단위시간당(1[sec]) *ω*[rad]만큼 회전한다면, 회전각 *θ*는 다음과 같이 시간의 함수로 쓸 수 있다.

$$\theta = \omega t$$

그래서 사인 값을 *x*축을 *t*로 하여 *t*에 대해서 그려보면 다음과 같다(그림 3(b)).

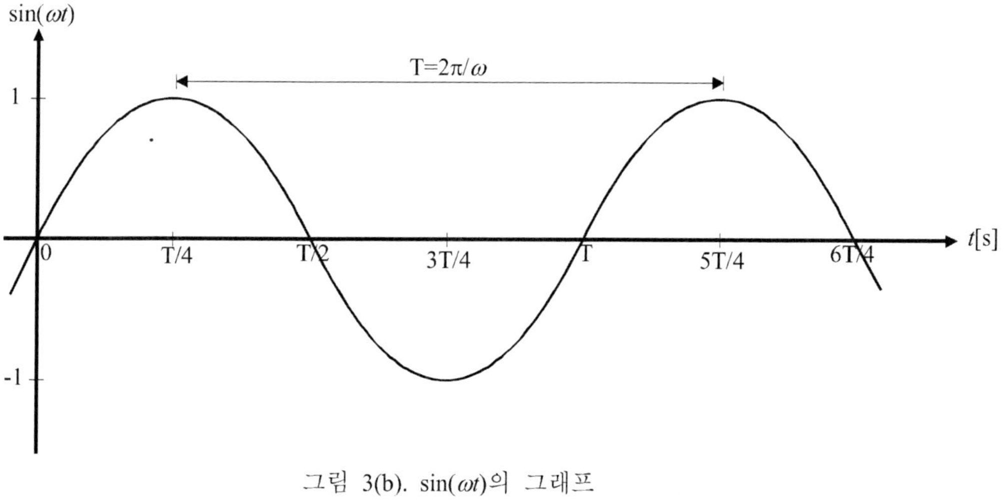

그림 3(b). sin(*ωt*)의 그래프

이때 이 그래프의 주기는

$$\mathrm{T} = \frac{2\pi}{\omega}$$

이다.

원의 반경이 단위시간당 ω[rad]만큼 회전한다면, 완전한 1 회전(1 revolution)이 2π[rad]이므로 단위시간당 회전수 즉, 주파수(frequency) f는 다음과 같이 주어진다.

$$f = \frac{\omega}{2\pi}$$

그래서 주파수와 주기는 다음의 관계식을 갖는다.

$$f = \frac{1}{\mathrm{T}}$$

주파수의 의미가 단위시간당 원의 반경이 원을 1 회전하는 횟수이고, 원의 1회전은 그림 3(b)의 그래프에서 1 주기에 해당하므로, 주파수는 그래프에서 단위시간당 주기의 개수를 의미한다. 그리고 앞서의 시간의 변화에 따른 사인 값은 다음과 같이 함수로 표현할 수 있다.

$$\sin(\theta) = \sin(\omega t) = \sin(2\pi f t)$$

4. 사인함수의 위상(The phase of the sinusoidal function)

일반적인 사인함수는 $\sin(\omega t+\phi)$로 쓸 수 있으며 ϕ를 사인파의 위상(phase)이라고 한다. $\sin(\omega t+\phi)$의 그래프는 $\sin(\omega t)$에 대해서 ωt축 상에서 ϕ만큼 음(negative)의 방향으로 이동된 그래프가 된다.

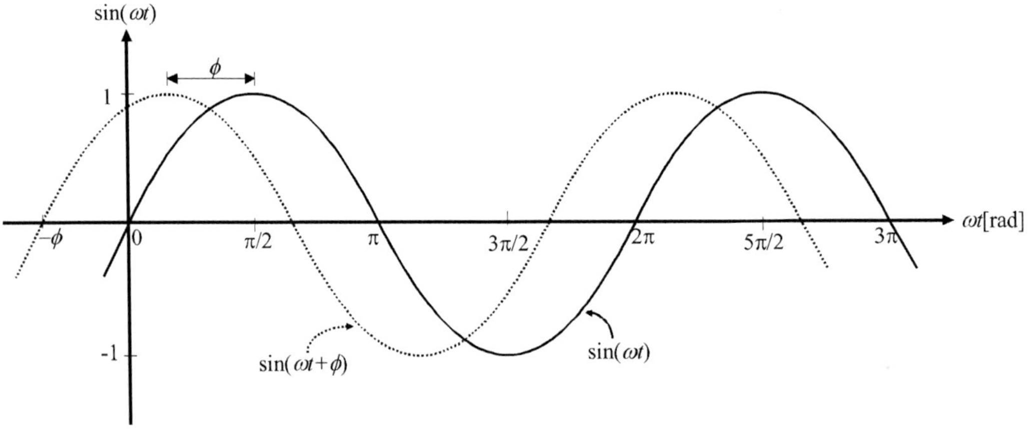

그림 4. $\sin(\omega t+\phi)$의 그래프

$\sin(\omega t+\phi)$에서 ϕ가 $90^{\circ}(\pi/2)$인 경우에는 코사인함수(cosine function, $\cos(\omega t)$)가 된다. 즉, $\sin(\omega t+\pi/2)=\cos(\omega t)$이다. 그래서 코사인함수는 그 수학적 특성이 사인함수와 위상이 $90^{\circ}(\pi/2)$ 차이 나는 것 외에는 동일하다.

D. 키르히호프의 법칙(Kirchhoff's Law)

키르히호프의 법칙은 1847년 독일의 물리학자 Gustav Robert Kirchhoff에 의해서 발견된 법칙으로 모든 전기 및 전자 회로를 해석하는데 기본이 되는 법칙이다. 이는 두개의 법칙으로 구성되는데, 하나는 키르히호프 전류법칙(KCL, Kirchhoff Current Law)이고 다른 하나는 키르히호프 전압법칙(KVL, Kirchhoff Voltage Law)이다.

키르히호프 전류법칙은 전하보존의 법칙(Charge Conservation Law)에 근거하여 전하의 소멸이나 축적이 일어나지 않는 회로상의 한 점(node)에서의 그 점에 유입되는 전류의 합은 그 점으로부터 유출되는 전류의 합과 같다는 것이다. 만일 그 한 점에 대해서 유입 또는 유출되는 전류에 대수적 부호를 부여한다면, 즉, 유입되는 전류에는 + 부호 유출되는 전류에는 - 부호(또는 이 반대의 경우 동일함), 이 법칙은 다음과 같이 표현할 수 있다:

키르히호프 전류법칙(KCL)

회로상의 한 점에서의 유입 또는 유출되는 전류의 대수적 합은 영이다.

키르히호프의 전류법칙을 설명하기위해 그림 1의 회로를 고려한다. 이 회로에서 저항 R_1, R_2, 그리고 R_3가 연결되는 점 A에서 유입되는 전류 I_1=30[mA]는 유출되는 전류 I_2=20[mA]와 I_3=10[mA]의 합과 같다. 즉,

$$I_1 = I_2 + I_3$$

만약 유입되는 전류에 + 대수적 부호를 부여하고 유출되는 전류에 - 대수적 부호를 부여하여 점 A에서의 전류의 대수적 합을 구하면 다음과 같이 영(zero)이 된다

$$(+I_1) + (-I_2) + (-I_3) = 0$$

대수적 부호를 부여할 때 앞서의 경우와 반대로 부여하여도 동일한 결과가 된다. 즉,

$$(-I_1) + (+I_2) + (+I_3) = -\{(+I_1) + (-I_2) + (-I_3)\} = 0$$

그래서 점 A에 대해서 유입되는 전류와 유출되는 전류의 대수적 부호를 서로 반대로 부여하기만 하면 그 점에 대해서 전류의 대수적 합은 영이 된다.

점 B에 대해서도 동일하게 적용할 수 있으며 회로상의 모든 점(node)에 대해서 동일하게 키르히호프의 전류법칙이 적용된다.

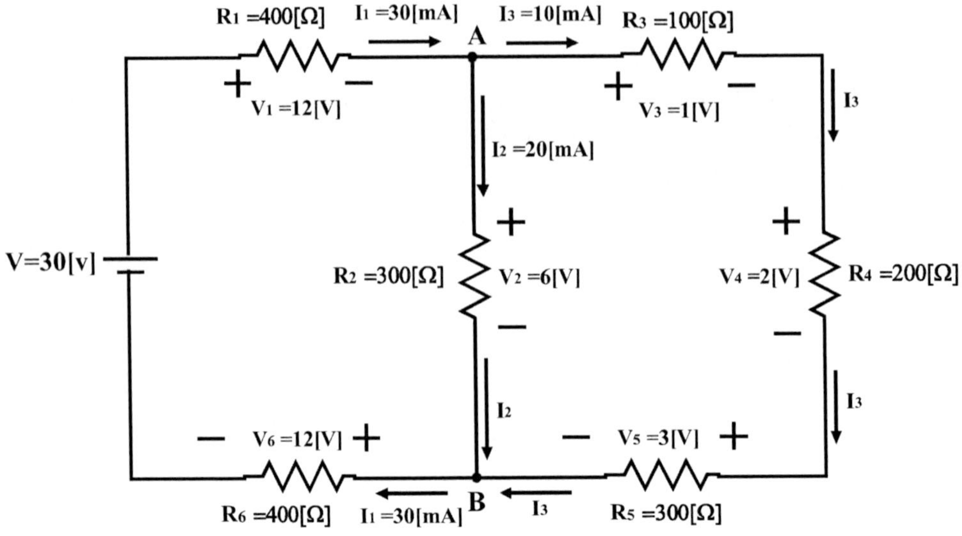

그림 1. 키르히호프의 법칙을 설명하기 위한 회로

회로상의 임의의 두 점 P_1과 P_2사이의 전위차는 단위전하를 점 P_1에서 P_2로 이동하는데 드는 일(work)이므로 이 일은 그 두 점 사이의 경로에 무관하다(conservative field). 그래서 임의의 한 경로를 따라서 단위전하를 한 점 P_1에서 출발하여 여러 점들을 거쳐서 다른 한 점 Q_1까지 이동하는데 드는 일은 그 두 점(P_1에서 Q_1까지)사이의 전위차가 된다. 그런데 그 경로가 닫힌 경로일 경우에는 한 점 P_1에서 출발하여 여러 점들을 거쳐서 원래의 자기 자신의 점 P_1으로 되돌아오는 경로이고 자기 자신의 동일한 두 점 사이의 전위차는 영(zero) 이므로, 이 닫힌 경로에 존재하는 연속적인 두 점들 사이의 전위차들을 전체적으로 합한 전위차는 영이 되어야한다.

키르히호프의 전압법칙은 전자장의 보존성(conservative field)과 에너지 보존(conservation of energy)에 근거한 것으로 회로상의 임의의 닫힌 경로(closed path, loop)에 대해서 그 닫힌 경로를 시계방향 또는 반시계방향으로 일주하면서 연결된 소자양단(전원도 포함)의 전위차를 대수적으로 더한 합은 영이 된다는 것이다. 여기서 대수적으로 더한다는 것은 닫힌 경로를 일주할 때 어떤 소자에 대해서 그 양단의 전위차의 - 극성을 먼저 만나면 그 전위차에 - 부호를 부여하고 + 극성을 먼저 만나면 그 전위차에 + 부호를 부여하여(또는 이와 반대로 부호를 부여해도 상관없음) 더한다는 것을 의미한다.

이와 같이 대수적 부호를 부여한 소자 양단의 전위차를 고려할 때 키르히호프의 전압법칙은 다음과 같다:

키르히호프 전압법칙(KVL)

회로상의 임의의 닫힌 루프에 대해서 그 닫힌 경로를 시계방향 또는 반시계방향으로 일주하면서 연결된 소자양단의 전위차를 대수적으로 더한 합은 영이다.

키르히호프의 전압법칙을 설명하기위해 그림 1의 회로를 전압과 닫힌 경로를 표시하여 그림 2에 다시 그렸다. 이 회로에는 3개의 닫힌 경로가 존재한다. 앞서의 방식으로 소자양단의 전위차에 대해서 대수적 부호를 부여할 경우 시계방향으로 회전하는 Loop1, Loop2, 그리고 Loop3에 대해서 키르히호프의 전압법칙은 다음의 식으로 표현된다.

$$\text{Loop1}: \ -V + V_1 + V_2 + V_6 = -30[V] + 12[V] + 6[V] + 12[V] = 0$$

$$\text{Loop2}: \ -V_2 + V_3 + V_4 + V_5 = -6[V] + 1[V] + 2[V] + 3[V] = 0$$

$$\text{Loop3}: \ -V + V_1 + V_3 + V_4 + V_5 + V_6 = -30[V] + 12[V] + 1[V] + 2[V] + 3[V] + 12[V] = 0$$

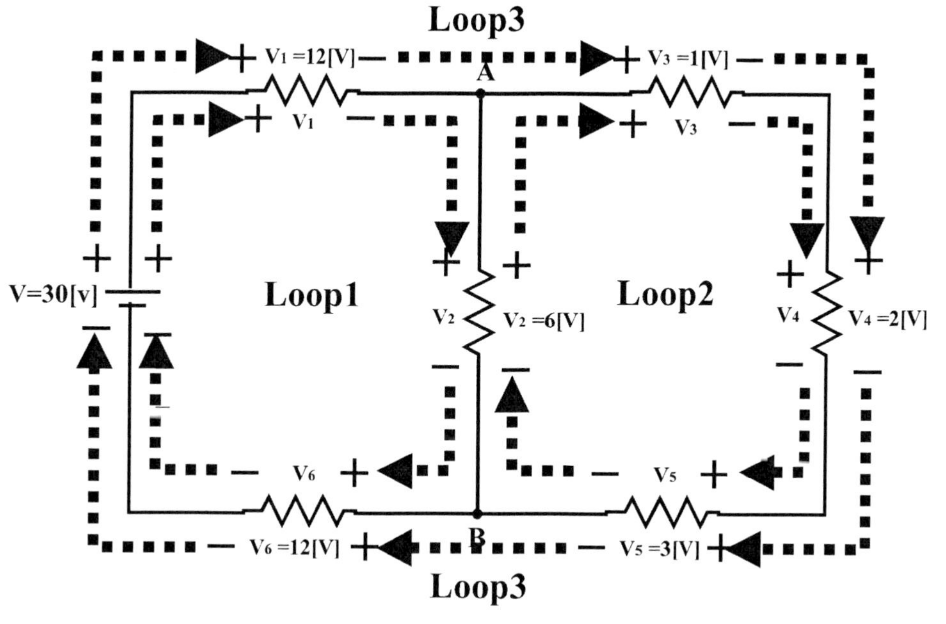

그림 2. 키르히호프의 전압법칙을 설명하기 위한 그림 1의 회로

E. 중첩의 원리

중첩의 원리는 키르히호프의 법칙(Kirchhoff's laws)으로부터 유도된 것으로 여러 개의 전원(전압원과 전류원 모두 포함)과 선형소자(linear elements)로 이루어진 회로에서 어떤 소자에 흐르는 전류와 그 양단의 전위차는 개개의 전원이 단독으로만 존재할 때의 그 값들을 대수적으로 더하면 모든 전원이 동시에 존재할 때의 그 값들과 같다는 것이다. 여기서 개개의 전원이 단독으로만 존재할 때 다른 전원들은 재거하는데 이는 전압원은 단락으로 전류원은 개방으로 그 전원을 대체함을 의미한다.

중첩의 원리를 설명하기 위해서 그림 1의 회로를 고려한다.

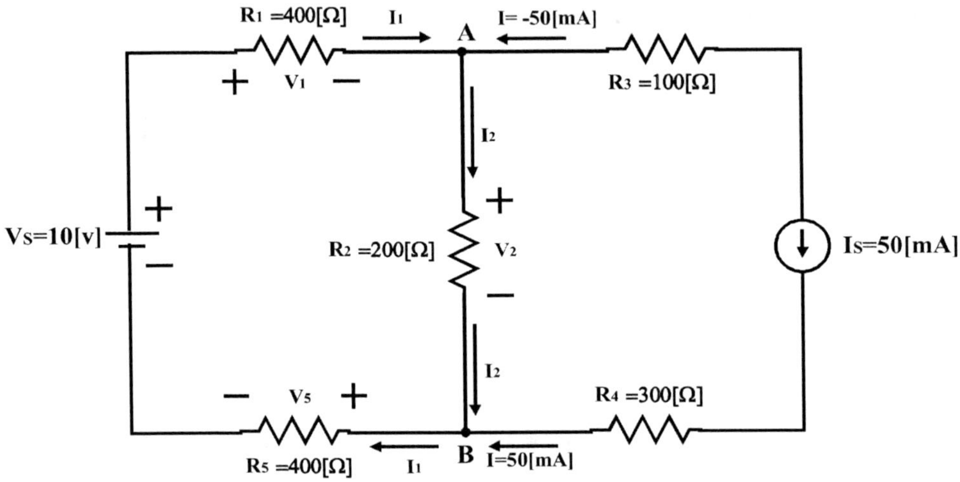

그림 1. 중첩의 원리를 설명하기 위한 회로

이 회로의 점 A에서 KCL을 적용하면 다음 식을 얻는다.

$$I_2 = I_1 + I = I_1 - 50[mA] \qquad (1)$$

그리고 V_s, R_1, R_2, 그리고 R_5를 지나는 닫힌 경로에 대해서 KVL을 적용하면 다음 식을 얻는다.

$$10[V] = V_1 + V_2 + V_5 = 400I_1 + 200I_2 + 400I_1 \qquad (2)$$

식 (1)을 식 (2)에 대입하여 I_1을 구하면

$$I_1 = 20[mA] \qquad (3)$$

이다. 그리고 I_2와 V_2는 각각 다음과 같이 구할 수 있다.

$$I_2 = I_1 - 50[mA] = -30[mA] \qquad (4)$$

$$V_2 = 200I_2 = -6[V] \qquad (5)$$

중첩의 원리를 이용해서 이 회로의 I_2와 V_2를 구하기 위해서 먼저 10[V] 전압원만 단독으로 존재할 때의 이 값들을 구한다. 이를 위해서 50[mA] 전류원을 개방회로 소자로 대치하여 재거하며 그림 2와 같은 회로가 된다.

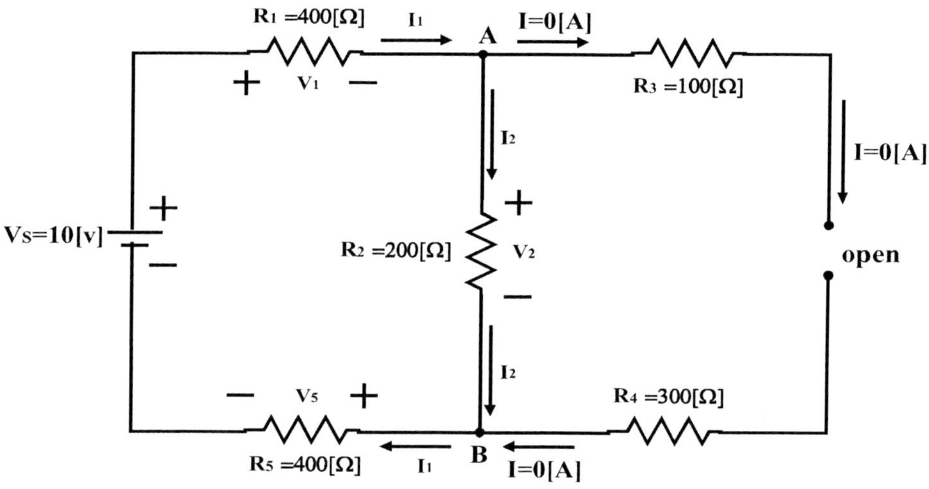

그림 2. 중첩의 원리를 적용하기 위해 전류원을 재거한 회로

이 회로에서 개방단자로는 전류가 흐를 수 없으므로 R_3와 R_4로 흐르는 전류는 영(zero)이고 점 A에 흘러들어가는 I_1 전류는 R_2로만 흐르므로 $I_1 = I_2$가 된다. 그리고 V_s, R_1, R_2, 그리고 R_5를 지나는 닫힌 경로에 대해서 KVL을 적용하면 다음 식을 얻는다.

$$10[V] = V_1 + V_2 + V_5 = 400I_1 + 200I_1 + 400I_1 \qquad (6)$$

이 식에서 I_1을 구하고, 그리고 V_2를 구하면

$$I_1 = I_2 = 10[mA] \qquad (7)$$

$$V_2 = 200I_2 = 2[V] \qquad (8)$$

이다.

다음으로 50[mA] 전류원만 단독으로 존재할 때의 I_2와 V_2를 구하기 위해서 전압원을 단락회로 소자로 대치하여 재거하며 그림 3와 같은 회로가 된다.

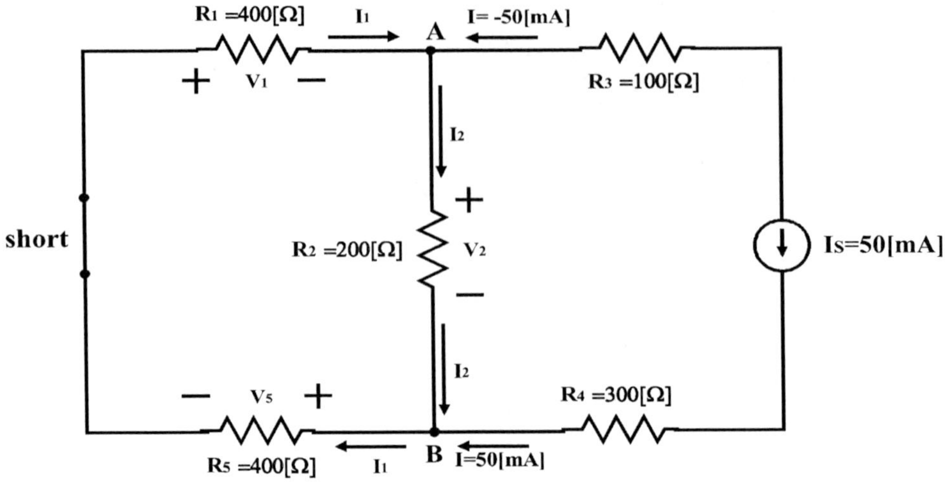

그림 3. 중첩의 원리를 적용하기 위해 전압원을 재거한 회로

이 회로에서는 50[mA] 전류가 점 B에서 R_2와 (R_1+R_5) 저항에 의해서 분배되므로 I_1 과I_2는 다음과 같이 주어진다.

$$I_1 = \frac{R_2}{R_2 + (R_1 + R_6)} \times 50[mA] = 10[mA] \tag{9}$$

$$I_2 = -\frac{(R_1 + R_6)}{R_2 + (R_1 + R_6)} \times 50[mA] = -40[mA] \tag{10}$$

그리고 V_2는 다음과 같다.

$$V_2 = 200 I_2 = -8[V] \tag{11}$$

이제 중첩의 원리에 의해서 두 전원이 동시에 존재할 때의 전류 I_2는 식 (7)과 (10)로 주어지는 전류를 대수적으로 더하고, 전위차 V_2는 식 (8)과 (11)로 주어지는 전위차를 대수적으로 더하면 된다. 그래서 중첩의 원리에 의한 I_2와 V_2는 다음과 같다.

$$I_2 = 10[mA] + (-40[mA]) = -30[mA] \tag{12}$$

$$V_2 = 2[V] + (-8[V]) = -6[V] \tag{13}$$

이 값은 원래의 회로에서 직접 구한 값 식 (4)와 (5)와 각각 일치한다.

F. 테브닌과 노턴의 정리(Thevenin's and Norton's Theorems)

테브닌의 정리(Thevenin's theorem)은 1853년 독일의 물리학자 Hermann von Helmholtz에 의해 처음 발견되었고 1883년 프랑스의 엔지니어 Leon Charles Thevenin에 의해서 발표되었다.

이 정리는 두 단자 A, B에 연결된 여러 개의 전원(전압원과 전류원)과 저항으로 구성된 임의의 선형 회로는 이 두 단자에 하나의 등가 전압원(V_{TH})과 하나의 등가저항(R_{TH})이 직렬 연결된 회로로 등가적으로 표현할 수 있다는 것이다. 여기서 등가 전압원의 전위차는 두 단자 A, B가 개방된 상태에서 두 단자 양단의 전위차이고 등가저항은 그 회로내의 모든 전원을 재거(전압원은 단락, 전류원은 개방으로 대체)한 상태에서 두 단자 A, B에서 본 회로 전체의 등가저항이다(그림 1).

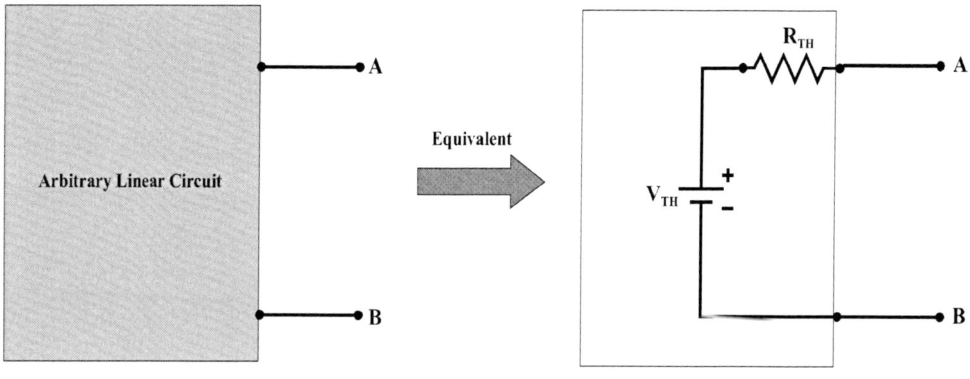

그림 1. 테브닌의 정리의 설명도

그림 1에서 임의의 선형회로의 두 단자 A, B를 고려할 때, 이 회로를 그 두 단자에 대해서 하나의 전압원(V_{TH})과 하나의 저항(R_{TH})이 직렬 연결된 회로로 등가적으로 생각할 수 있으며, 이 등가회로를 테브닌의 등가회로라고 한다. 여기서 등가회로의 의미는 두 단자 A, B에 임의의 부하(저항)가 연결될 때 이 부하에 흐르는 전류와 부하 양단의 전위차가 원래의 회로와 테브닌의 등가 회로에서 각각 서로 같다는 것을 의미이다.

테브닌의 정리는 교류회로에 대해서도 성립하며, 이 경우에는 전압원 및 전류원은 페이저(phasor) 양으로, 개개 선형소자들은 임피던스(impedance)로 대치하고, 등가회로에서의 전압원(V_{TH})과 저항(R_{TH})도 각각 페이저와 임피던스로 대치하면 직류인 경우와 동일하게 적용된다.

테브닌의 정리는 복잡한 회로를 등가적으로 단순화 할 수 있어서 각종 회로해석이나 설계에서 매우 유용하게 사용될 수 있다. 예를 들어 전원이 있는 복잡한 회로의 임의의 두 단자에 부하가 연결될 때 그 부하에 최대의 전기적 에너지를 전달하기 위한 부하의 조건을 구하고자 하는 경우, 그 복잡한 회로를 해석하는 대신에 테브닌 등가회로를 이용하면 아주 쉽게 그 문제를 해결할 수 있다.

그림 2의 회로에서 R_2에 흐르는 전류를 구하는데 테브닌의 정리를 적용해본다.

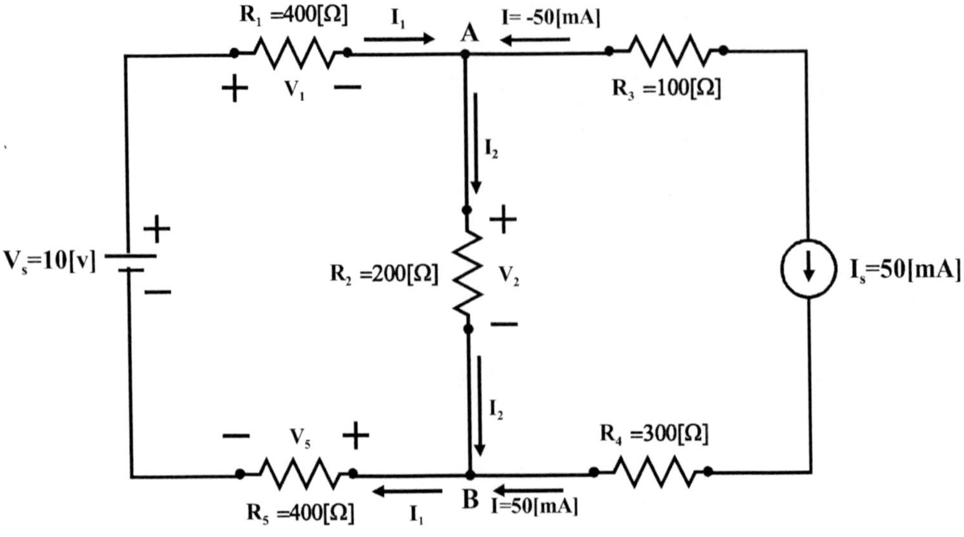

그림 2. 테브닌의 정리의 적용 예

이 회로를 해석하면 I_2 =-30[mA]를 얻는다. 이제 이 전류를 테브닌의 등가회로를 이용해서 구하기 위해서 등가회로를 구하는 두 단자를 A, B로 하고 R_2를 이 두 단자에 부하저항으로 한다.

먼저 등가 전압원 V_{TH}를 구하기 위해서 단자 A, B를 개방하면 이 회로는 그림 3 (a)와 같이 된다. 이 회로에서 V_{TH}를 구하면, V_{TH} =-30[V]이다.

등가저항(R_{TH})를 구하기 위해서 모든 전원을 재거한 회로는 그림 3 (b)와 같다. 이 회로에서 R_{TH}를 구하면 R_{TH} =800[Ω]이고, 테브닌 등가회로는 그림 4와 같다.

이 등가회로에서 부하에 흐르는 전류를 구하면 I_2 =-30[mA]으로서 원래의 회로를 해석해서 구한 값과 일치한다.

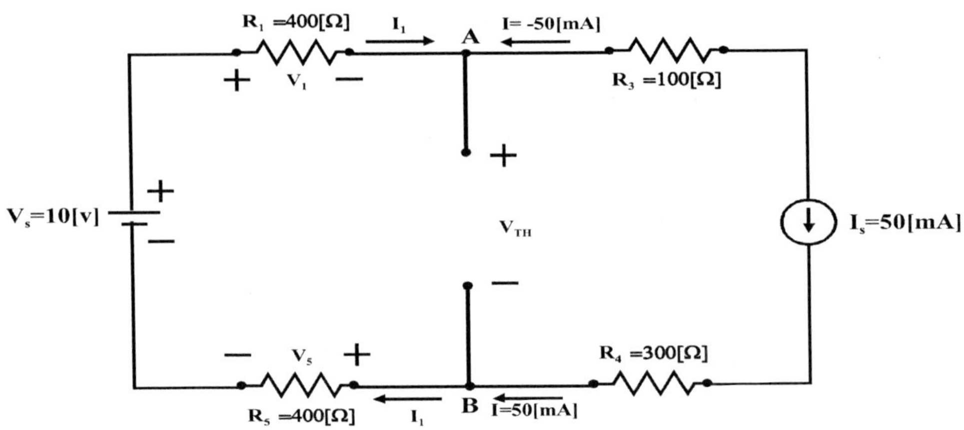

그림 3: (a) 등가 전압원 V_{TH}를 구하기 위한 회로

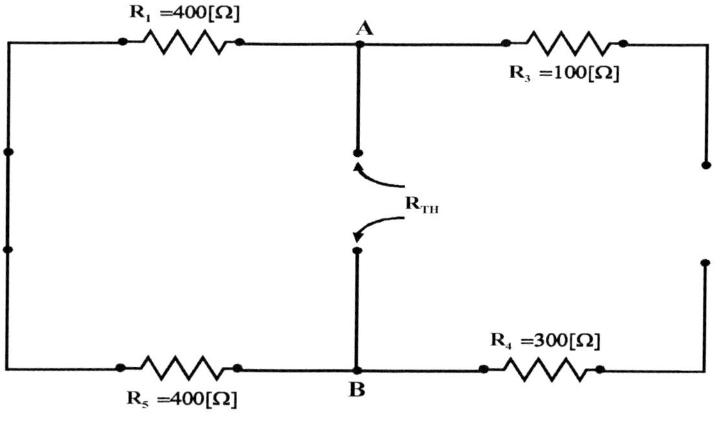

그림 3: (b) 등가저항 R_{TH}를 구하기 위한 회로

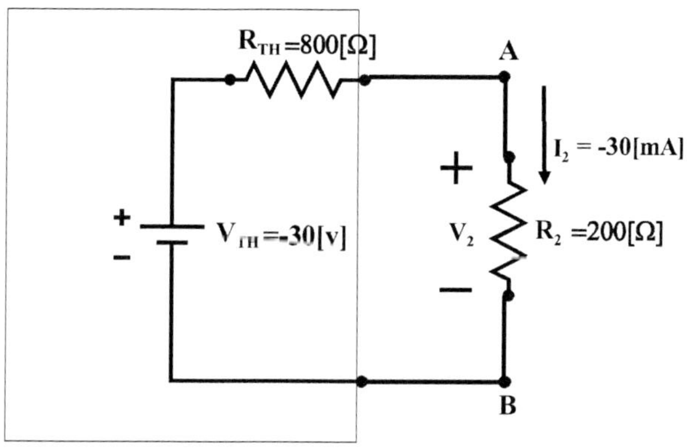

그림 4. 테브닌의 등가회로

노턴의 정리(Norton's theorem)는 테브닌의 정리를 확장한 것으로 1926년 Hause- Siemens의 연구원 Hans Ferdinand Mayer와 Bell Labs의 엔지니어 Edward Lawry Norton에 의해서 발표되었다.

이 정리는 두 단자 A, B에 연결된 여러 개의 전원과 저항으로 구성된 임의의 선형 회로는 이 두 단자에 하나의 등가 전류원(I_N)과 하나의 등가저항(R_N)이 병렬 연결된 회로로 등가적으로 표현할 수 있다는 것이다. 여기서 등가 전류원의 전류는 두 단자 A, B를 단락했을 때 이 단자에 흐르는 전류이고 등가저항은 테브닌 등가회로의 경우와 동일하다(그림 5).

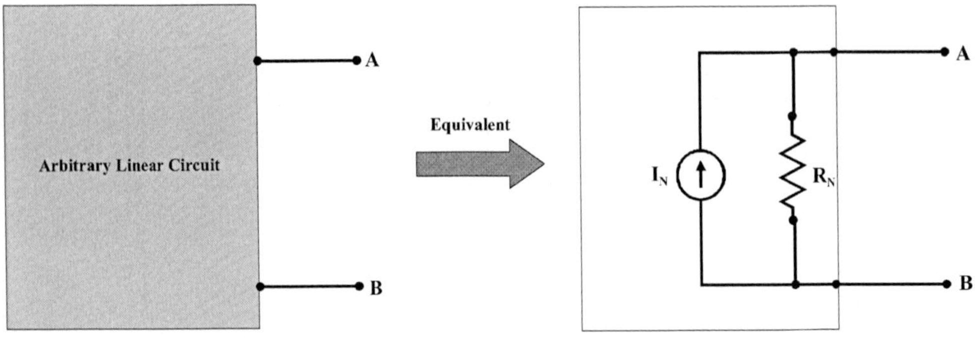

그림 5. 노턴의 정리의 설명도

앞서 그림 2의 회로 예에서 테브닌의 등가회로 대신에 노턴의 등가회로를 이용해서 문제를 풀어본다.

먼저 노턴 등가 전류원(I_N)을 구하기 위해서 두 단자 A, B를 단락한 회로는 그림 6과 같이 된다. 이 회로에서 I_N을 구하면, I_N =-37.5[mA]이다.

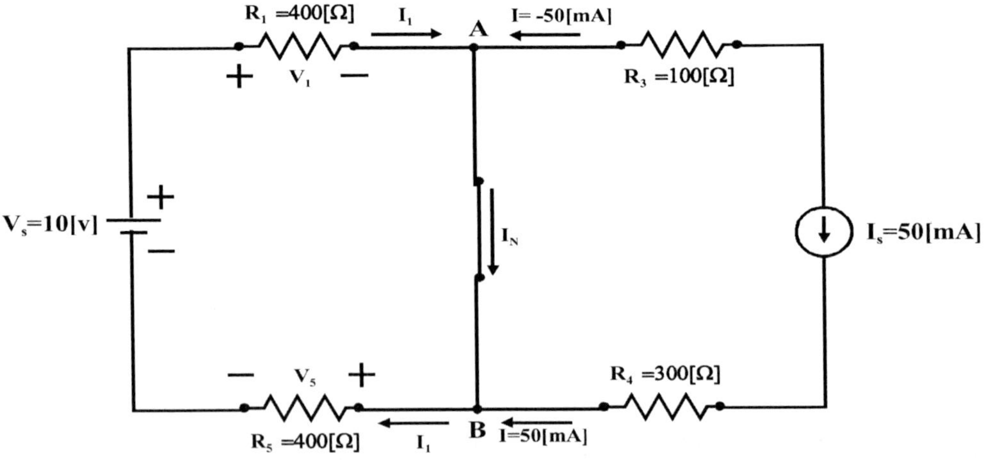

그림 6. 등가 전류원 I_N를 구하기 위한 회로

등가저항(R_N)은 테브닌 등가회로의 경우와 동일하며 노턴의 등가회로는 그림 7과 같다. 이 등가회로에서 부하에 흐르는 전류를 구하면 I_2 =-30[mA]으로서 원래의 회로를 해석해서 구한 값과 일치한다.

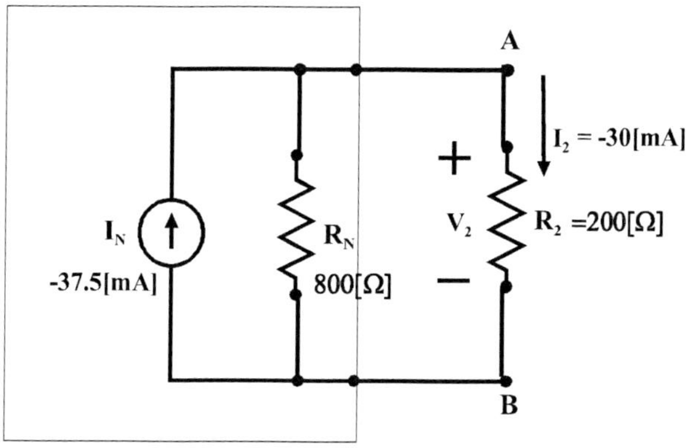

그림 7. 노턴의 등가회로

G. 교류회로 해석방법(The sinusoidal analysis)

1. 직류회로와 교류회로

직류회로는 회로의 소자에 흐르는 전류와 그 양단의 전압이 시간에 따라 변하지 않고 일정한 회로, 즉,

$$i(t) = c[\mathrm{A}]: \mathrm{constant}$$

$$v(t) = c[\mathrm{volt}]: \mathrm{constant}$$

이고, 이런 직류회로의 전원에는 전압 원(voltage source)과 전류 원(current source)이 있다.

대표적인 전압 원으로는 화학전지(chemical battery), 태양전지(solar cell), 그리고 직류 전압 공급기(DC power supply) 등이 있다.

화학전지는 전지 내부에서 화학반응을 일으켜 이때 발생하는 화학적 에너지(chemical potential)를 전기적 위치에너지(electrical potential energy)로 변환시켜서 기전력(EMF)를 발생시키는 장치로서, 탄소 아연 건전지(Carbon-zinc cell), 알카라인 건전지(Alkaline cell, EMF=1.5[volt], 전자 장치용 일반 건전지), 납 축전지(Lead-acid battery, EMF=12.0[volt], 차량용 배터리), 리튬 이온 건전지(Li-ion cell, EMF=3.7[volt], 휴대폰용 배터리) 등이 있다.

태양전지는 빛 에너지를 반도체 광전 장치(Optoelectronic Device)를 이용해서 전기적 위치에너지로 변환시키는 장치로서 인공위성이나 통신위성 또는 태양열 주택 등의 전원으로 사용된다.

직류 전압 공급기는 일반 교류전압을 정류장치를 이용하여 직류 전압으로 변환해주는 장치로 일반 전기 및 전자 실험실의 전압 원으로 사용된다.

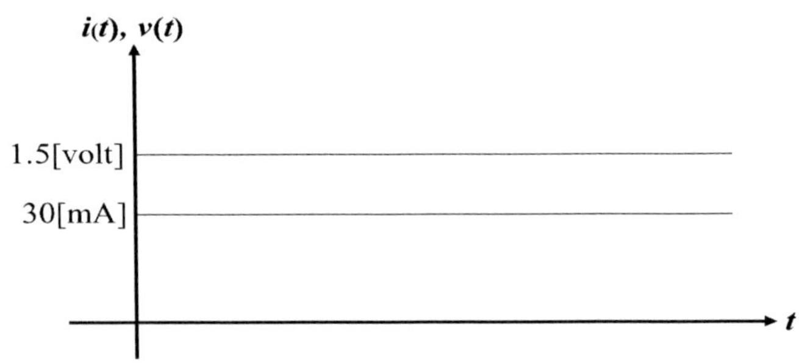

그림 1. 직류 전류 및 전압의 특성

교류회로는 회로의 소자에 흐르는 전류와 그 양단의 전압이 시간에 대해서 사인함수(the sinusoidal function)로 변하는 회로이다. 즉, 전류 및 전압이 다음 식으로 주어진다.

$$i(t) = \mathrm{I_m}\sin(\omega t + \phi)[\mathrm{A}]$$

$$v(t) = \mathrm{V_m}\sin(\omega t + \theta)[\mathrm{volt}]$$

사인함수의 일반식은 다음과 같다.

$$v(t) = \mathrm{V_m}\sin(\omega t + \theta)\,[\mathrm{volt}],\ \omega = 2\pi f = \frac{2\pi}{\mathrm{T}}[\mathrm{rad/sec}]$$

여기서 각 변수들은 다음과 같은 의미를 가진다.

$\mathrm{V_m}$: 진폭(amplitude)

ω[rad/sec]: 각주파수(angular frequency)

f[Hz]: 주파수(frequency), 1초 안에 들어있는 주기의 개수

T[sec]: 한 주기의 시간 간격

θ[rad]: 위상(phase)

사인함수를 그려보면 그림 2와 같다.

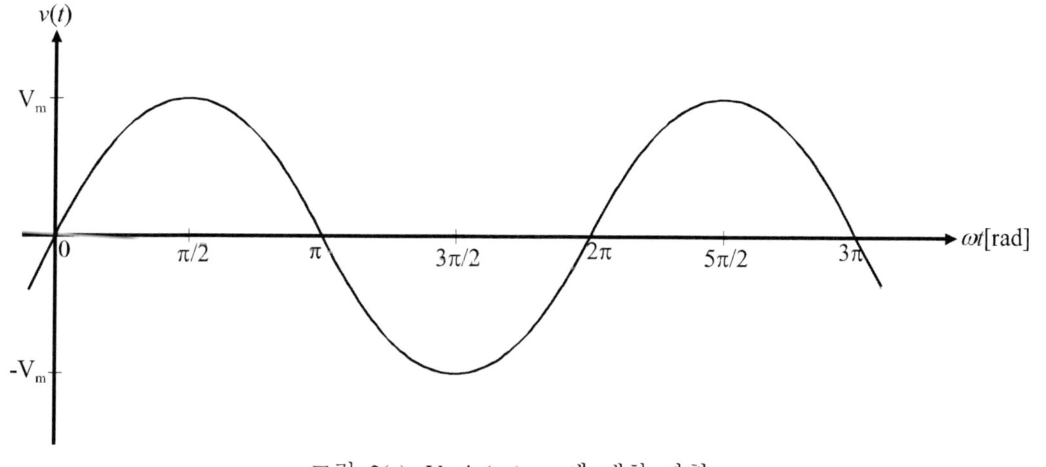

그림 2(a). $\mathrm{V_m}\sin(\omega t)$: ωt에 대한 파형

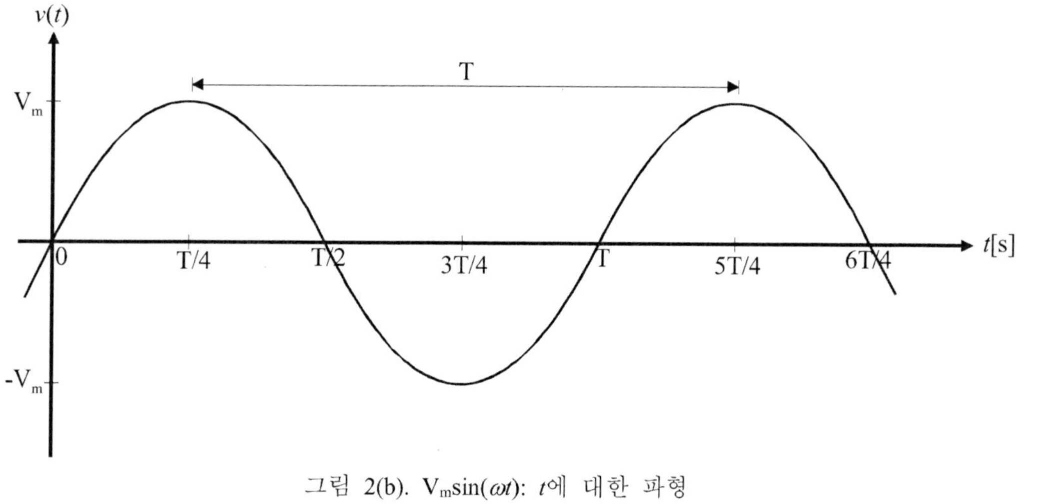

그림 2(b). $\mathrm{V_m}\sin(\omega t)$: t에 대한 파형

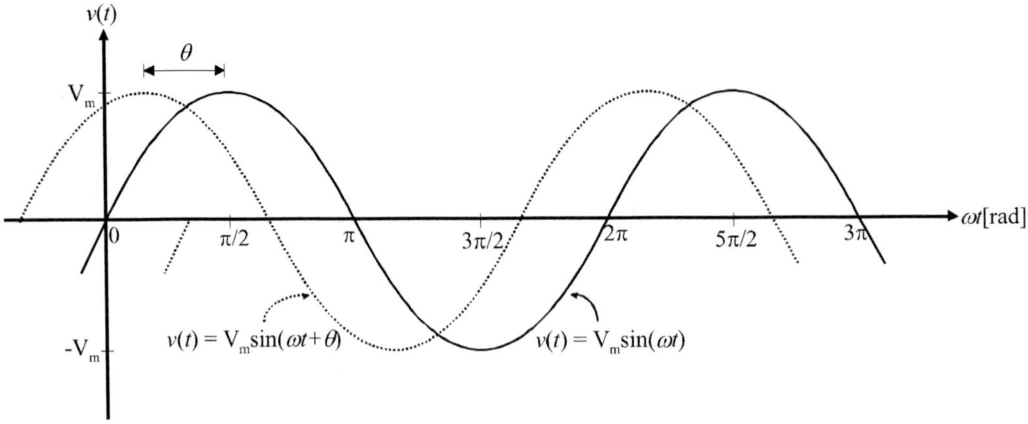

그림 2(c). $V_m\sin(\omega t)$와 $V_m\sin(\omega t+\theta)$ 파형

2. 페이저(Phasor) 개념

선형소자로 이루어진 교류회로의 경우 모든 소자의 전압 및 전류가 모두 동일한 주파수의 사인파이기 때문에 복소 지수함수(complex exponential function)을 도입하면 보다 더 쉽게 회로해석을 할 수 있다. 이 경우 모든 소자의 전압 및 전류에 대해서 페이저(phasor) 전압 및 전류를 정의하고 개개 회로소자에 대해서 이 페이저 전압 및 전류로 정의되는 임피던스(impedance)를 도입하면 저항만 존재하는 회로의 해석과 동일한 방법으로 복소수 영역에서 해석할 수 있다.

다음의 간단한 RL 직렬회로에 대해서 이 방법을 설명한다.

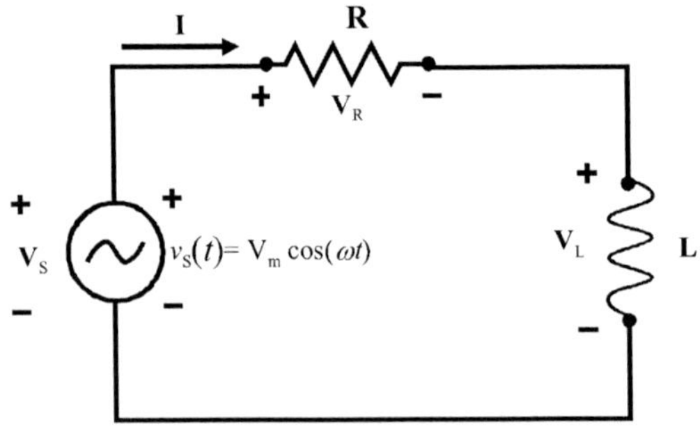

그림 3. 페이저 개념을 설명하기 위한 RL 직렬회로

그림 3의 회로에서 KVL(Kirchhoff Voltage Law)을 적용하면,

$$v_S(t) = v_R(t) + v_L(t) \tag{1}$$

이다. 여기서 $v_s(t)$, $v_R(t)$, $v_L(t)$는 각각 전압 원, 저항, 그리고 인덕터 양단의 순시 전압(instantaneous voltage)이다. 저항에 대해서는 Ohm의 법칙을 적용하고 인덕터에 대해서는 이의 전압과 전류 관계식을 적용하면, (1)식은 다음과 같은 미분방정식으로 주어진다.

$$V_m \cos(\omega t) = Ri(t) + L\frac{di(t)}{dt} \tag{2}$$

여기서 $i(t)$는 회로 전체에 흐르는 순시 전류(instantaneous current)이다. 이 미분방정식을 풀면 이 회로에 흐르는 전류 $i(t)$를 구할 수 있다.

그런데 전류 $i(t)$가 사인파이므로 Euler's formula를 이용하여 전류 $i(t)$를 표현하면,

$$i(t) = \mathrm{I_m}\cos(\omega t + \theta) = \mathrm{Re}\{\mathrm{I_m} e^{j(\omega t+\theta)}\}$$

으로 쓸 수 있다. 여기서 Re는 복소수의 실수부(real part)를 의미한다. 이 전류 표현식과 같이 사인함수를 복소 지수함수($e^{j(\omega t+\theta)}$)를 도입해서 식 (2)을 다시 쓰면 다음과 같다.

$$\mathrm{Re}\{\mathrm{V_m} e^{j(\omega t)}\} = \mathrm{Re}\{\mathrm{RI_m} e^{j(\omega t+\theta)}\} + \mathrm{Re}\{j\omega \mathrm{LI_m} e^{j(\omega t+\theta)}\} \qquad (3)$$

식 (3)은 다음의 복소수 방정식이 성립하면 항상 성립한다.

$$\mathrm{V_m} e^{j\omega t} = \mathrm{RI_m} e^{j(\omega t+\theta)} + j\omega \mathrm{LI_m} e^{j(\omega t+\theta)} \qquad (4)$$

이 식의 양변을 모든 항에 공통으로 존재하는 $e^{j(\omega t)}$으로 나누어서 다음 식을 얻는다.

$$\mathrm{V_m} = \mathrm{RI_m} e^{j\theta} + j\omega \mathrm{LI_m} e^{j\theta} \qquad (5)$$

식 (5)은 대수방정식으로서 식 (2)의 미분방정식의 해를 구하는 것 보다는 쉽게 그 해($\mathrm{I_m}$과 θ)를 구할 수 있다. 즉,

$$\mathrm{I_m} = \frac{\mathrm{V_m}}{\sqrt{\mathrm{R}^2 + (\omega \mathrm{L})^2}} \qquad (6\text{-}1)$$

$$\theta = -\tan^{-1}\left(\frac{\omega \mathrm{L}}{\mathrm{R}}\right) \qquad (6\text{-}2)$$

결과적으로 식 (1)의 해를 구하는 것은 식 (5)의 해를 구하는 것으로 변환된다. 그런데 식 (5)는 식 (1)의 각각의 항들을 다음과 같이 변환한 것과 같다. 즉,

$$v_s(t) = \mathrm{V_m}\cos(\omega t) = \mathrm{Re}\{\mathrm{V_m} e^{j\omega t}\} \Rightarrow \mathrm{V_m} e^{j\cdot 0} \qquad (7\text{-}1)$$

$$v_\mathrm{L}(t) = \mathrm{L}\frac{di(t)}{dt} = \mathrm{V_L}\cos(\omega t + \theta + \pi/2) = \mathrm{Re}\{\mathrm{V_L} e^{j(\omega t+\theta+\pi/2)}\} \Rightarrow \mathrm{V_L} e^{j(\theta+\pi/2)} = j\omega \mathrm{LI_m} e^{j\theta} \qquad (7\text{-}2)$$

$$v_\mathrm{R}(t) = \mathrm{R}i(t) = \mathrm{V_R}\cos(\omega t + \theta) = \mathrm{Re}\{\mathrm{V_R} e^{j(\omega t+\theta)}\} \Rightarrow \mathrm{V_m} e^{j\theta} = \mathrm{RI_m} e^{j\theta} \qquad (7\text{-}3)$$

여기서 $\mathrm{V_L}$과 $\mathrm{V_R}$는 각각 인덕터와 저항양단의 사인파 전압의 진폭을 의미한다.

전류 $i(t)$에 대해서도 식 (7)과 같이 변환하면 다음과 같다.

$$i(t) = \mathrm{I_m}\cos(\omega t + \theta) = \mathrm{Re}\{\mathrm{I_m} e^{j(\omega t+\theta)}\} \Rightarrow \mathrm{I_m} e^{j\theta} \qquad (8)$$

식 (7)~(8)과 같이 변환된 복소량을 그 사인파 전압 및 전류의 페이저(phasor)라고 한다.

그림 1의 회로에서 모든 전압 및 전류는 사인파이므로 그 각각의 양들을 표현하는데 진폭, 주파수, 그리고 위상이 필요하다. 그런데 이 회로가 선형회로이므로 그 양들의 주파수는 모두 동일하다. 그래서 주파수를 생략하고 진폭과 위상으로만 이들 양들을 표현해도 충분하므로 각각의 전압 및 전류에 대해서 그 진폭과 위상의 두개의 양을 동시에 표현하기 위해서 복소수를 도입한다.

그래서 모든 전압 및 전류를 사인파로 표현하는 대신에 그 사인파의 진폭과 위상만을 복소수로 간략하게 표현한 것이 그 전압 및 전류의 페이저(phasor)이다.

이렇게 페이저 전압과 전류를 정의하면, 이 페이저 전압에 대해서 KVL이 성립한다. 즉,

$$\mathbf{V}_s = \mathbf{V}_R + \mathbf{V}_L \tag{9}$$

여기서 개개 전압 페이저는

$$\mathbf{V}_s = \mathrm{V_m} e^{j\cdot 0}$$

$$\mathbf{V}_L = j\omega \mathrm{L I_m} e^{j\theta}$$

$$\mathbf{V}_R = \mathrm{R I_m} e^{j\theta}$$

이다.

그래서 페이저 전압 및 전류의 개념을 도입하여 페이저에 대해서 KVL을 적용하면, 그림 1의 회로에서 전류를 구하는 방정식이 미분방정식에서 대수방정식으로 변환되어 보다 쉽게 해를 구할 수 있다.

페이저 개념을 도입한 그림 1 회로의 해석과정을 도식적으로 표현하면 그림 4와 같다.

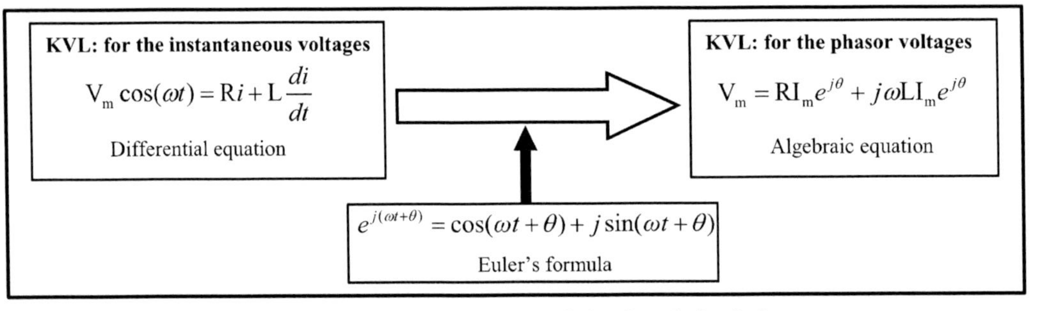

그림 4. 페이저 개념을 도입한 회로해석 과정

3. 임피던스(Impedance)의 개념

교류회로에서 모든 소자의 전압 및 전류가 모두 동일한 주파수의 사인파인 경우, 어떤 소자의 전압과 전류 페이저의 비(ratio)를 그 소자의 임피던스(impedance)로 정의한다. 전원이 없는 선형소자들로 이루어진 회로망이나 안테나 같은 어떤 시스템에 대해서도 그 회로망 또는 시스템의 두 단자 양단의 전압 페이저와 그 단자에 흐르는 전류 페이저의 비를 그 회로망의 등가 임피던스 또는 그 시스템의 입력 임피던스로 정의한다.

저항의 경우 흐르는 전류와 그 양단의 전압 사이에 위상차가 없으므로 직류에서의 저항값이 그대로 그 저항의 임피던스가 된다.

그 외의 경우도 임피던스가 전압과 전류의 비로 주어지므로 그 단위를 저항의 단위인 Ohm을 사용한다.

그래서 임피던스는 직류 회로에서의 저항의 개념이 교류 회로에서의 페이저 전압 및 전류에 대해서 확대 적용된 개념으로 볼 수 있다.

(1) 임피던스의 정의

그림 5와 같은 임의의 회로망 또는 시스템의 두 단자에 다음과 같은 전압을 인가하였을 때, 즉,

$$v(t) = \mathrm{V_m}\cos(\omega t + \theta) \tag{10}$$

이 회로망 또는 시스템의 두 단자에 흐르는 전류가 다음과 같다고 가정하면,

$$i(t) = \mathrm{I_m}\cos(\omega t + \phi) \tag{11}$$

이 회로망 또는 시스템의 등가 임피던스 또는 입력 임피던스는 다음과 같이 정의된다.

$$\mathrm{Z} \equiv \frac{\mathbf{V}}{\mathbf{I}} = \frac{\mathrm{V_m}e^{j\theta}}{\mathrm{I_m}e^{j\phi}} = (\mathrm{R} + j\mathrm{X})[\Omega] \tag{12}$$

이 임피던스의 실수부(R)를 resistive component 또는 resistance라고 하고, 허수부(X)를 reactive component 또는 reactance라고 한다.

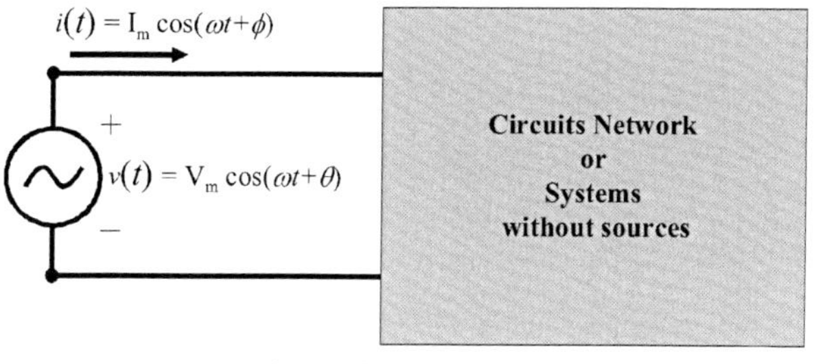

그림 5. 임의의 회로망의 임피던스

(2) 저항의 임피던스

오옴의 법칙(Ohm's Law)은 교류 신호에 대해서도 직류의 경우와 동일하게 적용된다. 그래서 저항 R 양단의 전압과 전류는 다음과 같이 주어진다.

$$v(t) = \mathrm{V_m}\cos(\omega t + \theta) \tag{12-1}$$

$$i(t) = \frac{v(t)}{\mathrm{R}} = \frac{\mathrm{V_m}}{\mathrm{R}}\cos(\omega t + \theta) \tag{12-2}$$

그래서 이 저항의 경우 페이저 전압 및 전류를 구하여 임피던스를 계산하면 다음과 같다.

$$\mathrm{Z} = \frac{\mathbf{V}}{\mathbf{I}} = \frac{\mathrm{V_m}e^{j\theta}}{\left(\frac{\mathrm{V_m}}{\mathrm{R}}\right)e^{j\theta}} = \mathrm{R} \tag{12-3}$$

(3) 인덕터의 임피던스

인덕터 양단의 유기되는 전압은 인덕터에 흐르는 전류의 시간에 대한 미분에 비례하며 그 비례상수는 인더턴스(L)이다. 그래서 그 전압 및 전류는 다음과 같이 주어진다.

$$i(t) = \mathrm{I_m}\cos(\omega t + \theta) \tag{13-1}$$

$$v(t) = \mathrm{L}\frac{di(t)}{dt} = -\omega\mathrm{L}\mathrm{I_m}\sin(\omega t + \theta) \tag{13-2}$$

그래서 인덕터의 임피던스를 구하면 다음과 같다.

$$Z = \frac{\mathbf{V}}{\mathbf{I}} = \frac{\omega L I_m e^{j\pi/2}}{I_m} = j\omega L = jX_L \qquad (13\text{-}3)$$

여기서 $X_L(=\omega L)$을 유도성 리액턴스(inductive reactance)라고 한다.

(4) 커패시터의 임피던스

커패시터에 흐르는 전류는 그 양단전압의 시간에 대한 미분에 비례하며 그 비례상수는 커패시턴스(Capacitance)이다. 그래서 그 전압 및 전류는 다음과 같이 주어진다.

$$v(t) = V_m \cos(\omega t + \theta) \qquad (14\text{-}1)$$

$$i(t) = C\frac{dv(t)}{dt} = -\omega C V_m \sin(\omega t + \theta) \qquad (14\text{-}2)$$

그래서 커패시터의 임피던스를 구하면 다음과 같다.

$$Z = \frac{\mathbf{V}}{\mathbf{I}} = \frac{V_m}{\omega C V_m e^{j\pi/2}} = -j\frac{1}{\omega C} = -jX_C \qquad (14\text{-}3)$$

여기서 $X_C(=1/\omega C)$을 용량성 리액턴스(capacitive reactance)라고 한다.

(5) 안테나의 입력 임피던스

그림 6과 같은 다이폴 안테나(Dipole Antenna)의 입력양단의 전압과 그 단자에 흐르는 전류가 다음과 같다면,

$$v(t) = V_m \cos(\omega t) \qquad (15\text{-}1)$$

$$i(t) = I_m \cos(\omega t + \varphi) \qquad (15\text{-}2)$$

이 안테나의 입력 임피던스는 다음과 같이 주어진다.

$$Z = \frac{\mathbf{V}}{\mathbf{I}} = \frac{V_m}{I_m e^{j\varphi}} = \frac{V_m}{I_m} e^{-j\varphi} = \frac{V_m}{I_m}\{\cos(\varphi) - j\sin(\varphi)\} \qquad (15\text{-}3)$$

(6) 어드미턴스(admittance)의 정의

임피던스의 역을 어드미턴스로 정의한다. 즉,

$$Y \equiv \frac{1}{Z} = \frac{\mathbf{I}}{\mathbf{V}} = (G + jB)[\Omega] \qquad (16)$$

이 임피던스의 실수부(G)를 conductance라고 하고, 허수부(B)를 susceptance라고 한다.

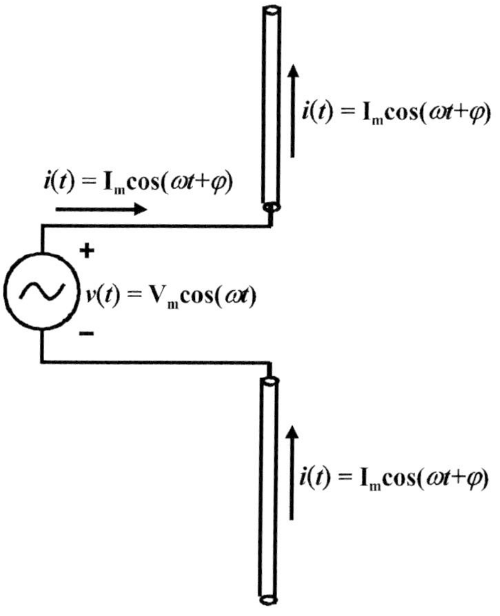

그림 6. 다이폴 안테나의 입력 임피던스

(7) 교류회로 해석방법

임피던스의 개념과 페이저 개념을 결합하면 식 (5)는 다음과 같이 다시 쓸 수 있다.

$$\mathbf{V_s} = \mathrm{R} \cdot \mathbf{I} + Z_L \cdot \mathbf{I} \tag{17}$$

여기서 $\mathbf{I}$과 Z_L은 각각 회로의 전류 페이저와 인덕터의 임피던스이다.

그래서 그림 1의 회로의 경우 사인파 전압 및 전류 대신에 페이저 전압 및 전류를 사용하고 인덕터는 저항 값이 Z_L인 저항으로 생각하여 Ohm의 법칙 적용하여(Ohm-like Law) 일반 직류 저항회로처럼 해석하면 된다는 것을 알 수 있다.

그림 1의 간단한 직렬회로에서 페이저 전압 및 전류와 임피던스에 대해서 Ohm's Law와 KVL이 성립하는 것을 보였는데, 이 외에도 KCL(Kirchhoff Current Law), 중첩의 원리, Thevenin's theorem, 그리고 Norton's theorem 등 일반적인 모든 회로의 법칙 및 정리가 동일하게 성립한다.

그래서 임의의 교류회로 해석의 경우 모든 전압 및 전류를 페이저 양으로 변환하고 모든 소자는 그의 임피던스의 값을 갖는 저항으로 대체하여 일반 저항회로를 해석하는 것과 동일한 방법으로 해석하고 그 결과 구한 전압 및 전류 페이저를 순시 값으로 역 변환하면 된다.

Time Domain

1. Physical Quantities

   $v(t),\ i(t)$

2. Circuit Elements

   $R[\Omega]:\ v(t) = R \cdot i(t)$

   $L[H]:\ v(t) = L \cdot \frac{di(t)}{dt}$

   $C[F]:\ v(t) = \frac{1}{C} \cdot \int i(t)dt$

3. Laws and Principles:
   KCL, KVL, and Superposition principle for the instantaneous voltage and current.

4. Theorems:
   Thevenin's theorem and Norton's theorem for the instantaneous voltage and current.

Frequency Domain

1. Physical Quantities

   $\mathbf{V},\ \mathbf{I}$: the phasor voltage and current

2. Circuit Elements

   $R[\Omega]:\ \mathbf{V} = R \cdot \mathbf{I}$: Ohm's Law

   $L[H]:\ \mathbf{V} = Z_L \cdot \mathbf{I}$: very similar to Ohm's Law

   $C[F]:\ \mathbf{V} = Z_C \cdot \mathbf{I}$: very similar to Ohm's Law

3. Laws and Principles:
   KCL, KVL, and Superposition principle for the phasor voltage and current.

4. Theorems:
   Thevenin's theorem and Norton's theorem for the phasor voltage and current and the impedance in the dimension of Ohm.

$$e^{j(\omega t+\theta)} = \cos(\omega t+\theta) + j \cdot \sin(\omega t+\theta)$$

Euler's formula

그림 7. 페이저 개념을 도입한 교류회로 해석방법

■ 교류회로 해석 예(examples):

1. RLC 직렬 공진회로(Series Resonance Circuit)

다음의 RLC 직렬 공진회로를 해석하여 회로에 흐르는 전류를 구하시오.

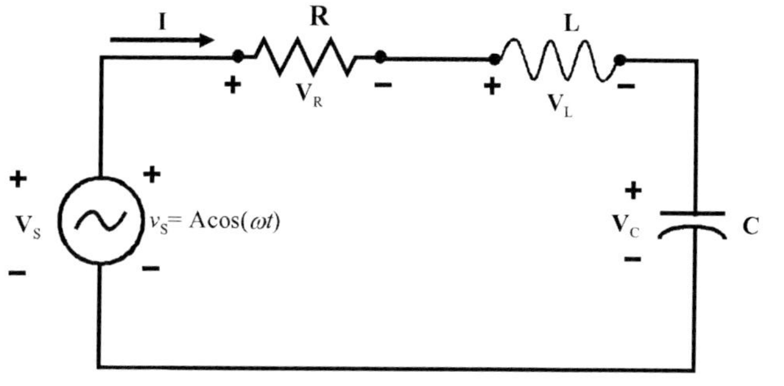

그림 8. RLC 직렬 공진회로

Answer: 페이저 전류와 순시전류는 각각 다음과 같다.

$$\mathbf{I} = \frac{\mathbf{V}_s}{Z} = \frac{A\angle 0}{|Z|\angle\phi} = \frac{A}{\sqrt{R^2 + (\omega L - 1/\omega C)^2}}\angle -\phi$$

$$i(t) = \frac{A}{\sqrt{R^2 + (\omega L - 1/\omega C)^2}}\cos(\omega t - \phi)$$

$$\phi = \tan^{-1}\left(\frac{\omega L - 1/\omega C}{R}\right)$$

2. RLC 병렬 공진회로(Parallel Resonance Circuit)

다음의 RLC 병렬 공진회로를 해석하여 회로에 흐르는 전류와 전체 임피던스를 구하시오.

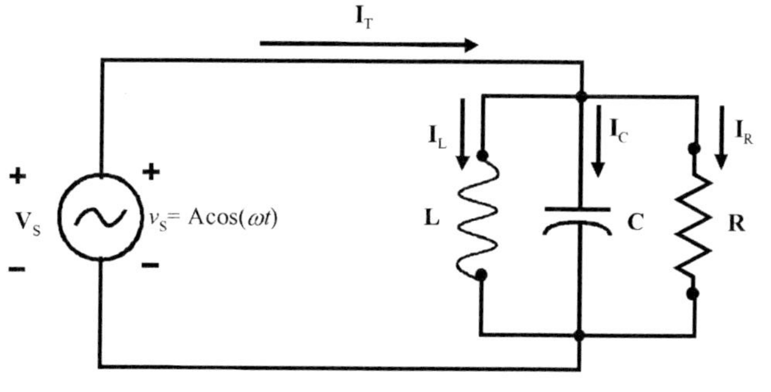

그림 9. RLC 병렬 공진회로

Answer: 페이저 전류, 순시전류, 그리고 전체 임피던스는 각각 다음과 같다.

$$\mathbf{I}_{\mathrm{T}} = \mathbf{I}_{\mathrm{R}} + \mathbf{I}_{\mathrm{L}} + \mathbf{I}_{\mathrm{C}} = \mathrm{A}\left\{\frac{1}{\mathrm{R}} + j\left(\omega\mathrm{C} - \frac{1}{\omega\mathrm{L}}\right)\right\} = \mathrm{A}\sqrt{\frac{1}{\mathrm{R}^2} + \left(\omega\mathrm{C} - \frac{1}{\omega\mathrm{L}}\right)^2}\angle\varphi$$

$$i_{\mathrm{T}}(t) = \mathrm{A}\sqrt{\frac{1}{\mathrm{R}^2} + \left(\omega\mathrm{C} - \frac{1}{\omega\mathrm{L}}\right)^2}\cos(\omega t + \varphi)$$

$$\mathrm{Z} = \frac{\mathbf{V}_{\mathrm{s}}}{\mathbf{I}_{\mathrm{T}}} = \frac{\mathrm{A}\angle 0}{\mathrm{A}\sqrt{\frac{1}{\mathrm{R}^2} + \left(\omega\mathrm{C} - \frac{1}{\omega\mathrm{L}}\right)^2}\angle\varphi} = \frac{1}{\sqrt{\frac{1}{\mathrm{R}^2} + \left(\omega\mathrm{C} - \frac{1}{\omega\mathrm{L}}\right)^2}}\angle -\varphi$$

$$\varphi = \tan^{-1}\left(\frac{\omega\mathrm{C} - 1/\omega\mathrm{L}}{1/\mathrm{R}}\right)$$

참고문헌

1. Bernard. Grob, "Basic Electronics", Eighth Edition, Glencoe McGraw-Hill
2. Ben G. Streetman and Sanjay Banerjee, "Solid State Electronics Devices", Fifth Edition, Prentice Hall
3. M. Morris Mano, "Digital Logic and Computer Design", Prentice-Hall
4. Ferrel G. Stremler, "Introduction to Communication Systems", Addison-Wesley
5. A. B. Carlson, "Communication Systems", McGraw-Hill
6. H. Taub & D. L. Schilling, "Principles of Communication Systems", McGraw-Hill
7. R. W. Lucky, J. Salz, and E. Weldon, Jr., "Principles of Data Communication", McGraw-Hill
8. K. Feher, "Digital Communications: Microwave Applications", Prentice Hall
9. Jacob Millman & Arvin Grabel, "Microelectronics", McGraw-Hill Book Company

기초통신이론

2011년 8월 18일 인쇄
2011년 8월 20일 발행
저 자 서 정 식 저
편낸이 오 성 걸
펴낸곳 오성미디어
주 소 132-916 서울시 도봉구 창 3동 491-1
전 화 02) 997-0136
FAX 02) 997-0137
등 록 2000. 5. 12 제 7-212 호
ISBN 978-89-6628-007-0 값 15,000원